Hinter dem Sachregister befindet sich ein ausführliches Verzeichnis der

Guttentagschen Sammlung

Deutscher Reichs- und Preußischer Gesetze

Textausgaben mit Anmerkungen; Taschenformat

die alle wichtigeren Gesetze in unbedingt zuverlässigem Abdruck und mit mustergültiger Erläuterung wiedergibt.

Guttentagsche Sammlung
Nr. 166. Deutscher Reichsgesetze. Nr. 166.
Textausgaben mit Anmerkungen.

Das Deutsche Ausländerrecht

Die Bestimmungen des Reichsrechts
und preußischen Landesrechts

Textausgabe mit Erläuterungen und Sachregister

von

Dr. Werner Fraustädter
Rechtsanwalt
und
Dr. Max Kreutzberger

Berlin und Leipzig 1927
Walter de Gruyter & Co.
vormals G. J. Göschen'sche Verlagshandlung – J. Guttentag, Verlagsbuchhandlung – Georg Reimer – Karl J. Trübner – Veit & Comp.

Druck von Walter de Gruyter & Co., Berlin W 10.

Vorwort.

Die Herausgeber haben in der anwaltlichen und sozialen Praxis den Mangel einer Sammlung der ausländerrechtlichen Bestimmungen des Reiches und Preußens empfunden und sich bemüht, durch die vorliegende Sammlung diesem Mangel abzuhelfen. Eine absolute Vollständigkeit läßt sich nicht erreichen. Doch dürfte die Mehrzahl der für die Praxis bedeutsamen Bestimmungen erfaßt sein. Die Erläuterungen sollen der Praxis dienen. Sie sind im wesentlichen auf diejenigen Verordnungen beschränkt, die bisher noch gar nicht oder in beschränktem Umfange Kommentatoren gefunden haben.

Die Sammlung dürfte einen Überblick über die Rechtsstellung der Ausländer im Deutschen Reich und in Preußen (in den außerpreußischen Ländern nur insoweit, als grundsätzliche Abweichungen von den preußischen Bestimmungen festzustellen waren) ermöglichen [1]). Die Entwicklung der Theorie und Legislatur des Ausländerrechts zielt auf eine prinzipielle Gleichstellung der Ausländer mit den Reichsangehörigen. Jeder in der Ausländerpraxis Tätige weiß, daß die Gleichstellung nur eine for-

---

[1]) Das Steuerrecht konnte bei der Fülle der in Betracht kommenden Entscheidungen hier nicht berücksichtigt werden, da es den gesetzten Umfang dieser Arbeit weit überschritten hätte. Es wird deshalb für dieses Sondergebiet verwiesen auf Karger, Die Besteuerung der Ausländer und ausländischen Gesellschaften in Deutschland. Berlin 1926.

male und scheinbare ist. Die Grundlage der gesamten Existenz des Ausländers, sein Aufenthalt, ist praktisch kaum mit irgendwelchen Rechtsgarantien versehen. Seine Ausweisung hängt in der Praxis vom polizeilichen Ermessen ab. Das Beschwerdeverfahren ist praktisch nur allzuoft ein im besten Falle aufschiebendes Scheinverfahren. Als Ausweisungsgründe gelten nur zu häufig unbedeutende rein formale Vergehen. Die Gleichstellung des Ausländers muß auf allen Gebieten in der Luft schweben, solange nicht sein Aufenthaltsrecht auf eine entwickeltere Rechtsbasis gestellt ist.

Seitdem mit dem Ende der Inflation eine besondere „Ausländergefahr" nicht mehr besteht und die Zahl der Ausländer eine für die in den Weltverkehr eingefügte deutsche Volkswirtschaft normale und notwendige ist, besteht alle Veranlassung, das Aufenthalts- und Ausweisungsrecht seines polizeilichen Charakters zu entkleiden und es nach moderneren Prinzipien neu zu ordnen.

Berlin, September 1926.

Dr. Werner Fraustädter,
Dr. Max Kreutzberger.

Inhaltsverzeichnis.

B. Paßrecht.

C. Berufsrecht.

I. Gewerberecht.

D. Verschiedene Rechtsgebiete.

I. Strafrecht.

V. Sozialversicherung.

VI. Fürsorgerechtliche Bestimmungen.

VII. Einbürgerung von Ausländern.

Benutzte Literatur:

Baath, P. A., Verordnung über die Fürsorgepflicht 1926.

Berger-Ponau, Arbeitsnachweisgesetz 1924.

Bergmann, A., Internationales Ehe- und Kindschaftsrecht 1926.

Flatow, Kommentar zum Betriebsrätegesetz 1923.

Gögler, Handwörterbuch der Fürsorgepflicht 1925.

Isay, Das Deutsche Fremdenrecht 1924.

Krause, Joh., Das Deutsche Paßrecht 1925.

Kaskel-Syrup, Arbeitsnachweisgesetz 1925.

Karger, Die Besteuerung der Ausländer und ausl. Gesellschaften in Deutschland 1926.

Lehfeldt, Die Erwerbslosenfürsorge 1925.

Magnus, Internationale Tabellen: Zivilprozeßrecht 1926.

Wölz-Ruppert, Fürsorgepflichtverordnung 1924.

Hennig, Martin, Ausweisung, Breslauer Diss. 1925.

A. Aufenthaltsrecht und Ausweisungsvollziehung.

I. Aufenthaltsrecht.

1. Ausweisungserlaß d. M. d. J. v. 24. 8. 1923 — IV b 5671.

(MBliV. 1923 S. 883.)

Unter Aufhebung des Erl. meines Amtsvorgängers v. 21. 10. 1921 — IV b 3746 (MBliV. S. 372)[1]) bestimme ich:

---

[1]) Erlaß des MdJ. vom 21. 10. 1921 (MBliV. S. 372):

Die Handhabung der Erlasse meiner Herren Amtsvorgänger vom 1. November 1919 — IV b 2719 —, vom 20. Februar 1920 — IV b 3042 —, vom 1. Juni 1920 — IV b 3095 —, vom 17. November 1920 — IV b 3360 — und vom 28. Februar 1921 — IV b 3140, — sowie meiner Erlasse vom 25. Juni 1921 — IV b 3595 —, die sich sämtlich mit der Frage der Zulässigkeit der Ausweisung lästiger Ausländer befassen, ist nicht überall gleichmäßig erfolgt. Unter Aufhebung jener Erlasse ersuche ich daher, künftig nach nachstehenden Richtlinien zu verfahren. Dabei hat als leitender Gedanke zu gelten, daß die andauernde Notlage des Staates, insbesondere die noch immer vorhandenen Ernährungsschwierigkeiten, die Wohnungsnot und die Lage des Arbeitsmarktes dazu zwingen, die Genehmigung zum Aufenthalt in Preußen auf solche Ausländer zu beschränken, deren Zuwanderung und Aufenthalt im Inlande als erwünscht angesehen werden kann oder wenigstens den auf das Gesamtwohl zu nehmenden Rücksichten nicht widerspricht. Gegen die weitere Zuwanderung anderer Ausländer sollen die Landesgrenzen im allgemeinen gesperrt bleiben. Bereits Eingewanderte, die sich der Erlaubnis zum Verbleiben im Inlande unwürdig gezeigt haben, oder dem Staate sonst lästig fallen, sind im Wege des Zwanges zur Abwanderung zu bringen, d. h. auszuweisen. In allen Fällen sind die im Inlande befindlichen Ausländer und Staatlosen grundsätzlich gleichmäßig zu behandeln, soweit völkerrechtliche Bestimmungen dies zulassen.

A) Abgesehen von den Fällen, in denen nach geltendem Reichsrecht eine Ausweisung aus dem Reichsgebiet angeordnet werden kann, ist die Ausweisung aus dem preußischen Staatsgebiet zulässig:

I. Bei Verstößen gegen Strafbestimmungen und zwar wenn ein Ausländer:

1. wegen eines Verbrechens rechtskräftig verurteilt worden ist, oder gegen ihn der dringende Verdacht eines Verbrechens vorliegt;
2. zu einer Freiheitsstrafe von längerer Dauer als einem Jahr rechtskräftig verurteilt worden ist;
3. zu einer Freiheitsstrafe von geringerer Dauer als einem Jahre oder zu einer Geldstrafe rechtskräftig verurteilt worden ist, und die Ausweisung mit Rücksicht auf die Bedeutung der Straftat für das Gemeinwohl oder das Verhalten des Täters angezeigt erscheint; jedoch kann von der Anordnung der Ausweisung Abstand genommen werden, wenn seit der Strafverbüßung mehr als fünf Jahre vergangen sind und der Bestrafte sich während dieser Zeit einwandfrei geführt hat;
4. auf Grund kriegswirtschaftlicher Bestimmungen oder wegen Lebensmittelwuchers rechtskräftig verurteilt worden ist oder der dringende Verdacht solcher strafbaren Handlungen vorliegt;
5. nach dem 15. November 1921 ohne die vorgeschriebenen Legitimationspapiere (Reisepässe, Personalausweise, Einreisesichtvermerke, Reiseausweise der Grenzämter der Deutschen Arbeiterzentrale) in das preußische Staatsgebiet gelangt ist, es sei denn, daß
   a) seine Staatsangehörigkeit infolge der Friedensschlüsse ungeklärt ist,
   b) er sich bei einer fremden diplomatischen Ver-

tretung im Inlande ordnungsmäßige Legitimationspapiere nicht hat beschaffen können,

6. sich gegen die Meldepolizeiverordnungen vergangen hat.

In Fällen zu 1—4 ist die Ausweisung auch vor Verbüßung der Strafe zulässig; sie darf aber nur im Einvernehmen mit den Strafvollstreckungsbehörden durchgeführt werden;

II. bei sonstiger Lästigkeit, insbesondere

1. wenn gegen einen Ausländer der Beweis oder der dringende Verdacht staatsfeindlicher politischer Betätigung vorliegt;
2. wenn die Beteiligung eines Ausländers an sogenannten Schiebergeschäften, sei es auf dem Gebiet der Ernährung oder des Warenhandels, insbesondere auf dem des Gold-, Silber- und Juwelenhandels, der Valutaspekulation oder des unerlaubten Geldhandels, oder an Glückspielen feststeht, auch ohne daß eine strafgerichtliche Verurteilung wegen dieser Handlungen erfolgt ist;
3. wenn ein Ausländer sich in den Besitz selbständiger Wohn- oder Geschäftsräume gesetzt hat, ohne von der Gemeindebehörde in die Räume eingewiesen zu sein, und deren Genehmigung nicht innerhalb zweier Wochen beibringen kann;
4. wenn ein Ausländer unter Nichtbeachtung der geltenden Vorschriften über die Arbeitvermittlung ausländischer Arbeiter in eine Arbeitsstelle vermittelt worden ist, es sei denn, daß die Arbeitsvermittlung zu einer Zeit stattgefunden hat, als entsprechende Gesetzes- oder Verwaltungsvorschriften noch nicht erlassen waren, und der Ausländer sich noch auf der von ihm vorher erlangten Arbeitsstelle befindet;
5. wenn ein Ausländer sich ohne Unterkommen oder ohne „nutzbringende Beschäftigung“ in Preußen aufhält. Unter „nutzbringender Beschäftigung“ ist eine solche zu verstehen, die das deutsche Wirtschaftsleben nicht schädigt, es dem Ausländer aber ermöglicht, ohne Inanspruchnahme öffentlicher Mittel sei-

nen Unterhalt im Inlande zu bestreiten. Auch wenn eine in diesem Sinne nutzbringende Beschäftigung dem Ausländer ausreichende Mittel zur Bestreitung seines notdürftigen Lebensunterhaltes nicht einbringt, jedoch Fürsorgeorganisationen für ihn eintreten, und er infolgedessen der öffentlichen Armenpflege oder der Erwerbslosenfürsorge nicht zur Last fällt, wird ein Grund zur Ausweisung in der Regel nicht gegeben sein.

Sofern Lästigkeit lediglich auf dem Mangel einer nutzbringenden Beschäftigung beruht, soll vor Anordnung der Ausweisung den anerkannten privaten Fürsorgeorganisationen Gelegenheit gegeben werden, dem Auszuweisenden binnen einer Frist von höchstens zwei Monaten unter Beobachtung der geltenden Vorschriften über die Arbeitsvermittlung (vgl. den im Erlaß vom 17. November 1920 — IV b 3366 — wiedergegebenen Erlaß des Herrn Präsidenten des Reichsamts für Arbeitsvermittlung vom 15. Mai 1920 — I. 1019/20) bei der Erlangung von Arbeit behilflich zu sein.

B. Von der Ausweisung sind grundsätzlich ausgeschlossen:

1. Ausländer, die bereits vor dem 1. April 1914 in Preußen ihren Wohnsitz oder ständigen Aufenthalt gehabt und ihn seitdem beibehalten haben;
2. deutschstämmige Rückwanderer aus dem Auslande, die sich in Preußen angesiedelt haben oder ansiedeln wollen;
3. deutschstämmige Ausländer, denen infolge der politischen Verhältnisse die Rückkehr in die Heimat einstweilen verwehrt ist,

sofern sie nicht:

a) wegen strafbarer Handlungen verurteilt sind oder
b) unter dem dringenden Verdacht der Verübung solcher strafbaren Handlungen stehen, die einen ausreichenden Grund für die Ausweisung darstellen, oder

c) sich durch staatsfeindliche politische Betätigung besonders lästig gemacht haben.

C. Für das Verfahren zur Durchführung der Ausweisung gilt folgendes:

I. Der Ausweisungsbefehl ist dem Ausgewiesenen ordnungsmäßig und unverzüglich zuzustellen. Dabei ist eine angemessene Frist zur freiwilligen Abreise festzusetzen und die Unterbringung in einem Sammellager für den Fall anzudrohen, daß der Ausweisungsverfügung binnen dieser Frist nicht Folge geleistet wird und ein unmittelbarer Abtransport sich als nicht durchführbar erweist. Die Abzugsfrist wird unter Umständen, insbesondere wenn der Ausgewiesene im Inlande einen gewerblichen, kaufmännischen oder landwirtschaftlichen Betrieb geführt hat, zur Auflösung dieses Betriebes bis zur Dauer von drei Monaten erstreckt werden können.

II. Nach Zustellung des Ausweisungsbefehls und Ablauf der zur freiwilligen Abreise gesetzten Frist ist, sofern nicht in besonderen Staatsverträgen ein anderes Verfahren vorgesehen ist, zunächst die unmittelbare Abschiebung nach den Heimatländern zu versuchen. Handelt es sich um Staatangehörige der östlichen Nachbarländer, so ist zu diesem Zweck mit den Regierungspräsidenten der östlichen Grenzbezirke, insbesondere von Schneidemühl und Frankfurt a. O. Verbindung aufzunehmen. Urkundliche Unterlagen für die Staatsangehörigkeit und eine Ausfertigung der Ausweisungsverfügung werden im allgemeinen genügen, um die Übernahme der Ausländer durch die ausländischen Behörden zu erreichen.

III. An Stelle einer nicht oder vorläufig nicht durchführbaren Ausweisung tritt die Unterbringung in einem Sammellager. Sie stellt keine Strafe dar, hat vielmehr den Zweck, die rasche Abbeförderung zu sichern, wenn eine unmittelbare Abschiebung nicht durchführbar ist; sie soll auch die Gewähr dafür bieten, daß ausgewiesene Ausländer sich der Entfernung aus dem Inlande nicht durch Untertauchen in den Großstädten und in dichtbevölkerten Industriebezirken entziehen.

Es muß daher, schon im Hinblick auf die dem Staate

entstehenden hohen Kosten, mit allen Mitteln die mögliche Abkürzung der Internierungszeit und der rasche Abschub der Ausgewiesenen durch die Lagerdirektionen angestrebt werden. Hierzu ist erforderlich:

1. die Beschaffung der vollständigen Ausweis- und sonstigen Papiere, die über die Personalien und die Staatsangehörigkeit des Ausgewiesenen unterrichten, die stets erforderliche, in die Personalpapiere aber nicht aufzunehmende eingehende Mitteilung über den Ausweisungs- und Internierungsgrund, sowie die Mitgabe aller dieser Papiere bei der Absendung. Falls etwa außergewöhnliche Umstände die Mitgabe der vollständigen Papiere nicht gestatten sollten, hat wenigstens die schriftliche Mitteilung des Ausweisungs- und Internierungsgrundes an die Lagerdirektion zu erfolgen.
2. die Sicherstellung der beweglichen Habe der zu internierenden Personen und die Mitgabe dieser Habe, soweit sie vom Eigentümer ohne fremde Hilfe fortgeschafft werden kann. Andernfalls hat in Gegenwart des Ausgewiesenen und nach Möglichkeit unter Hinzuziehung der für Ausländer tätigen Fürsorgeorganisationen eine Inventaraufnahme durch die Organe der zuständigen Ortspolizeibehörde zu erfolgen. Abschrift der Verhandlung ist dem zu Internierenden auszuhändigen. Befindet sich die Habe in geschlossenen Räumen (Läden oder Werkstätten), die ohne Bewachung zurückgelassen werden müssen, so ist für Versiegelung der Räume Sorge zu tragen.

Zur Unterbringung ausgewiesener Ausländer steht zurzeit nur noch das Sammellager in Kottbus-Sielow und für Ostpreußen das Lager in Eydtkuhnen zur Verfügung. Diese Lager sind auch zur Aufnahme von Frauen und Kindern eingerichtet.

Die Überführung der in die Sammellager zu verbringenden Ausländer erfolgt in der Regel in Sammelwagen, entsprechend den Gefangenentransporten. Es ist Vorsorge zu treffen, daß zwischen der Festnahme und dem Abtransport nicht zu lange Zeit verstreicht, damit die Festgenommenen nicht erst noch anderweit untergebracht zu werden brauchen. Im Notfalle sind die auszuweisenden Personen in besonderen Wagen und unter besonderer Bewachung in das Lager zu verbringen. Um eine Überfüllung des Lagers zu vermeiden, ist jedesmal vor der Entsendung des Transportes bei der Lagerdirektion anzufragen, ob genügend Platz vorhanden ist. Die Bewachung der Transporte erfolgt durch Mannschaften der Schutzpolizei. Die Kosten trägt Preußen; sie sind auf Landespolizeifonds vorzuschießen und zu verrechnen.

Über jeden Fall der Einweisung in ein Sammellager ist mir unter Angabe der Personalien des Ausgewiesenen und der genauen Gründe, die die Ausweisung und Internierung veranlaßt haben, unter Bezugnahme auf diesen Erlaß Bericht zu erstatten.

IV. Um zu verhindern, daß ausgewiesene Ausländer sich aus dem Regierungsbezirk, in welchem die Ausweisung verfügt worden ist, in einen andern begeben, sind die Ausweisungsverfügungen nach Zustellung an den Ausgewiesenen von dem zuständigen Regierungspräsidenten sämtlichen anderen preußischen Regierungspräsidenten abschriftlich mitzuteilen.

D. Unbillige Härten, die die Anordnung und Durchführung einer Ausweisung für den Betroffenen selber oder für die von ihm zu unterhaltenden Familienangehörigen mit sich bringen würde, und die sich auch bei Berücksichtigung des Verhaltens, das die Ausweisung bedingt, nicht rechtfertigen lassen, sind bei voller Wahrung des Interesses der deutschen Allgemeinheit zu vermeiden.

Insbesondere ist auch im Interesse des Betroffenen die Entscheidung über die Anordnung einer Ausweisung von der zuständigen Behörde unverzüglich zu treffen, nachdem sie von dem Ausweisungsgrunde Kenntnis erlangt hat.

In geeigneten Fällen kann der zuständige Regierungspräsi-

A. Die Verweisung eines Ausländers aus dem Reichsgebiet ist nur auf Grund reichsrechtlicher Vorschriften zulässig, z. B. RStrGB. §§ 39 Ziff. 2 [2]), 361 Ziff. 2 [3]) und 362 [4]), Ges. gegen das Glücksspiel v. 23. 12. 1919 (RGBl. S. 2145) [5]), der Vd. des Reichspräs. über die Bestrafung von Zuwiderhandlungen gegen die Paßvorschriften v. 6. 4. 1923 (RGBl. I S. 249) § 2 [6]), der Preistreibereivd. v. 13. 7. 1923 (RGBl. I S. 700) § 28 [7]), der V. gegen verbotene Ausfuhr lebenswichtiger Gegenstände v. 13. 7. 1923 (das. S. 705) § 7 [8]), der V. über Handelsbeschränkungen v. 13. 7. 1923 (das. S. 706) § 33 [9]), der V. über den Verkehr mit Vieh und Fleisch v. 13. 7. 1923 (das. S. 715) § 19 [10]).

Die Verweisung aus dem Reichsgebiet erfolgt durch

---

dent die Durchführung einer Ausweisung auf eine Bewährungsfrist bis zur Höchstdauer von einem Jahre aussetzen.

E. Bezüglich der Zulässigkeit der Ausweisung ausländischer Landarbeiter verbleibt es bei den Bestimmungen meiner Runderlasse vom 29. Dezember 1920 — II E 4360 — und vom 2. Mai 1921 — IV E 817. —

Wegen der Erteilung von Personalausweisen an Ausländer, denen nach den vorstehenden Richtlinien der Aufenthalt im Inlande vorläufig zu gestatten ist, verweise ich auf den nachstehend abgedruckten Erlaß des Herrn Reichsministers des Innern vom 18. Oktober 1921 — II B 9600 —.

[2]) s. S. 286.
[3]) s. S. 280.
[4]) s. S. 282.
[5]) s. S. 281.
[6]) s. S. 190.
[7]) s. S. 277.
[8]) s. S. 276.
[9]) s. S. 276.
[10]) s. S. 276.

die Landespolizeibehörden [11]) und schließt naturgemäß die Ausweisung aus dem Preußischen Staatsgebiete in sich.

B. In allen anderen Fällen erfolgt die Ausweisung durch die zuständigen Ortspolizeibehörden [12]) nur aus dem

---

[11]) Diese werden als Organe des Reiches tätig.

[12]) Die Zuständigkeit der Ortspolizeibehörden wurde bereits in einem Bescheid des Ministers des Innern vom 24. September 1867 (MBliV. 1867 S. 336), später in der Verfügung vom 31. 1. 1882 (MBliV. S. 50) und in dem nichtveröffentlichten Erlaß vom 1. 6. 1899 — II. 1636 — ausgesprochen. Sie entspricht auch der Ansicht des Oberverwaltungsgerichts und der Strafsenate des Reichsgerichts. Sie wird mit Recht verneint von Isay a. a. O. S. 231 ff., da die Ausweisung Landesinteressen wahrnehmen soll, für die lokale Polizeibehörden materiell nicht zuständig sind. Die Praxis hat eine Gleichmäßigkeit der Behandlung in gewissem Umfange dadurch sichergestellt, daß schon früher, abgesehen von drei Ausnahmefällen, die Zustimmung des zuständigen Regierungspräsidenten eingeholt werden mußte. Diese Zustimmung ist jetzt in allen Fällen erforderlich. Es gilt nunmehr folgende

Vf. d. MdI. v. 24. 9. 1923 — IV b 5672II u. III, betr. Ausweisungen. (MBliV. 1923, S. 989.)

Nach dem Erlaß v. 1. 6. 1899 — II 1636 (nicht veröffentl.) ist im Interesse der Gleichmäßigkeit des Verfahrens bei Ausweisungen von Ausländern bestimmt worden, daß die an sich zuständigen Orts- und Kreispolizeibehörden künftig vor Erlaß der Ausweisungsverfügung die Zustimmung des zuständigen Reg.-Präs. einzuholen haben, insoweit nicht einer der namentlich dort aufgeführten drei Fälle vorliegt. Nach meinem Ausweisungserl. v. 24. 8. 1923 — IV b 5671 (MBliV. S. 883) erfolgt die Ausweisung aus dem preußischen Staatsgebiet durch die zuständigen Ortspolizeibehörden. Es sind Zweifel entstanden, ob durch diesen der frühere Erl. v. 1. 6. 1899 aufgehoben worden ist. Dies ist insoweit nicht der Fall, als die Ausweisungsbefugnis der Ortspolizeibehörden auch in Zukunft von der Zustimmung des zuständigen Reg.-Präs. abhängig bleiben soll. Als anderweit geregelt sind dagegen die drei in jenem Erlasse aufgeführten Ausnahmefälle zu betrach-

Preußischen Staatsgebiet. Dabei gilt als Grundsatz, daß die Ausweisung als Verwaltungsmaßnahme[13]) des Staates nur aus Gründen ausgesprochen werden kann, die auf dem Gebiete des öffentlichen Rechtes liegen, nicht aus solchen rein privatrechtlicher Natur, wie z. B. wegen Vertragsbruchs, Privatbeleidigung und dergleichen. Sie dient dazu, den Staat von solchen Ausländern zu befreien, die sich gegen die Strafgesetze vergangen haben, oder sonst eine Gefahr für die innere oder äußere Ruhe, Sicherheit und Ordnung des Staates bilden[14]). Wie

---

ten, die für die Zukunft der Regelbestimmung desselben Erlasses unterstellt werden sollen, so daß der Erlaß allerdings insoweit außer Kraft gesetzt ist. Die Ortspolizeibehörden werden daher in Zukunft vor Anordnung einer Ausweisung in allen Fällen die Zustimmung des zuständigen Reg.-Präs. einzuholen haben.

[13]) Nach herrschender Ansicht stets Verwaltungsmaßnahme, selbst wenn die Ausweisung eine Folge krimineller Strafe ist, auch wenn die Ausweisung nach krimineller Bestrafung obligatorisch ist.

[14]) Nur innerhalb dieser Grenzen ist die Ausweisung von Ausländern, abgesehen von den sogenannten „politischen" Ausweisungen (z. B. Massenausweisung im Kriege usw.), zulässig. Mit dieser Formulierung vergleiche die grundlegende preußische Bestimmung über Polizeibefugnisse: § 10 II 17 des Allgemeinen Landrechts: „Die nötigen Anstalten zur Erhaltung der öffentlichen Ruhe, Sicherheit und Ordnung, und zur Abwendung der dem Publiko oder einzelnen Mitgliedern desselben bevorstehenden Gefahr zu treffen, ist das Amt der Polizei". Schon aus dieser nicht zufälligen Ähnlichkeit des Wortlauts ergibt sich, daß die gesetzlichen Grenzen, die der Tätigkeit der Polizei im allgemeinen gesetzt sind, auch für die Ausweisung gelten (so z. B. Hennig a. a. O. S. 133 ff.). Auch hier gilt der Grundsatz der gesetzmäßigen Verwaltung. Das polizeistaatliche „freie Ermessen" ist ausgeschaltet. Die gegenteilige Ansicht Isays (a. a. O. S. 213 ff.) ist daraus zu er-

auf dem Gebiete der Strafverfolgung[15]), wird aber auch auf dem Gebiete des Ausweisungswesens dem Zeitablauf ein gewisser Einfluß einzuräumen sein: hat sich ein Ausländer eine Reihe von Jahren dem Rechtszustande des Gaststaates angepaßt, hier festen Fuß gefaßt, und ist zu erwarten, daß er sich ihm weiter einfügen wird, so soll die Tatsache allein, daß er seinerzeit unbefugt hier zugewandert ist, keinen Ausweisgrund mehr bilden. (S. unter III.)

Im übrigen ist die Anordnung der Ausweisung in keinem Falle obligatorisch[16]), sondern in das pflichtgemäße Ermessen[17]) der zuständigen[18]) Polizeibehörde gestellt; auch ist die nachstehende Aufzählung der Ausweisungsgründe keine erschöpfende[19]); eine Ausweisung ist

---

klären, daß in der Praxis allerdings die Ausweisung mit viel größerer Willkür gehandhabt wird, als andere Verwaltungsmaßnahmen.

[15]) Die z. T. analoge Anwendung strafrechtlicher Grundsätze und Institute, die in diesem Erlaß mehrmals wiederkehrt, wird dem Umstande gerecht, daß trotz der rein verwaltungsrechtlichen Ausgestaltung der Ausweisung diese praktisch eine der einschneidendsten Strafmaßnahmen überhaupt bedeutet. Ferner geht daraus hervor, daß die Ausweisung ihrem Wesen nach und grundsätzlich kriminelle Personen treffen soll.

[16]) Eine Ausnahme bildete z. B. § 9 des Republikschutzgesetzes in älterer Fassung.

[17]) In den Grenzen des § 10 II 17 des Allgemeinen Landrechts, vgl. Anm. 14.

[18]) Vgl. Anm. 12.

[19]) Andere Ausweisungsgründe jedoch nur in den Grenzen des § 10, II, 17 des Allgemeinen Landrechts gegeben, vgl. Anm. 14. Die Aufzählung der Ausweisungsgründe in diesem Erlaß ist aber andererseits keine bloße Anführung von Beispielen, sondern hat die Tendenz, erschöpfend zu sein. Hier nicht aufgezählte Ausweisungsgründe müssen demnach im Wesen und

vielmehr auch in anderen Fällen möglich, in denen der Ausländer den auf das Gemeinwohl des Gaststaates zu nehmenden Rücksichten zuwider gehandelt hat [20]).

Demgemäß ist die Ausweisung eines Ausländers

I. zulässig:

1. gegenüber einem Ausländer, der zu einer Freiheits- oder Geldstrafe rechtskräftig verurteilt ist, wenn durch die Straftat oder die bei ihrer Begehung zutage getretene Gesinnung des Täters das Gemeinwohl gefährdet ist; diese Voraussetzung wird immer als vorliegend zu erachten sein, wenn die Verurteilung wegen vorsätzlicher Zuwiderhandlungen gegen die Strafvorschriften wider Preistreiberei, Schleichhandel, verbotene Ausfuhr lebenswichtiger Gegenstände und unzulässigen Handel (auf Grund des Notges. v. 24. 2. 1923, RGBl. I S. 147) [21]), sowie gegen die Maßnahmen wider die Valutaspekulation (RG. v. 8. 5. 1923, RGBl. I S. 275 und v. 22. 6. 1923, RGBl. I S. 401) [22]) oder

---

in ihrer Bedeutung einem der aufgezählten Ausweisungsgründe entsprechen.

[20]) Dies ist nicht eine der Willkür freie Hand lassende sogenannte „Generalklausel", sondern bringt noch einmal zum Ausdruck, daß das Ausweisungsrecht den Grundsätzen des § 10 II, 17 ALR. unterliegt. Darüber hinaus wird hier zum Ausdruck gebracht, daß ein in dem Erlaß nicht aufgeführter Ausweisungsgrund nicht bei bloßer „Gefährdung" des Gemeinwohls gegeben ist, sondern daß „Zuwiderhandlungen" gegen die Grundsätze des Gemeinwohls erforderlich sind. Eine Ausweisung aus einem nicht in dem Erlaß aufgeführten Grunde darf also nur erfolgen, wenn der Ausländer die Gefährdung des Gemeinwohls „verschuldet" (Vorsatz, Fahrlässigkeit) hat.

[21]) S. 276, 277, vgl. Ziff. III der Vf. d. MdJ. vom 15. 2. 1924 — IV b 5070 unten Anm. 43.

[22]) Vgl. Ziff. III der Vf. d. MdJ. vom 15. 2. 1924 — IV b 5070 unten Anm. 43.

wegen Steuerhinterziehung[23]) erfolgt ist; sind seit der Strafverbüßung 5 Jahre verflossen und hat der Verurteilte sich während dieser Zeit einwandfrei geführt, so

---

[23]) In technischem Sinne, z. B. nicht bloße Steuerzuwiderhandlung. Hierzu:

Vf. d. MdJ. v. 2. 9. 1924 — IV c 5255, betr. Ausweisung von Ausländern wegen Zuwiderhandlung gegen die Steuergesetze.

Nach Ziff. B I 1 meines Ausweisungserl. v. 24. 8. 1923 — IV b 5671 (MBliV. S. 883) ist die Ausweisung eines Ausländers u. a. zulässig auf Grund einer wegen Steuerhinterziehung erfolgten Verurteilung. Dies gilt nicht nur bei Verurteilung wegen Vergehens gegen die Besitz- und Verkehrssteuern, sondern bei Verurteilungen wegen aller übrigen Steuervergehen, also auch wegen Vergehen gegen die Zoll- und Verbrauchssteuergesetze, sowie gegen die Ein- und Ausfuhrvorschriften.

Um im übrigen ein Zusammenarbeiten der Polizei mit den Finanzbehörden sicherzustellen, soll im Einvernehmen mit dem Reichsmin. d. Fin. den Beauftragten der Reichsfinanzbehörden von den Pol.-Behörden und sonstigen Verwaltungen, welche die Kontrolle über die im Inlande wohnenden Ausländer ausüben, Einsicht in die Akten gewährt werden, damit Auszüge von steuerlicher Wichtigkeit daraus gefertigt werden können. Die Finanzämter sind ferner ermächtigt, der Pol.-Behörde, die in Ausweisungsangelegenheiten um Auskunft über das Ergebnis eines Steuerstrafverfahrens und über den Inhalt eines etwa ergangenen rechtskräftigen, verurteilenden Erkenntnisses ersucht, diese unmittelbar zu erteilen. Ich ersuche, hiernach vorkommendenfalls zu verfahren.

Vf. d. RMdF. v. 20. 9. 1924 — III A 23216/III D 7697 an die Präs. d. Landesfinanzämter in Preußen (bekanntgemacht durch Vf. d. MdJ. vom 30. 9. 1924 — IV c 5255, II MBliV. S. 975).

Nach Vereinbarung mit dem Preuß. MdJ. bestimme ich im Anschluß an den Erl. v. 23. 6. 1923 — II p 8681, daß die durch die Erl. v. 24. 12. 1922 — St A 2438, 4. 4. 1923 —

wird in der Regel[24]) von der Anordnung der Ausweisung Abstand zu nehmen sein;

2. bei staatsfeindlicher politischer Betätigung[25]) in Wort oder Schrift, auch wenn ein Strafverfahren nicht oder noch nicht eingeleitet ist;

3. gegenüber einem Ausländer, der vor dem Inkrafttreten der Verordnung des Herrn Reichspräsidenten über die Bestrafung von Zuwiderhandlungen gegen die Paß-

---

St A 943, 28. 6. 1924 — III A 17061 (Schlußsatz) eingeforderten Mitteilungen der Finanzämter über steuerliche Verfehlungen von Ausländern in Zukunft nicht mehr mir, sondern durch die Landesfinanzämter den zuständigen Reg.- oder Pol.-Präs. zuzuleiten sind.

Um unnötigen Schriftverkehr bei den erforderlichen Feststellungen zu vermeiden, ersuche ich, von der mit dem Preuß. MdJ. vereinbarten gegenseitigen Akteneinsichtnahme durch Beauftragte der beiderseitigen Behörden ausgiebig Gebrauch zu machen.

Ich ermächtige die Finanzämter, in diesen Ausweisungsangelegenheiten den Pol.-Behörden auf Anfrage unmittelbar Auskunft über das Ergebnis eines gegen einen Ausländer eingeleiteten Steuerstrafverfahrens zu erteilen, sofern das Verfahren durch die rechtskräftige Verurteilung des Ausländers beendet ist. In diesem Fall kann der Pol.-Behörde auch der Inhalt des rechtskräftigen Erkenntnisses zugänglich gemacht werden, soweit dieses den verurteilten Ausländer betrifft, jedoch ohne Offenlegung des sonstigen Inhalts der Steuerakten.

Ist das Steuerstrafverfahren ohne Verurteilung des Ausländers beendet, so ist eine Auskunft über die Einzelheiten des den Gegenstand des Verfahrens bildenden Tatbestandes nur dann zu erteilen, wenn infolge des Verhaltens des Ausländers ein zwingendes öffentliches Interesse an seiner Ausweisung vorliegt.

[24]) Es muß ein positiver neuer Ausweisungsgrund vorhanden sein, wenn von dieser Regel abgewichen wird, da die Anordnung der Ausweisung nicht der Willkür überlassen sein kann.

[25]) Nicht jede politische Betätigung, auch nicht oppositioneller Art, ist Ausweisungsgrund.

vorschriften v. 6. 4. 1923 (RGBl. I S. 249)[26]) die Landesgrenzen unbefugt überschritten hat[27]), insbesondere ohne im Besitz eines nach den geltenden Bestimmungen erforderlichen Ausweises (Reisepaß, Einreisesichtvermerk, Reiseausweis der Grenzämter der Deutschen Arbeiterzentrale) zu sein;

4. gegenüber einem Ausländer, der sich andauernde und schwere Verstöße gegen die Meldepolizeivorschriften hat zu Schulden kommen lassen[28]);

---

[26]) Ausländer, die nach Inkrafttreten dieser Verordnung eingereist sind, können auf Grund des § 2 der Verordnung aus dem Reichsgebiet, oder nach rechtskräftiger Verurteilung nach I 1 des Ausweisungserlasses aus dem Staatsgebiet ausgewiesen werden. Hierzu ist die Vf. des MdJ. vom 15. 2. 1924 — IV b 5070, betr. Ergänzung des Ausweisungserl. vom 24. 8. 1923 ergangen. Hier ist bestimmt:

„II. In den nach dem 6. 4. 1923 liegenden Fällen unbefugten Grenzübertrittes kann nicht nur gemäß Abschn. B I Ziff. 3 meines Ausweisungserl. die Ausweisung aus dem Preuß. Staatsgebiet, sondern auch gemäß § 2 der vorerwähnten Vd. des Reichspräsidenten über die Bestrafung von Zuwiderhandlungen gegen die Paßvorschriften v. 6. 4. 1923 die Verweisung aus dem Reichsgebiet angeordnet werden."

Diese Ergänzungsverordnung ist irrtümlich. Grenzübertrittsfälle, die nach dem 6. 4. 1923 liegen, sind in Abschnitt B I Ziff. 3 gar nicht erwähnt. Eine Ausweisung aus dem Staatsgebiet auf Grund dieser Bestimmung ist daher in derartigen Fällen gar nicht möglich. Ausländer, die nach dem 6. 4. 1923 eingereist sind, können wegen der unbefugten Einreise aus dem Preußischen Staatsgebiete vielmehr nur auf Grund der Bestimmung in B I 1 des Ausweisungserlasses ausgewiesen werden. — Einschränkung der Ausweisungsbefugnis durch II und III des Erlasses. —

[27]) Nicht jedes Paßvergehen ist Ausweisungsgrund, sondern nur die unbefugte Grenzüberschreitung.

[28]) Es wird Schuldhaftigkeit des Ausländers verlangt. Verweigert die Polizeibehörde aus irgendwelchen Gründen die Ent-

5. gegenüber einem Ausländer, der sich in den Besitz von Wohn- oder Geschäftsräumen gesetzt hat, ohne die erforderliche Genehmigung der Gemeindebehörde zum Bezuge der Räume erhalten zu haben oder sie innerhalb zweier Wochen beibringen zu können; die Ausweisung wegen unbefugter Inbesitznahme nichtselbständiger Wohn- oder Geschäftsräume soll jedoch nicht erfolgen, wenn die Räume vor dem 1. 1. 1923 bezogen sind;

6. beim Mangel eines Unterkommens oder einer gesicherten wirtschaftlichen Existenz, die den deutschen Gesetzen und den guten Sitten nicht zuwiderläuft, d. h. einer solchen, die es dem Ausländer ermöglicht, ohne Inanspruchnahme öffentlicher Mittel (der Armenpflege oder der Erwerbslosenfürsorge) seinen Lebensunterhalt während seines Aufenthaltes im Inlande auf ehrliche und anständige Weise zu bestreiten, sei es, daß er als Unternehmer, Kaufmann, Angestellter (auch Volontär), Arbeiter, Künstler, Studierender oder sonst in einem freien Berufe tätig ist. Angehörige derjenigen ausländischen Staaten, denen gegenüber auf Grund zwischenstaatlicher Abmachungen oder gegenseitiger Übung die Verpflichtung zur Unterstützung Erwerbsloser besteht, können lediglich aus dem Grunde, daß sie hier erwerbslos geworden sind, nicht ausgewiesen werden. Auch wenn bei vorübergehender Erwerbs- und Mittellosigkeit anerkannte Fürsorgeorganisationen für einen Ausländer ein-

---

gegennahme der Anmeldung (z. B. weil die Beibringung eines Passes, einer Aufenthaltserlaubnis usw. gefordert wird), so hat der Ausländer die Nichtanmeldung nicht verschuldet; seine Ausweisung ist also unzulässig. Ob ein Paßvergehen vorliegt, ist unabhängig hiervon zu prüfen. — Einmalige Nichtanmeldung ist kein schwerer Verstoß.

treten, wird ein Grund zur Ausweisung in der Erwerbs- und Mittellosigkeit regelmäßig nicht zu erblicken sein; es soll diesen Organisationen daher, bevor die Ausweisung wegen Mangels einer gesicherten wirtschaftlichen Existenz angeordnet wird, Gelegenheit gegeben werden, dem Auszuweisenden binnen einer Frist von höchstens 2 Monaten unter Beobachtung der geltenden Vorschriften über die Arbeitsvermittlung ausländischer Arbeiter bei der Erlangung von Arbeit behilflich zu sein [29]);

7. bei Zuwiderhandlungen gegen die Verordnungen des Präsidenten der Reichsarbeitsverwaltung

a) über Anwerbung und Vermittlung ausländischer Landarbeiter v. 19. 10. 1922 (s. Erl. v. 27. 10. 1922 — IV c 507, MBliV. S. 1057 ff.) [30]),

b) über die Einstellung und Beschäftigung ausländischer Arbeiter und die Anwerbung und Vermittlung ausländischer Landarbeiter v. 2. 1. 1923 (s. Erl. v. 5. 1. 1923 — IV c 3, MBliV. S. 29 ff.) [31]);

II. grundsätzlich ausgeschlossen: wenn, von besonders gearteten Fällen abgesehen, der Ausländer bereits vor dem 1. 4. 1914 seinen Wohnsitz oder ständigen

29) Vgl. hierzu III a des Erlasses. Die Fassung des Erlasses ist nicht unbedenklich. Oftmals nehmen lange in Deutschland ansässige Ausländer aus Furcht vor der Ausweisung die Wohlfahrtsinstitutionen, auch Krankenhäuser usw. nicht in Anspruch, wodurch große wirtschaftliche, kriminalpolitische und sozialhygienische Gefahren heraufbeschworen werden. Die Ausweisung ist besonders ungerechtfertigt gegenüber den ausländischen Arbeitern, die auf Grund gesetzlicher Verpflichtung Beiträge für die Erwerbslosenfürsorge oft jahrelang geleistet haben, ohne dadurch einen Anspruch auf Erwerbslosenunterstützung zu erlangen.

30) S. 249.

31) S. 232, 249.

Aufenthalt in Preußen gehabt und ihn seitdem beibehalten hat[32]);

III. in der Regel[33]) unzulässig: wenn der Ausländer mindestens 4 Jahre in Preußen seinen Wohnsitz oder ständigen Aufenthalt gehabt, sich hier eine „gesicherte wirtschaftliche Existenz" im Sinne der Bestimmung zu I Ziff. 6 geschaffen[34]) und sich weder gegen die öffentliche Ordnung oder Sicherheit vergangen noch sonst die innere oder äußere Ruhe des Staates beeinträchtigt hat[35]), selbst dann, wenn er seinerzeit die Landesgrenze unbefugt überschritten, die ihm amtlich gewährten Reisefristen nicht innegehalten oder die Meldepolizeivorschriften übertreten hat[36]).

Ausländer, die nach Nr. II und Nr. III nicht ausgewiesen werden, erhalten eine amtliche Bescheinigung, über deren Ausgestaltung und Inhalt ich mir nähere Bestimmung vorbehalte[37]), die aber die Be-

---

[32]) Unterbrechungen von geringer Dauer, insbesondere die durch den Kriegsdienst verursachte Unterbrechung, mußten außer Ansatz bleiben.

[33]) Wann diese Regel eine Ausnahme erleidet, darf nicht die Polizei nach freiem Ermessen bestimmen, sondern unterliegt der Vorschrift des § 10 II 17 Allg. Landrechts, vgl. Anm. 14.

[34]) Vgl. Anm. 29.

[35]) Vgl. Anm. 14.

[36]) Ausweisung auch unzulässig, wenn der Ausländer während der 4 Jahre eine Aufforderung erhalten hat, das Inland zu verlassen. Eine solche Aufforderung ist keine Ausweisung und vermag den Lauf der vierjährigen Dauer der Ziffer III des Erlasses nicht zu unterbrechen. Unzulässig aber auch, wenn dem Ausländer während der Vierjahresfrist eine Ausweisungsverfügung zugestellt ist, die nicht die Rechtskraft erlangt hat.

[37]) Vgl. S. 197 Anm. 15 b, S. 198 Anm. 15 c, d.

schaffung von Personalausweisen nicht überflüssig macht.

III a [38]) Die Ausweisung eines Ausländers ist, ohne Rücksicht auf die Dauer seines Aufenthalts im Inlande [39]) auch dann zulässig, wenn er hier hilfsbedürftig geworden ist und sich weigert, freiwillig in seine Heimat zurückzukehren, obwohl seine Übernahme von seinem Heimatstaate ausdrücklich zugestanden ist [40]).

IV. Über eine besondere Behandlung von Ausländern deutschen Stammes lassen sich mit Rücksicht auf die politische Lage zur Zeit allgemeine Richtlinien nicht aufstellen.

C. Für das Verfahren zur Durchführung der Ausweisung gilt folgendes:

I. die Ausweisungsverfügung ist dem Ausgewiesenen ordnungsmäßig und unverzüglich [40a]) zuzustellen [41]). Dabei ist [42]) eine angemessene Frist zur freiwilligen Abreise festzusetzen; diese Frist wird unter Umständen, insbesondere wenn der Ausgewiesene im Inland einen gewerb-

---

[38]) Eingefügt durch RdErl. d. MdI. v. 12. 2. 1925 — IV c 5332. (MBliV. S. 207).

[39]) Vgl. jedoch Ziffer D, vgl. Anm. 47.

[40]) Es muß in jedem speziellen Falle eine Übernahmeverhandlung mit dem Heimatsstaate vorangegangen sein. Auf Staatenlose kommt demnach III a des Erlasses nicht zur Anwendung.

[40a]) Betrifft die Zustellung. Wegen der Unverzüglichkeit der Anordnung der Ausweisung vgl. Ziffer D Satz 2 dieses Erlasses.

[41]) Die noch manchmal angewandte mündliche Eröffnung oder formlose schriftliche Mitteilung ist wirkungslos, kann also auch nicht Grundlage einer Bestrafung wegen Bannbruchs werden.

[42]) Obligatorisch.

lichen, kaufmännischen oder landwirtschaftlichen Betrieb geführt hat, zur Auflösung dieses Betriebes bis zur Dauer von 3 Monaten erstreckt werden können. Bei der Durchführung von Ausweisungen während einer Strafvollstreckung und Strafverfolgung ist der Erl. v. 4. 4. 1923 — IV b 5133 II (MBliV. S. 371) zu beachten[43]).

II. Nach Zustellung der Ausweisungsverfügung und Ablauf der zur freiwilligen Abreise gesetzten Frist ist, gegebenenfalls nach fruchtloser Anwendung der Zwangsmittel des § 132 des Landesverwaltungsges. v. 30. 7. 1883 (GS. S. 195)[44]), sofern nicht in besonderen Staatsverträgen ein anderes Verfahren vorgesehen ist, zunächst stets die unmittelbare Abschiebung nach den Heimatländern zu versuchen. Handelt es sich um Staatsangehörige der östlichen Nachbarländer, so ist zu diesem Zwecke mit den Reg.-Präs. der östlichen Grenzbezirke, insbesondere von Schneidemühl und Frankfurt a. O., Verbindung aufzunehmen. Die Abschiebung russischer Staatsangehöriger ist im Benehmen mit dem Reg.-Präs. in Stettin zu regeln. Urkundliche Unterlagen für die Staatsangehörigkeit und eine Ausfertigung der Ausweisungsverfügung werden im allgemeinen genügen, um die

---

[43]) S. 292. Ferner ist folgende Bestimmung zu beachten: Vf. d. MdJ. vom 15. 2. 1924 — IV b 5070 betr. Ergänzung des Ausweisungserl.:

„III. Soll eine Ausweisung auf Grund des Abschn. B I Ziff. 1 meines Ausweisungserl. wegen Vergehens gegen die Zoll- und Verbrauchssteuergesetze, sowie gegen die Ein- und Ausfuhrvorschriften erfolgen, so ist in sinngemäßer Anwendung meines Erl. v. 4. 4. 1923 — IV b 5133 II (MBliV. S. 371) vor der Durchführung der Ausweisung mit dem zuständigen Landesfinanzamt Fühlung zu nehmen."

[44]) s. S. 38 Anm. 46.

übernahme der Ausländer durch die ausländischen Behörden zu erreichen.

III. Ausländer, die nach Abschn. B, I, Ziff. 1 und 2 ausgewiesen worden sind, können in ein Sammellager untergebracht werden, wenn ihre Abschiebung sich als unmöglich erwiesen hat und ihr weiterer freier Aufenthalt im Inlande bis zur Abschiebung eine unmittelbare Gefahr für die innere oder äußere Ruhe, Sicherheit und Ordnung des Staates bilden würde [45]).

---

[45]) Ziffer III und IV sind zu streichen, gemäß folgender Vf. d. MdI. v. 14. 12. 23 — IV b 5881, **betr. Aufhebung der Internierung ausgewiesener Ausländer.** (MBliV. 1923 S. 1240.)

Die Finanzlage des Staates zwingt dazu, die Internierung ausgewiesener Ausländer, soweit sie nach Ziff. C III meines Ausweisungserlasses vom 24. 8. 1923 — IV b 5671 (MBliV. S. 883) noch zulässig war, nunmehr aufzuheben, da die durch eine solche Internierung entstehenden hohen Kosten nicht mehr getragen werden können. Das der preußischen Verwaltung unterstehende Sammellager zu Cottbus-Sielow wird daher mit dem 31. 12. 1923 aufgelöst. Die Ziff. C III bis IV meines vorgenannten Erlasses sind zu streichen. Eine Unterbringung ausgewiesener Ausländer in ein Sammellager zur Vorbereitung der Abschiebung kommt fortan in keinem Falle mehr in Frage. Zur Durchführung der Ausweisungen sind vielmehr stets die den Polizeibehörden nach § 132 des Landesverwaltungsges. vom 30. 7. 1883 (GS. S. 195) zustehenden Zwangsmittel anzuwenden, um die Abreise der ausgewiesenen Ausländer nach Ablauf der Abzugsfrist zu erzwingen. Sofern das Verbleiben ausgewiesener Ausländer im freien Aufenthalt im Inlande eine unmittelbare Gefahr für die innere oder äußere Ruhe, Sicherheit und Ordnung des Staates bilden würde, können sie bis zu ihrem Abtransport in Polizeihaft genommen werden. Die hierdurch entstehenden Kosten sind vom Preußischen Staat zu tragen und auf Landespolizeifonds zu übernehmen.

Die Direktion des Sammellagers zu Cottbus-Sielow ist

IV. Geisteskranke und alleinstehende jugendliche Personen unter 16 Jahren dürfen nicht interniert werden[45]).

V. Soweit die Internierung nach den vorstehenden Bestimmungen unzulässig ist, ersuche ich, die unterstellten Polizeibehörden anzuweisen, im größeren Umfange als bisher die ihnen nach § 132 des Landesverwaltungsges. v. 30. 7. 1883 (GS. S. 195) zustehenden Zwangsmittel anzuwenden, um die Abreise der ausgewiesenen Ausländer nach Ablauf der Abzugsfrist zu erzwingen[46]).

---

angewiesen, die noch internierten Ausländer sofort zu entlassen, soweit nicht bis zur Auflösung des Lagers ihre Abschiebung möglich ist. Wegen schwerer Vorstrafen oder staatsfeindlicher politischer Betätigung Internierte werden, soweit möglich, mittels Gefangenensammelwagen denjenigen Polizeibehörden wieder zugeführt werden, die ihre Ausweisung und Internierung seinerzeit angeordnet haben.

Anfragen, die das Sammellager zu Cottbus-Sielow betreffen, sind nach dem 1. 1. 1924 an den Reg.-Präs. in Frankfurt a. O. dem ich die Abwicklung der Geschäfte und die Aufbewahrung der Lagerakten übertragen habe, zu richten.

Den Oberpräs. in Königsberg ersuche ich, entsprechende Anweisung für das Sammellager in Pr. Holland, soweit es der Internierung ausgewiesener Ausländer dient, zu erlassen.

[46]) § 132 des Landesverwaltungsgesetzes in der Fassung d. Vf. d. MdJ. v. 29. 11. 1923 (MBliV. S. 1191) u. d. Erl. d. MdJ. v. 30. 6. 1925 (MBliV. S. 747).

„Der Regierungspräsident, der Landrat, die Ortspolizeibehörde und der Gemeinde-(Guts)-Vorsteher(-Vorstand) sind berechtigt, die von ihnen in Ausübung der obrigkeitlichen Gewalt getroffenen, durch ihre gesetzlichen Befugnisse gerechtfertigten Anordnungen durch Anwendung folgender Zwangsmittel durchzusetzen:

1. Die Behörde hat, sofern es tunlich ist, die zu erzwingende Handlung durch einen Dritten ausführen zu lassen und den vorläufig zu bestimmenden Kostenbetrag im Zwangswege von den Verpflichteten einzuziehen.

VI. Ist dagegen die Unterbringung in ein Sammellager zulässig und nicht zu vermeiden, so muß mit allen

---

2. Kann die zu erzwingende Handlung nicht durch einen Dritten geleistet werden, — oder steht es fest, daß der Verpflichtete nicht imstande ist, die aus der Ausführung durch einen Dritten entstehenden Kosten zu tragen, — oder soll eine Unterlassung erzwungen werden, so sind die Behörden berechtigt, Geldstrafen anzudrohen und festzusetzen, und zwar:
   a) die Gemeinde-(Guts-)Vorsteher bis zur Höhe von 150 Reichsmark,
   b) die Ortspolizeibehörden und die städtischen Gemeinde-Vorsteher (-Vorstände) in einem Landkreise bis zur Höhe von 300 Reichsmark,
   c) die Landräte, sowie die Polizeibehörden und Gemeinde-Vorsteher (-Vorstände) in einem Stadtkreise bis zur Höhe von 500 Reichsmark,
   d) der Regierungspräsident bis zur Höhe von 1000 Reichsmark,

   Gleichzeitig ist nach Maßgabe der §§ 28, 29 des Strafgesetzbuchs für das Deutsche Reich die Dauer der Haft festzusetzen, welche für den Fall des Unvermögens an die Stelle der Geldstrafe treten soll. Der Höchstbetrag dieser Haft ist

   in den Fällen zu a — 1 Woche,
   „ „ „ „ b — 2 Wochen,
   „ „ „ „ c — 4 Wochen,
   „ „ „ „ d — 6 Wochen,

   Der Ausführung durch einen Dritten (Nr. 1), sowie der Festsetzung einer Strafe (Nr. 2) muß immer eine schriftliche Androhung vorhergehen; in dieser ist, sofern eine Handlung erzwungen werden soll, die Frist zu bestimmen, innerhalb welcher die Ausführung gefordert wird.
3. Unmittelbarer Zwang darf nur angewendet werden, wenn die Anordnung ohne einen solchen unausführbar ist."

Ziffer 1 des vorstehenden Paragraphen (sog. Ersatzvornahme) kommt bei der Ausweisung nicht in Betracht. Zur Erzwingung

Mitteln die möglichste Abkürzung der Internierungszeit und der rasche Abschub der Ausgewiesenen durch die Lagerdirektion angestrebt werden. Hierzu ist erforderlich:

---

der Ausweisung ist nur die Anwendung der in den Ziffern 2 und 3 vorgesehenen Zwangsmittel möglich. Zu beachten ist, das nur diejenigen Anordnungen durch Zwangsmittel durchgesetzt werden dürfen, die durch die gesetzlichen Befugnisse der Behörden gerechtfertigt sind. Soweit die Ausweisung selbst unstatthaft ist, sind auch die Zwangsmittel zu ihrer Durchführung ungesetzlich. Nach herschender Ansicht darf eine sog. Exekutivstrafe nicht mehr verhängt werden, wenn der Erfolg, den sie herbeiführen soll, bereits auf andere Weise erreicht ist oder hinfällig ist. (Vgl. z. B. Hatschek Lehrbuch 1924 S. 423.) Die Exekutivstrafe darf aber auch in den Fällen nicht verhängt werden, in denen es feststeht, daß der Zweck, zu dessen Herbeiführung sie dienen soll, nicht erreichbar ist. Ein Staatenloser z. B., der von irgendeinem anderen Staate nicht übernommen wird, ist nicht in der Lage, der Ausweisungsverfügung nachzukommen, ohne sich nach den Gesetzen oder Verordnungen eines anderen Staates der unerlaubten Grenzüberschreitung schuldig zu machen. In diesen Fällen ist die Exekutivstrafe sinnlos, da das von ihr zu erreichende Ziel nicht erreichbar ist. Sie ist also unzulässig. Es ist dem Ausländer nicht zuzumuten, sich einer Straftat schuldig zu machen, um dem Ausweisungsverlangen zu genügen. Ein wegen politischen Vergehens, z. B. auch wegen Militärflucht Verfolgter darf nicht an den verfolgenden Staat ausgeliefert werden. Eine Abschiebung, die praktisch einer Auslieferung gleichkäme, ist völkerrechtswidrig. Ein derartig Verfolgter darf nicht durch Exekutivstrafen veranlaßt werden, sich dem ihn verfolgenden Staate auszuliefern. Auch in einem solchen Falle ist die Verhängung der Exekutivstrafe deshalb unzulässig. Die Praxis der Preußischen Behörden, die auch in den Fällen, in denen von vornherein die Unmöglichkeit der Realisierung der Ausweisung feststeht, immer von neuem Geld- und Haftstrafen vollstreckt, ist unzulässig. Soweit Geldstrafen nicht beigetrieben werden können und

1. die Beschaffung der vollständigen Ausweis- und sonstigen Papiere, die über die Personalien und die

---

ständig Haftstrafen vollstreckt werden, die niemals zu ihrem Ziele führen können, ist diese Praxis außerdem wenig human und vom fiskalischen Standpunkt unzweckmäßig, da durch aussichtslose Maßnahmen erhebliche Kosten verursacht werden.

Wegen der Vollstreckung der Ersatzstrafen vgl. § 133 Abs. 3 des Landesverwaltungsgesetzes, der im übrigen die Rechtsmittel gegen Exekutivstrafen behandelt.

§ 133 des Landesverwaltungsgesetzes.

Gegen die Androhung eines Zwangsmittels finden dieselben Rechtsmittel statt, wie gegen die Anordnungen, um deren Durchsetzung es sich handelt. Die Rechtsmittel erstrecken sich zugleich auf diese Anordnungen, sofern dieselben nicht bereits Gegenstand eines besonderen Beschwerde- oder Verwaltungsstreitverfahrens geworden sind.

Gegen die Festsetzung und Ausführung eines Zwangsmittels findet in allen Fällen nur die Beschwerde im Aufsichtswege innerhalb zwei Wochen statt.

Haftstrafen, welche an Stelle einer Geldstrafe nach § 132 Nr. 2 festgesetzt sind, dürfen vor ergangener entgültiger Beschlußfassung oder rechtskräftiger Entscheidung auf das eingelegte Rechtsmittel bzw. vor Ablauf der zur Einlegung desselben bestimmten Frist nicht vollstreckt werden.

Über die zulässigen Rechtsmittel vgl. Anm. 51.

Es ist unterschieden zwischen den Rechtsmitteln gegen die bloße Androhung eines Zwangsmittels und denjenigen gegen die Festsetzung und Ausführung eines Zwangsmittels. Die Androhung der Exekutivstrafe kann mit denselben Rechtsmitteln angefochten werden wie die Ausweisungsverfügung selbst. Die Festsetzung und Ausführung eines Zwangsmittels kann nur durch Dienstaufsichtsbeschwerde angefochten werden.

Haftstrafen als Ersatz für Geldstrafen dürfen nicht vollstreckt werden, solange nicht über ein dagegen eingelegtes Rechtsmittel rechtskräftig entschieden ist. Darüber hinaus dürfen sie aber auch nicht vollstreckt werden „Vor ergangener endgültiger Beschlußfassung". Das heißt: auch wenn ein eigentliches Rechtsmittel (formelle Beschwerde) nicht zulässig

Staatsangehörigkeit des Ausgewiesenen unterrichten, die Mitteilung über den Ausweisungs- und Internierungsgrund sowie die Mitgabe aller dieser Papiere bei der Absendung. Falls etwa außergewöhnliche Umstände die Mitgabe der vollständigen Papiere nicht gestatten sollten, hat wenigstens die schriftliche Mitteilung des Ausweisungs- und Internierungsgrundes an die Lagerdirektion zu erfolgen;

2. die Sicherstellung der beweglichen Habe der zu internierenden Personen oder die Mitgabe dieser Habe, soweit sie vom Eigentümer ohne fremde Hilfe fortgeschafft werden kann; andernfalls hat in Gegenwart des Ausgewiesenen und nach Möglichkeit unter Hinzuziehung der für Ausländer tätigen Fürsorgeorganisationen eine Inventaraufnahme durch die Organe der zuständigen Ortspolizeibehörde zu erfolgen; Abschrift der Verhandlung ist dem zu Internierenden auszuhändigen; befindet sich die Habe in geschlossenen Räumen (Läden oder Werkstätten), die ohne Bewachung zurückgelassen werden müssen, so ist für Versiegelung der Räume Sorge zu tragen.

Zur Unterbringung ausgewiesener Ausländer steht das Sammellager in Kottbus-Sielow und für Ostpreußen das Lager Pr. Holland zur Verfügung. Diese Lager

---

oder erledigt ist, darf die Haftstrafe nicht vollstreckt werden, solange noch auf eine Aufsichtsbeschwerde oder eine bloße Gegenvorstellung nicht entschieden ist. In der Praxis der Preußischen Polizei wird im allgemeinen die Haftstrafe nicht vollstreckt, solange die Ausweisungsangelegenheit noch bei irgendeiner Stelle, insbesondere bei dem Ministerium des Innern in Bearbeitung ist. Aber die Praxis ist unzuverlässig. Die Vorschrift des § 133 Abs. 3 wird häufig nicht beachtet.

sind auch zur Aufnahme von Frauen und Kindern eingerichtet.

Die Überführung der in die Sammellager zu verbringenden Ausländer erfolgt in der Regel in Sammelwagen, entsprechend den Gefangenentransporten. Es ist Vorsorge zu treffen, daß zwischen der Festnahme und dem Abtransport nur kurze Zeit verstreicht, damit die Festgenommenen nicht erst noch anderweit untergebracht zu werden brauchen. Im Notfalle sind die ausgewiesenen Personen im besonderen Wagen und unter besonderer Bewachung in das Lager zu verbringen. Die Bewachung der Transporte erfolgt durch Mannschaften der Landjägerei oder Schutzpolizei. Die Kosten trägt Preußen; sie sind auf Landespolizeifonds vorzuschießen und zu verrechnen.

D. Unbillige Härten, die die Anordnung und Durchführung einer Ausweisung für den Betroffenen selber oder für die von ihm zu unterhaltenden Familienangehörigen mit sich bringen würden [47]), sind zu vermeiden. Insbesondere ist die Entscheidung über die Anordnung einer Ausweisung von der zuständigen Behörde unverzüglich zu treffen, nachdem sie von dem Ausweisungsgrunde Kenntnis erlangt hat.

In geeigneten Fällen kann der zuständige Regierungspräsident die Durchführung einer Ausweisung aus-

---

[47]) Bezieht sich nicht nur auf die Art und Weise der Anordnung und Durchführung der Ausweisung, sondern bedeutet, daß die Anordnung der Ausweisung zu unterbleiben hat, wenn sie selbst eine unbillige Härte darstellt, und daß entsprechend die Durchführung der Ausweisung zu unterbleiben hat. In der Praxis häufig nicht beachtet.

setzen[48]) und dem Ausgewiesenen eine **Bewährungsfrist** bewilligen[49]).

E. Wegen der **Erteilung von Personalausweisen** an Ausländer, denen der Aufenthalt im Inlande vorläufig zu gestatten ist, behält es bei dem Erl. des Herrn Reichsministers d. J. v. 18. 10. 1921 — II B 9600 — sein Bewenden[50]).

F. Zur Vermeidung aufgetauchter Zweifel weise ich darauf hin, daß die **Einlegung der Beschwerde** gegen eine Ausweisungsverfügung[51]) grundsätzlich aufschiebende

---

[48]) Auch wenn der Ausweisungsbefehl selbst von ihm, einem andern Regierungspräsidenten, einem Oberpräsidenten oder dem Minister des Innern bestätigt ist. — Auf bestimmte oder unbestimmte Zeit.

[49]) Mit der Aussicht auf Aufhebung der Ausweisungsverfügung. Analogie aus dem Strafrecht, hierzu vgl. Am. 15.

[50]) Dieser Erlaß ist inzwischen ersetzt durch die Bekanntmachung zur Ausführung der Paßverordnung vom 4. 6. 1924. (RGBl. I S. 613) §§ 29ff., S. 79.

[51]) Die Beschwerde beruht auf dem Preußischen Gesetz über die allgemeine Landesverwaltung vom 30. 7. 1883:

„§ 127. Gegen polizeiliche Verfügungen der Orts- und Kreispolizeibehörden findet, soweit das Gesetz nicht ausdrücklich anderes bestimmt, die Beschwerde statt, und zwar:

a) gegen die Verfügungen der Ortspolizeibehörden auf dem Lande oder einer zu einem Landkreise gehörigen Stadt, deren Einwohnerzahl bis zu 10000 Einwohnern beträgt, an den Landrat und gegen dessen Bescheid an den Regierungspräsidenten;

b) gegen die Verfügungen der Ortspolizeibehörden eines Stadtkreises, mit Ausnahme von Berlin, einer zu einem Landkreise gehörigen Stadt mit mehr als 10000 Einwohnern, oder des Landrates an den Regierungspräsidenten, und gegen dessen Bescheid an den Oberpräsidenten;

c) gegen ortspolizeiliche Verfügungen in Berlin an den Oberpräsidenten.

§ 129. Die Beschwerde im Falle des § 127 Abs. 1 (und die Klage im Falle des § 128) sind bei derjenigen Behörde anzubringen, gegen deren Verfügung sie gerichtet sind.

Die Behörde, bei welcher die Beschwerde (oder Klage) angebracht ist, hat dieselbe an diejenige Behörde abzugeben, welche darüber zu beschließen oder zu entscheiden hat. Der Beschwerdeführer bzw. Kläger ist hiervon in Kenntnis zu setzen.

Die Frist zur Einlegung der Beschwerde (und zur Anbringung der Klage) gegen die polizeiliche Verfügung, sowie gegen den auf Beschwerde ergangenen Bescheid beträgt zwei Wochen.

(Die Anbringung des einen Rechtsmittels schließt das andere aus. Ist die Schrift, mittels deren das Rechtsmittel angebracht wird, nicht als Klage bezeichnet, oder enthält dieselbe nicht ausdrücklich den Antrag auf Entscheidung im Verwaltungsstreitverfahren, so gilt dieselbe als Beschwerde. Bei gleichzeitiger Anbringung beider Rechtsmittel ist nur der Beschwerde Fortgang zu geben. Das hiernach unzulässigerweise angebrachte Rechtsmittel ist durch Verfügung der im Absatz 1 bezeichneten Behörde zurückzuweisen. Gegen die zurückweisende Verfügung findet innerhalb zwei Wochen die Beschwerde an die zur Entscheidung auf die Klage berufene Behörde statt.)

Wird die Beschwerde (oder Klage) der Vorschrift des ersten Absatzes zuwider innerhalb der gesetzlichen Frist bei derjenigen Behörde angebracht, welche zur Beschlußfassung oder Entscheidung darüber zuständig ist, so gilt die Frist als gewahrt. Die Beschwerde (oder Klage) ist in solchen Fällen von der angerufenen Behörde zur weiteren Veranlassung an diejenige Behörde abzugeben, gegen deren Beschluß sie gerichtet ist.

§ 130. Abs. 3. Gegen die Landesverweisung steht Personen, welche nicht Reichsangehörige sind, die Klage nicht zu."

Die Verwaltungsklage ist auch gegen die Reichsverweisung nicht zulässig (so Hennig S. 154 ff.).

Neben dieser formellen Beschwerde ist stets die Dienst-

Wirkung hat [52]).

---

aufsichtsbeschwerde bis zum Preußischen Minister des Innern zulässig.

[52]) Bloßer Hinweis auf die gesetzliche Vorschrift des Landesverwaltungsgesetzes:

„§ 53. Die Anbringung der Beschwerde, sowie der Klage bzw. des Antrages auf mündliche Verhandlung im Verwaltungsstreitverfahren hat, sofern nicht die Gesetze anderes vorschreiben, aufschiebende Wirkung. Verfügungen, Bescheide und Beschlüsse können jedoch, auch wenn dieselben mit der Beschwerde oder mit der Klage bzw. mit dem Antrage auf mündliche Verhandlung im Verwaltungsstreitverfahren angefochten sind, zur Ausführung gebracht werden, sofern letztere nach dem Ermessen der Behörde ohne Nachteil für das Gemeinwesen nicht ausgesetzt bleiben kann, vorbehaltlich der Bestimmung in § 133 Abs. 3 dieses Gesetzes."

Zur Erläuterung der Ziffer F des Ausweisungserlasses ist folgende Verfügung ergangen:

Vf. d. MdJ. v. 15. 2. 1924 — IV b 5070, betr. Ergänzung des Ausweisungserl. v. 24. 8. 1923. MBliV. 1924, S. 209.

„I. Nach Abschn. F meines Ausweisungserl. v. 24. 8. 1923 — IV b 5671 (MBliV. S. 883) hat die Einlegung der Beschwerde grundsätzlich aufschiebende Wirkung. Ich weise jedoch darauf hin, daß eine mit der Beschwerde angefochtene Ausweisungsverfügung nach Satz 2 des § 53 des Landesverwaltungsges. v. 30. 7. 1883 (GS. S. 195) sofort durchgeführt werden kann, wenn die Ausführung nach dem Ermessen der Behörde ohne Nachteil für das Gemeinwesen nicht ausgesetzt bleiben kann. Dies ist, von Ausnahmefällen abgesehen, insbesondere dann stets anzunehmen, wenn ein Ausländer wegen Verstoßes gegen die Bestimmungen der Verordnung des Reichspräsidenten über die Bestrafung von Zuwiderhandlungen gegen die Paßvorschriften v. 6. 4. 1923 (RGBl. I S. 249) gemäß Abschn. B I Ziff. 3 meines Ausweisungserl. ausgewiesen wird. Entsprechendes gilt, wenn die Beschwerde gegen eine die Aufenthaltserlaubnis versagende polizeiliche Verfügung eingelegt wird. Unerheblich ist dabei, ob die Ausweisung oder die Versagung der Aufent-

G. Wenn auch durch vorstehende Richtlinien gegenüber den im Inlande ansässig gewordenen Ausländern eine mildere Übung, als sie bisher verfolgt werden konnte, vorgeschrieben wird, so erwarte ich doch, daß gegen solche Ausländer, die sich nicht scheuen, das ihnen gewährte Gastrecht zu mißbrauchen, mit aller Schärfe, insbesondere unter Anwendung der Vd. des Herrn Reichspräs. v. 6. 4. 1923 über die Bestrafung von Zuwiderhandlungen gegen die Paßvorschriften (RGBl. I S. 249), vorgegangen wird.

Die Reg.-Präs. wollen die ihnen unterstellten Behörden mit eingehender Anweisung unter besonderem Hinweis auf die große innen- und außenpoliti-

---

haltserlaubnis außer aus diesen noch aus anderen Gründen erfolgt.

Wenn in diesen Fällen der Beschwerde eine aufschiebende Wirkung nicht beigelegt wird, so gewinnt die Bestimmung des Abschn. C Ziff. I meines Ausweisungserl. über die Festsetzung einer angemessenen Frist zur freiwilligen Abreise erhöhte Bedeutung."

Diese Einschränkung der aufschiebenden Wirkung der Beschwerde dürfte mit § 53 LVG. nicht in Einklang stehen. Nur wenn nach dem Ermessen der Behörde ein Nachteil im Sinne des § 10 II 17 ALR. durch die Aussetzung der Durchführung droht, kann ausnahmsweise die aufschiebende Wirkung der Beschwerde fortfallen. Ob die dem § 10 II 17 entsprechenden Voraussetzungen vorliegen, ist in jedem Falle besonders zu prüfen. Eine Anordnung, daß diese Voraussetzungen stets bei Paßvergehen vorliegen, ist nicht möglich, da eine Tatbestandsfrage nicht durch ministerielle Verfügung entschieden werden kann. Zudem ist nicht einzusehen, weshalb gerade bei den verhältnismäßig belanglosen Paßvergehen ein staatsgefährlicher Nachteil im Sinne des § 10 II 17 vorliegen soll, während bei viel schwereren Vergehen die grundsätzliche aufschiebende Wirkung der Beschwerde bestehen bleibt.

sche Bedeutung einer sachgemäßen Behandlung der Ausländer versehen.

2. Deutsch-tschechoslowakischer Notenaustausch über Ausweisungsfragen.

(MBliV. 1923, S. 525, Vf. d. MdJ. v. 7. 5. 1923.)

Nachstehend wird der Notenwechsel zwischen dem Auswärtigen Amt in Berlin und der Gesandtschaft der tschechoslowakischen Republik daselbst über die Behandlung der beiderseitigen Staatsangehörigen v. 2. 5. d. J. veröffentlicht. Nach dem zu diesem Notenwechsel gefertigten „Protokoll" soll durch die Bestimmung in Ziff. I Abs. 1 des Notenwechsels an den in den einzelnen Ländern bestehenden Gesetzen und Verordnungen über die Ausweisungen nichts geändert werden. Die auf Grund des Notenwechsels in ihren früheren Aufenthaltsort zurückkehrenden Angehörigen der beiden Staaten werden den zur Rückreise erforderlichen Sichtvermerk gebührenfrei erhalten; die Berechtigung zur Erlangung eines gebührenfreien Sichtvermerks wird von den tschechoslowakischen Staatsangehörigen durch Vorlegung der Ausweisungsverfügung oder einer von der zuständigen deutschen Behörde gleichzeitig mit der Rückkehrerlaubnis auszustellenden Bescheinigung nachgewiesen werden.

Die Abmachungen zwischen den beiden Regierungen sind am 2. 5. d. J. in Kraft getreten.

Anlage. Notenwechsel v. 2. 5. 1923 — II Ts. 1517.

Euer usw. beehre ich mich vereinbarungsgemäß zu bestätigen, daß auf Grund der Verhandlungen zwischen Vertretern der deutschen Reichsregierung und der Regierungen der beteiligten deutschen Länder, nämlich Preußens, Bayerns, Sachsens und Württembergs, einerseits und den Vertretern der Regierung der tschechoslowakischen Republik anderseits über die Behandlung der beiderseitigen Staatsangehörigen Einverständnis über nachstehende Punkte besteht:

I. Es besteht Einverständnis darüber, daß künftig Ausweisungen nur dann verfügt werden, wenn das Verbleiben des Ausländers geeignet sein würde, die öffentliche Ordnung oder Sicherheit des Aufenthaltsstaates zu gefährden.

Ausweisungen lediglich aus allgemeiner Rücksicht auf den Wohnungsmarkt und die Ernährungslage des Aufenthaltsstaates finden nicht statt.

Angehörige des anderen Staates dürfen nicht lediglich deswegen ausgewiesen werden, weil sie in dem Aufenthaltsstaat beschäftigungslos geworden sind, sofern sie in diesem Staate Anspruch auf Erwerbslosenunterstützung (Arbeitslosenunterstützung) haben oder im Bedürftigkeitsfalle haben würden, oder sofern sonstwie ihr Lebensunterhalt auf erlaubte Weise gesichert ist.

II. Es besteht Einverständnis darüber, daß die in der Zeit v. 1. 7. 1922 bis zum 30. 4. 1923 verfügten Ausweisungen auf Ansuchen der Betroffenen rückgängig gemacht werden, falls die Ausweisungen aus anderen als den unter Ziff. I künftig zulässigen Gründen verfügt worden sind.

III. Tschechoslowakischen Staatsangehörigen, die sich am 30. 4. 1923 in Deutschland aufhalten, ohne daß ihnen der Aufenthalt zu diesem Zeitpunkt gestattet war, und die hier eine gesicherte wirtschaftliche Existenz haben, soll auf Antrag der Aufenthalt nachträglich gestattet werden, es sei denn, daß ein Ausweisungsgrund nach Ziff. I vorliegt. Unter den gleichen Voraussetzungen wird im Falle einer hierbei etwa gestellten Frist auf Antrag der Aufenthalt weiter gestattet werden.

Tschechoslowakischen Staatsangehörigen, die in der Zeit vom 1. 7. 1922 bis 30. 4. 1923 aus Deutschland nach der tschechoslowakischen Republik zurückgekehrt sind, weil ihnen der Aufenthalt nicht gestattet worden war, soll die von ihnen beantragte Rückkehr nach Deutschland nicht deshalb versagt werden, weil sie sich früher in Deutschland gegen paß- oder fremdenpolizeiliche Vorschriften vergangen haben.

Anträge im Sinne des Abs. 1 Satz 1 und des Abs. 2 müssen spätestens am 31. 8. 1923 dem Auswärtigen Amt in Berlin auf diplomatischem Wege zugegangen sein.

IV. Die tschechoslowakische Regierung wird die seit dem 1. 3. 1923 verfügten Ausweisungen deutscher Reichsangehöriger auf deren Antrag sofort aufheben, sofern nicht in der Person des Antragstellers zur Zeit des Erlasses der Ausweisungsverfügung besondere Gründe vorlagen, welche die Aufrechterhaltung der Ausweisung aus Gründen der öffentlichen Ordnung oder Sicherheit der tschechoslowakischen Republik rechtfertigten. Die Anträge können auf diplomatischem Wege oder unmittelbar beim tschechoslowakischen Ministerium des Innern gestellt werden.

Die tschechoslowakischen Vertretungsbehörden in Deutschland werden den in Betracht kommenden deutschen Reichsangehörigen, bei denen die Ausweisungen nicht gleichzeitig aus Gründen der öffentlichen Ordnung oder Sicherheit der tschechoslowakischen Republik verfügt worden sind, nach Ablauf von fünf Tagen nach dem Inkrafttreten der gegenwärtigen Abmachungen auf Antrag den Sichtvermerk zur Rückreise nach der tschechoslowakischen Republik erteilen und die tschechoslowakische Regierung wird dem Aufenthalt der betreffenden deutschen Reichsangehörigen in der tschechoslowakischen Republik bis zur endgültigen Entscheidung über ihre Anträge kein Hindernis bereiten.

3. Aufhebung der Aufenthaltsbeschränkungen deutscher Rückwanderer aus Amerika.

(Vf. d. MdJ. v. 9. 8. 1922 (MBliV. S. 823).)

Durch die RdErl. v. 9. 9. 1885 — II 9463 (nicht veröffentlicht) und v. 1. 2. 1901 — II b 4835 II (MBliV. S. 100), welche s. Zt. im Einvernehmen mit dem Herrn Reichskanzler und dem Preuß. Herrn Kriegsminister herausgegeben worden sind, ist angeordnet, daß allen als Bürger der Vereinigten Staaten von Nordamerika in das Inland zurückkehrenden früheren Reichsangehörigen, die ihren inländischen Militärpflichten nicht nachgekommen waren, und zwar ohne Rücksicht darauf, ob sie die Reichsangehörigkeit durch Entlassung oder auf anderem Wege verloren hatten, nur ein zeitlich begrenzter, nach Lage des Falles auf Wochen, oder Monate zu bestimmender Aufenthalt zu gestatten sei. Da diese Maßnahmen seinerzeit in der Hauptsache in Abwehr der durch die Auswanderung zu befürchtenden Schädigung der Wehrmacht getroffen waren, werden sie nun unter den veränderten jetzigen Verhältnissen nicht mehr aufrechterhalten.

4. Fremdenpolizeiliche Behandlung von Angehörigen der Staaten, im Verhältnis zu denen ein Sichtvermerkszwang nicht besteht.

(RdErl. d. MdJ. v. 4. 11. 1925 — IV c 5278 (MBliV. S. 1179).)

Angehörige solcher Staaten, im Verhältnis zu denen ein Sichtvermerkszwang nicht besteht (vgl. RdErl. v. 27. 5. 1925 — IV E 297, MBliV. S. 651, v. 8. 6. 1925 — IV E 319, MBliV. S. 683 und v. 5. 8. 1925 — IV E 435, MBliV. S. 867), können nunmehr lediglich auf Grund gültiger Heimatpässe ein- und ausreisen. Sie bedürfen daher auch zur Einreise nach Preußen keiner polizeilichen Zuzugsgenehmigung mehr. Durch die Aufhebung des Sichtvermerkszwanges ist aber an den landesrechtlichen Vorschriften über Aufenthalt usw. nichts geändert worden. Mit Rücksicht auf die Ziff. VI, VII, XI u. XII der Preuß. Ergänzungsbest. zu § 52 der Paßbek. (vgl. RdErl. v. 22. 9. 1924 — IV E 564, MBliV. S. 933) haben Personen der bezeichneten Art eine besondere Aufenthaltserlaubnis nachzusuchen, wenn sie einen vorübergehenden Aufenthalt von mehr als 6 Monaten oder dauernde Übersiedelung oder die Aufnahme von Arbeit gegen Entgelt ohne Rücksicht auf die Dauer des Aufenthaltes beabsichtigen. Die vorbezeichneten Preuß. Ergänzungsbest. zu § 52 der Paßbek. sowie der RdErl. v. 14. 4. 1925 — IV E 205 (MBliV. S. 473) finden entsprechende Anwendung. Ob und welche Gebühren für die Erteilung solcher Aufenthaltserlaubnis zu erheben sind, bestimmt sich nach dem RdErl. v. 20. 6. 1924 — IV c 5208 II (MBliV. S. 683/84).

5. Fremdenpolizeiliche Behandlung norwegischer Staatsangehöriger.

(RdErl. d. MdJ. v. 19. 12. 1925 — IV c 5247 II, MBliV. S. 1305.)

Zwischen der Deutschen und der Norwegischen Regierung ist eine vorläufige Vereinbarung dahin getroffen worden, daß Angehörigen des einen Staates, die zurzeit mit polizeilicher Erlaubnis in dem Gebiete des anderen Staates wohnen und sich dort in fester Stellung befinden oder sonst über legitime Quellen des Lebensunterhaltes verfügen, der weitere Aufenthalt nicht wegen der Wohnungsnot oder der Lage des Arbeitsmarktes verweigert werden soll. Personen, denen die Aufenthaltserlaubnis unter der ausdrücklichen Voraussetzung nur vorübergehenden Verbleibs im Lande erteilt worden ist, sollen von dieser Regelung ausgenommen sein.

Die Norwegische Regierung hat gleichzeitig zugesichert, daß deutsche Staatsangehörige in Norwegen künftig mit tunlichster Rücksicht behandelt werden würden, und gebeten, auch den norwegischen Staatsangehörigen in Deutschland ein entsprechendes Entgegenkommen zu beweisen. Ich ersuche daher, norwegischen Staatsangehörigen gegenüber diesem Wunsche und den getroffenen Vereinbarungen gemäß zu verfahren.

6. Behandlung der Missionare der Mormonen.

(Vf. d. MdJ. v. 20. 11. 1922 — IV b 3366 (MBliV. S. 1124).)

Durch meine Erlasse v. 26. 4. 1853 — A I 3381, 9. 1. 1903 — I b 4451 und 23. 3. 1904 — I b 311 (nicht veröffentlicht) ist angeordnet, daß gegen die Abgesandten der Kirche Jesu Christi der Heiligen der letzten Tage (Mormonen) in allen Fällen mit Ausweisung vorzugehen ist. Diese Anordnung läßt sich heute nicht mehr aufrecht erhalten. Im Einvernehmen mit dem Auswärtigen Amt, dem Herrn Reichsminister des Innern und dem preuß. Herrn Minister für Wissenschaft, Kunst und Volksbildung ordne ich daher folgendes an: Lediglich die Tatsache, Missionar der Mormonen im Staate Utah zu sein, rechtfertigt nicht die Ausweisung als lästiger Ausländer. Es ist vielmehr von Fall zu Fall zu prüfen, ob der Missionar etwa durch sein Verhalten als lästiger Ausländer sich erweist. Trifft dies zu, so ist gegen ihn nach Maßgabe meines RdErl. v. 21. 10. 1921 — IV b 3746 (MBliV. S. 372) [1]) die Ausweisung anzuordnen.

II. Ausweisungsvollziehung.

1. Vorschriften des Bundesrats, betr. die Vollziehung der Ausweisung von Ausländern aus dem Reichsgebiet auf Grund der §§ 39, 284 [2]) und 362 des Strafgesetzbuches vom 10. Dezember 1890.

(Zentralblatt S. 378.)

§ 1. Die Ausweisung von Ausländern aus dem Reichsgebiet auf Grund der §§ 39, 284 und 362 des Strafgesetzbuchs erfolgt entweder:

1. mittels Transports (§§ 3—7) oder
2. durch Erteilung eines Zwangspasses (§§ 8—12) oder
3. durch Bekanntmachung der Ausweisungsverfügung (§ 13).

§ 2. Die Art der Vollziehung (§ 1) wird durch die ausweisende Behörde bestimmt, welche dabei zu beachten hat, inwieweit es mit Rücksicht auf internationale Beziehungen erforderlich ist, zunächst mit ausländischen Behörden eventuell auf diplomatischem Wege behufs Übernahme der Auszuweisenden in Verbindung zu treten.

---

[1]) Jetzt ersetzt durch Erl. v. 24. 8. 1923, oben S. 17.

[2]) Sinngemäß zu ergänzen: § 285 a.

Ist anzunehmen, daß der Ausgewiesene der Ausweisung nicht ohne Anwendung körperlichen Zwanges Folge leisten werde, so ist die Ausweisung im Wege des Transports zu vollziehen.

Ausweisung mittels Transports.

§ 3. Soll die Ausweisung durch Transport erfolgen, so hat die ausweisende Behörde die Transportrichtung, insbesondere die Reichsgrenzstation festzusetzen, nach welcher der Transport zu leiten ist, auch, sofern sie die Vollziehung nicht selbst übernimmt, die damit beauftragte Behörde zu bezeichnen.

Die Reichsgrenzstationen werden auf Vorschlag der beteiligten Bundesregierungen durch den Reichskanzler bestimmt und unter Angabe der für dieselben zuständigen Grenzpolizeibehörden im Zentralblatt für das Deutsche Reich bekannt gemacht.

Soll der Transport nicht nach dem Heimatstaate der Ausgewiesenen gerichtet werden, so ist die Bestimmung der Landeszentralbehörde einzuholen.

Die Genehmigung der letzteren ist außerdem erforderlich, wenn der Transport auf dem Seewege erfolgen oder durch das Gebiet eines außerdeutschen Staates geleitet werden soll.

§ 4. Die vollziehende Behörde hat die Ausweisungsverfügung dem Auszuweisenden bekannt zu machen und seine Überführung an die Reichsgrenze zu veranlassen. Sie hat einen Transportzettel auszustellen, welcher enthält:

1. Vor- und Zunamen, Stand oder Gewerbe, Alter, Geburtsort, Staatsangehörigkeit, den etwa ermittelten

ausländischen Wohnort und ein Signalement des Ausgewiesenen;

2. den Grund der die Ausweisung veranlassenden gerichtlichen Bestrafung, das Datum der Ausweisungsverfügung, die Bezeichnung der ausweisenden und der vollziehenden Behörde;

3. die Transportrichtung, insbesondere die festgesetzte Reichsgrenzstation (§ 3), sowie die voraussichtliche Zeit des Eintreffens daselbst.

4. Das Ersuchen an sämtliche Polizeibehörden, die Vollziehung des Transports zu unterstützen.

§ 5. Der Transportzettel ist doppelt auszufertigen; die eine Ausfertigung ist dem Transportführer einzuhändigen, die andere der Grenzpolizeibehörde zu übersenden, welche für die festgesetzte Reichsgrenzstation (§ 3) zuständig ist.

§ 6. Die Grenzpolizeibehörde hat den Ausgewiesenen auf die strafrechtlichen Folgen der verbotswidrigen Rückkehr (§ 361 Nr. 2 StGB.) hinzuweisen und seinen Übertritt über die Reichsgrenze, geeignetenfalls durch Übergabe an die Behörde des ausländischen Staates, zu bewirken.

Demnächst hat sie die Ausfertigung des Transportzettels mit der Bescheinigung zu versehen, daß der Ausgewiesene auf die strafrechtlichen Folgen der verbotswidrigen Rückkehr hingewiesen worden ist, sowie daß und zu welchem Zeitpunkte er die Reichsgrenze überschritten hat. War dem Ausgewiesenen der Seeweg vorgeschrieben, so ist die Bescheinigung dahin zu fassen, daß und zu welchem Zeitpunkte der Ausgewiesene die Seereise angetreten hat. Die eine Ausfertigung des Transportzettels ist, nachdem ihre Ablieferung dem Transportführer bescheinigt worden, bei der Grenzpolizei zurückzubehalten, die andere an die vollziehende Behörde zurückzusenden.

§ 7. Treten Umstände ein, welche die Ausführung des bereits eingeleiteten Transports hindern, so ist der Ausgewiesene der nächsten Ortspolizeibehörde zu übergeben. Diese hat ihn in Gewahrsam zu nehmen und ohne Verzug die vollziehende Behörde zu benachrichtigen.

Handelt es sich um Behörden verschiedener Bundesstaaten, so ist die Ortspolizei berechtigt, den Ausgewiesenen der vollziehenden Behörde wieder zuzuführen, sofern nicht binnen angemessener Frist anderweite Anordnung über den Vollzug der Ausweisung getroffen wird.

Ausweisung durch Erteilung eines Zwangspasses[1]).

---

[1]) **Reiseausweise.**

RdErl. d. MdJ. v. 19. 2. 1926 — IV c 5330 II/25. (MBliV. S. 167).

Durch RdErl. v. 4. 2. 1908 — II b 5932 (nicht veröffentl.) ist vorgeschrieben worden, daß für die Fälle, in denen der Pol.-Behörde ein Recht zum Transport nicht zusteht, in denen eine Person aber der polizeilichen Aufmerksamkeit und Unterstützung auf dem ihr vorgezeichneten Reisewege empfohlen werden soll, statt des Zwangspasses ein „Reiseausweis" auszustellen sei. Das Muster eines solchen ist sodann durch RdErl. v. 12. 10. 1908 — II b 4660 (nicht veröffentl.) bekanntgegeben worden. Schon auf die mit dem RdErl. v. 4. 2. 1908 veranstaltete Umfrage über die Notwendigkeit und Zweckmäßigkeit der Einführung eines für die gedachten Fälle an Stelle des Zwangspasses zu verwendenden besonderen Formulars haben die meisten Reg.-Präs. allerdings bereits darauf hingewiesen, daß sie die Einführung dieses Formulars nicht für erforderlich hielten. Da ein Neudruck notwendig wird, bedarf die Frage, ob zur Beibehaltung des Formulars für die Reiseausweise überhaupt noch ein Bedürfnis besteht, der nochmaligen Prüfung. Ich ersuche daher, **bis zum 1. 4. 1926** sich

§ 8. Soll die Ausweisung mittels Zwangspasses erfolgen, so hat die ausweisende Behörde die Reichsgrenzstation zu bestimmen, über welche der Ausgewiesene sich in das Ausland zu begeben hat und, sofern sie die Vollziehung nicht selbst übernimmt, die damit beauftragte Behörde zu bezeichnen.

Die Vorschrift im § 3 Abs. 3 und 4 findet entsprechende Anwendung.

§ 9. Die vollziehende Behörde hat dem Auszuweisenden eine Verfügung (Zwangspaß) zu behändigen, welche enthält:

1. Vor- und Zunamen, Stand oder Gewerbe, Alter, Geburtsort, Staatsangehörigkeit, den etwa ermittelten ausländischen Wohnort und ein Signalement des Ausgewiesenen;

2. den Grund der die Ausweisung veranlassenden gerichtlichen Bestrafung, das Datum der Ausweisungsverfügung, die Bezeichnung der ausweisenden und der vollziehenden Behörde;

3. die Auflage an den Ausgewiesenen, über eine bestimmte Reichsgrenzstation sich in das Ausland zu begeben und sich zu diesem Zweck binnen einer bestimmten Frist unter Vorlegung des Zwangspasses bei der darin bezeichneten Grenzpolizeibehörde zu melden, sowie die Androhung, daß bei Nichterfüllung dieser Auflage nach seinem Verbleibe geforscht werden würde und er im Betretungsfalle seine Festnahme und die Ausweisung im Wege des Transports zu gewärtigen habe;

---

hierzu zu äußern und dabei zugleich anzugeben, ob und in welchen Fällen bei Inländern und Ausländern die Reiseausweise bisher angewendet worden sind.

4. den Hinweis auf die strafrechtlichen Folgen der verbotswidrigen Rückkehr.

Eine Abschrift des Zwangspasses ist unter Beifügung der sonstigen Legitimationspapiere des Ausgewiesenen der Grenzpolizeibehörde zu übersenden, welche für die festgesetzte Reichsgrenzstation zuständig ist.

§ 10. Die Grenzpolizeibehörde hat nach Meldung des Ausgewiesenen dafür Sorge zu tragen, daß er sich in das Ausland begibt; sie hat, daß dies geschehen, auf der Abschrift des Zwangspasses zu bescheinigen und diese der vollziehenden Behörde zurückzusenden.

§ 11. Erfolgt die Meldung nicht rechtzeitig, so ist dies ungesäumt der vollziehenden Behörde mitzuteilen, welche wegen Ermittelung des Aufenthalts des Ausgewiesenen und Herbeiführung der Ausweisung im Wege des Transports das Geeignete zu veranlassen hat.

§ 12. Wird ein Ausgewiesener unter Umständen betroffen, aus welchen sich ergibt, daß er die in dem Zwangspaß ihm auferlegten Verpflichtungen nicht erfüllt hat, so ist er in polizeilichen Gewahrsam zu nehmen und demnächst die Ausweisung mittels Transports zu vollziehen.

Der Transport wird in dringenden Fällen von der Polizeibehörde des Ergreifungsortes, sonst von derselben vorgesetzten Landespolizeibehörde angeordnet. Der Behörde, von welcher der Zwangspaß ausgestellt ist, ist in jedem Falle ohne Verzug Mitteilung zu machen.

Ausweisung durch Bekanntmachung der Ausweisungsverfügung.

§ 13. Soll die Ausweisung durch Bekanntmachung der Ausweisungsverfügung erfolgen, so ist in der letzteren dem Auszuweisenden aufzuerlegen, sich sofort oder binnen einer zu bestimmenden Frist über die Reichsgrenze in das Ausland zu begeben. Die Verfügung ist dem Auszuweisenden unter Hinweis auf die strafrechtlichen Folgen der verbotswidrigen Rückkehr mit der Verwarnung schriftlich zuzufertigen oder zu Protokoll zu eröffnen, daß, wenn er nach dem darin angegebenen Zeitpunkte innerhalb des Reichsgebiets betroffen werde, er seine Festnahme und seine Ausweisung im Wege des Transports zu gewärtigen habe.

Kommt der Ausgewiesene der Verfügung nicht nach, so finden die Bestimmungen des § 12 entsprechende Anwendung.

Anzeige der erfolgten Ausweisung an den Reichskanzler.

§ 14. Von jeder auf Grund der §§ 39, 284 und 362 des Strafgesetzbuchs gegen einen Ausländer verfügten Ausweisung aus dem Reichsgebiet hat die ausweisende Behörde sofort dem Reichskanzler (Reichsamt des Innern) behufs Veröffentlichung im Zentralblatt für das Deutsche Reich Mitteilung zu machen.

Die Mitteilung erfolgt unter Übersendung einer Abschrift der Formel des der Ausweisung zugrunde liegenden gerichtlichen Urteils, sowie einer Abschrift des dispositiven Teils der Ausweisungsverfügung, aus welcher Vor- und Zuname, Stand oder Gewerbe, Alter, Geburtsort, Staatsangehörigkeit und der etwa ermittelte ausländische Wohnort des Ausgewiesenen ersichtlich sein soll[1]).

---

[1]) Hierzu: RdErl. d. MdJ. v. 18. 2. 1926 — IV c 5093. (MBliV. S. 165):

Der Reichsmin. d. J. hat Klage darüber geführt, daß die Mitteilungen über Ausweisungen von Ausländern aus dem Reichsgebiet mangels der erforderlichen Unterlagen oder infolge von Ungenauigkeiten und Unstimmigkeiten der Angaben vielfach zu zeitraubenden Rückfragen Anlaß geben. Ich weise daher auf folgendes hin:

Nach § 14 Abs. 2 der Bek. vom 10. 12. 1890 (RZBl. S. 378) haben jene Mitteilungen unter Übersendung je einer Abschrift der Formel des der Ausweisung zugrunde liegenden gerichtlichen Urteils und des dispositiven Teils der Ausweisungsverfügung zu erfolgen. Diese Unterlagen müssen den Namen, Vornamen, Stand, Geburtstag, Geburtsort (genaue nähere Ortsbezeichnung, deren Richtigkeit an Hand eines Ortschaftsverzeichnisses nachgeprüft ist), sowie die Staats- und, wenn möglich, auch die Ortsangehörigkeit des Ausgewiesenen, ferner den Grund und die Höhe der Bestrafung, das erkennende Gericht, das Datum des Erkenntnisses, die Behörde, welche die Ausweisung beschlossen hat, und das Datum des Ausweisungsbeschlusses zweifelsfrei erkennen lassen. Insbesondere ist eine Angabe darüber erforderlich, auf Grund welcher reichsrechtlichen Bestimmung die Ausweisung beschlossen und ob gegebenenfalls auf Zulässigkeit von Polizeiaufsicht oder auf Überweisung an die Landespolizeibehörde erkannt ist.

Im Interesse einer Vereinfachung des Geschäftsverkehrs ersuche ich, für die fraglichen Mitteilungen fortan ein Formular nach dem als Anlage abgedruckten Muster zu verwenden.

Anlage.

(Vorderseite.)

. . . . ., den . . . . 192 . .

. . . .

(Name der mitteilenden Behörde.)

Tgb. Nr. . . . .

Betr.: Ausweisung eines Ausländers aus dem Reichsgebiet.

Auf Grund des § . . . de . . . .

ist von de . . . . in . . . .

(ausweisende Behörde)

am . . . . beschlossen worden, de . .

Im Falle der Zurücknahme der Ausweisung ist dem Reichskanzler gleichfalls sofort Mitteilung zu machen.

Beistandsleistung.

§ 15. Die Polizeibehörden der Bundesstaaten haben

Vor- und Zuname	Stand oder Gewerbe	geboren am	Geburtsort (Bez., Prov.)	Staatsangehörigkeit	Ortsangehörig (etwa ermittelter ausländischer Wohnort)

aus dem Deutschen Reich auszuweisen.

(Vgl. das umseitige rechtskräftige Erkenntnis / den ums. rechtskräftigen Strafbefehl.)[1]

An den Herrn Reichsminister des Innern
in Berlin NW. 40 . . . .
Am Königsplatz 6. (Unterschrift.)

(Rückseite.)

Beglaubigte Abschrift.[1] / Beglaubigter Auszug.

In der Strafsache

gegen d . . . .
wegen . . . .
hat das . . . . gericht in . . . . . .
am . . . .
für Recht erkannt:[1] / folgenden Strafbefehl erlassen: . . . .
die Rechtskraft des Urteils[1] / Strafbefehls ist bescheinigt am: . . .

Für richtige Abschrift:[1] / richtigen Auszug:
. . . .

[1]) Nichtzutreffendes ist zu durchstreichen.

sich in den durch diese Vorschriften geregelten Ausweisungsangelegenheiten gegenseitig Beistand zu leisten.

Zwischen denselben findet in solchen Angelegenheiten ein unmittelbarer Geschäftsverkehr statt.

§ 16. Soll ein Ausgewiesener bei dem Transport nach der Reichsgrenzstation durch das Gebiet eines anderen Bundesstaates durchgeführt werden, so ist die Durchführung von den Behörden dieses Staates zu übernehmen, soweit nicht zwischen den beteiligten Bundesregierungen über die Art der Durchführung, namentlich wegen Einrichtung und Überwachung des Eisenbahntransportes, etwas anderes vereinbart ist.

Kosten des Transportes.

§ 17. Die Kosten des Transportes, sofern über deren Verteilung nichts anderes vereinbart ist, trägt jeder Bundesstaat insoweit, als dieselben zur Beförderung durch sein Gebiet aufzuwenden sind. Ausgenommen sind die in den Fällen des § 7 Abs. 2 durch die Verwahrung und den Rücktransport des Ausgewiesenen erwachsenen Kosten, für deren Ersatz die vollziehende Behörde zu sorgen hat.

Die Kosten des Transports des Ausgewiesenen durch außerdeutsches Gebiet oder auf dem Seewege trägt das Reich. Diese Kosten sind von dem Bundesstaat, dessen Behörden diesen Transport einleiten, vorschußweise zu zahlen und bei der Reichskasse zur Erstattung zu liquidieren.

§ 18. Durch Verfügung der Landeszentralbehörde können die nach § 7 und § 12 der Ortspolizeibehörde zugewiesenen Obliegenheiten auf eine andere Behörde übertragen werden.

Berlin, den 10. Dezember 1890.

Der Reichskanzler.

2. Übernahmeverkehr mit Polen.

(RdErl. d. MdJ. v. 25. 2. 1926 — Sta 1277 IV/23 (MBliV. S. 213).)

Zur Regelung des Übernahmeverkehrs zwischen Deutschland und Polen ist durch Notenwechsel zwischen dem Auswärtigen Amt und der Polnischen Gesandtschaft in Berlin die folgende Vereinbarung getroffen worden:

„Das im zwischenstaatlichen Übernahmeverkehr übliche Verfahren, wonach der übernehmende Teil den Ort, der übergebende Teil den Zeitpunkt der Übergabe bestimmt, soll auch für den Übernahmeverkehr zwischen Deutschland und Polen gelten. Im Übernahmeverkehr nach Polen wird die Polnische Gesandtschaft dem Auswärtigen Amt zugleich mit der Übernahmeerklärung den Übernahmeort namhaft machen. Der Zeitpunkt der Übergabe wird von der die Übergabe veranlassenden deutschen Behörde unmittelbar dem Polnischen Generalkonsulat in Berlin gelegentlich der Übersendung der Pässe zwecks Visierung mitgeteilt werden. Im Übernahmeverkehr nach Deutschland wird das Auswärtige Amt der Polnischen Gesandtschaft zugleich mit der Übernahmeerklärung den Übernahmeort namhaft machen. Die Polnische Gesandtschaft wird alsdann dem Auswärtigen Amt den Zeitpunkt der Übergabe mitteilen. Um die pünktliche Innehaltung des für die Übergabe bestimmten Zeitpunktes zu gewährleisten, wird als Zeitpunkt der Übergabe ein etwa zwei Monate vorausliegender Tag gewählt werden."

Ich bitte, hiernach zu verfahren.

3. Ausweisung von Ausländern während der Strafverfolgung und Strafvollstreckung.

(Vf. d. MdJ. v. 4. 4. 1923 — IVb 5133 II, (MBliV. 371).)

Der Justizminister hat am 13. 3. 1923 unter der Gesch. Nr. I 5699 über die Durchführung von Ausweisungen lästiger Ausländer während der Strafverfolgung und Strafvollstreckung die folgende im Justizministerialblatt von 1923 S. 212 abgedruckte Verfügung erlassen:

„Im allgemeinen ist es dringend erwünscht, daß Ausländer, die gegen die deutschen Strafgesetze verstoßen haben, möglichst schnell ins Ausland abgeschoben werden. Daraus, daß die Justizbehörden der Ausweisung eines wegen einer Straftat im Inlande verfolgten oder verurteilten Ausländers nach den bestehenden gesetzlichen Bestimmungen nicht zustimmen können, bevor der inländischen Gerichtsbarkeit Genüge geschehen ist — d. h. in der Regel erst, nachdem die erkannte Strafe verbüßt, verjährt oder erlassen ist —, erwächst ihnen die Aufgabe, durch eine möglichst schleunige und energische Durchführung des Verfahrens und der Vollstreckung die Verwaltungsbehörden in ihrem Bestreben, den Aufenthalt solcher lästigen Ausländer im Inlande nach Möglichkeit abzukürzen, zu unterstützen.

Die Gewährung von Strafaufschub, Zahlungsfristen oder Teilzahlungen wird daher in solchen Fällen regelmäßig abzulehnen sein. Soweit die Bewilligung von Zahlungsfristen nach § 5 des Geldstrafengesetzes (RGBl. 1921 S. 1604) in Frage kommt, hat die Staatsanwaltschaft auf diese Gesichtspunkte aufmerksam zu machen und bei ihren Anträgen darauf Rücksicht zu nehmen.

Sollte im Einzelfalle eine bedingte Strafaussetzung aus besonderen Gründen für angebracht gehalten werden, so kann der von der zuständigen Verwaltungsbehörde beabsichtigten Ausweisung auch vor Ablauf der Bewährungsfrist zugestimmt werden. Zum Nachweise guter Führung (§ 12 Abs. 2 der AV. v. 19. 10. 1920, JMBl. S. 565) wird es in solchen

Fällen unter Umständen genügen, wenn der Verurteilte seit seiner Ausweisung nicht wieder im Inlande betroffen und ausweislich des deutschen Strafregisters nicht von neuem bestraft worden ist.

Sollte in anderen Fällen die Ausweisung eines verurteilten Ausländers schon vor vollständiger Vollstreckung der erkannten Strafe der Vollstreckungsbehörde erwünscht erscheinen, so ist meine Entscheidung einzuholen."

Unter Bezugnahme auf Ziffer A I meines RdErl. v. 21. 10. 1921 — IV b 3746 (MBliV. S. 372) bringe ich diese Verfügung hiermit zur Kenntnis der nachgeordneten Behörden. Ich ersuche, in den Fällen, in denen die Ausweisung eines wegen einer strafbaren Handlung im Inlande verfolgten oder verurteilten Ausländers noch vor Beendigung der Strafverfolgung oder Strafvollstreckung durchgeführt werden soll, Zwangsmaßnahmen nicht ohne Zustimmung der zuständigen Justizbehörden anzuordnen, die jedesmal unter Hinweis auf die vorstehenden Anordnungen des Justizministers anzurufen sind. Wird die Zustimmung versagt, so ist, falls schwerwiegende Gründe die alsbaldige Durchführung der Anweisung dringend erforderlich erscheinen lassen, unter Vorlage der Vorgänge, und unter Bezugnahme auf diesen Erlaß an mich zu berichten.

4. Ausweisung mittelloser Ausländer auf dem Seewege.

(Vf. d. pr. MdJ. v. 6. III. 1900 (MBliV. S. 138).)

Anläßlich eines Spezialfalles ersuche ich, den auf Grund der §§ 39, 284 und 362 des Strafgesetzbuches aus dem Reichsgebiet ausgewiesenen mittellosen Ausländern, die mit einem in einen Seehafen endigenden Zwangspaß abgeschoben werden und das Reich nur auf dem Seewege verlassen können, eine Schiffskarte für die Überfahrt bis zum nächsten Hafenplatz im Heimatlande des Ausgewiesenen zu beschaffen.

Wegen der entstehenden Kosten verweise ich auf § 17

Abs. 2 der Bundesratsvorschriften vom 10. Dezember 1890 — CBl. f. d. DR. S. 378ff. —

5. Ausweisung mittels Zwangsreiseroute oder Transport.

(Pr. Vf. v. 5. 3. 1902 (MBliV. S. 71).)

... Im allgemeinen wird bei der Beschlußfassung darüber, welche Art der Ausweisung im einzelnen Falle angezeigt erscheint, davon auszugehen sein, daß das Verfahren der Ausweisung mittels Zwangsreiseroute nur in solchen Fällen zur Anwendung zu kommen hat, wo nach Lage aller in Betracht zu ziehenden Verhältnisse erwartet werden darf, daß durch dieses Verfahren der Erfolg der Maßregel — tatsächliches Verlassen des Staatsgebietes seitens des Ausgewiesenen — nicht in Frage gestellt wird. Sofern dagegen von vornherein hinreichender Grund zu der Befürchtung vorliegt, daß der Auszuweisende im Falle seiner Verweisung mittels Zwangspasses ungeachtet der im § 9 Ziffer 3. der Bekanntmachung des Herrn Reichskanzlers vom 10. Dezember 1890 (Zentralblatt für das Deutsche Reich S. 378) vorgesehenen Androhung von der vorgeschriebenen Reiseroute abweichen oder das ihm im Falle der Mittellosigkeit behördlicherseits zu verabfolgende Zehrgeld, sowie die Eisenbahnfahrkarte mißbräuchlich verwerten oder bestrebt sein werde, das Landesgebiet überhaupt nicht zu verlassen, ist die Ausweisung zweckmäßiger im Wege des Transports zu bewirken.

Im übrigen wird sich zur tunlichsten Beseitigung der oben erwähnten Unzuträglichkeiten folgendes Vorgehen empfehlen:

Es muß zunächst Sorge dafür getragen werden, daß der mittels Zwangspasses Auszuweisende mit genügenden Reisemitteln versehen ist. Die eine Ausweisung mittels Zwangspasses anordnende Polizeibehörde wird daher in allen denjenigen Fällen, in welchen der Auszuweisende sich nicht selbst im Besitze ausreichender Mittel zur Bestreitung des bis zur Landesgrenze erforderlichen Reise- und Zehrgeldes befindet, oder diese Mittel nicht von anderer Seite, wie beispielsweise dem Arbeitgeber, zur Verfügung gestellt werden, die entstehenden Kosten von Amts wegen vorzustrecken haben. Dabei ist zunächst, sofern die Reise bis zur Landesgrenze ohne Übernachten in einer Tour zurückgelegt werden kann und direkte Eisenbahnbillets dafür erhältlich sind, für den Ausgewiesenen eine bis zur Landesgrenze durchgehende Fahrkarte zu lösen und ihm bei Antritt der Reise auszuhändigen. Außerdem ist der Ausgewiesene mit einem zur Erreichung des als Reiseziel angegebenen Grenzortes hinlänglichen Zehrgelde zu versehen. In denjenigen Fällen, in denen die Lösung von Durchgangsbillets nicht möglich oder während der Reise bis zur Landesgrenze ein Übernachten erforderlich ist, wird dagegen dem Ausgewiesenen seitens der einleitenden Behörde zunächst nur eine zur Erreichung der nächsten größeren Umsteigestation, von wo eine direkte Fahrkarte bis zur Landesgrenze erhältlich ist, bzw. der Übernachtungsstation erforderliche Eisenbahnfahrkarte zu verabfolgen und ihm auch nur ein bis zum Eintreffen auf dieser Station ausreichendes Zehrgeld einzuhändigen sein, mit der Weisung, sich bei der Polizeibehörde des gedachten, in der Reiseroute ersichtlich zu machenden Stationsortes sofort nach seinem Eintreffen behufs Weiterbeförderung bzw. Unterbringung während der Nacht zu melden. Gleichzeitig werden die Polizeibehörden der hiernach bei Ausfertigung des Zwangspasses festzustellenden Etappenstationen von der die Ausweisung verfügenden Behörde, eventuell telegraphisch zu ersuchen sein, beim Eintreffen des Ausgewiesenen in gleicher Weise für die Weiterbeförderung der Person und eventuell für ihre Unterbringung während der Nacht Sorge zu tragen....

6. Ausweisungen im Zusammenhang mit Stellung unter Polizeiaufsicht.

(Bescheid d. MdJ. v. 31. 8. 1872 (MBliV. S. 193).)

Auf den Bericht vom 16. Dezember v. J. wird der Königlichen Regierung hierdurch eröffnet, daß die darin erörterte, die Ausführung der §§ 361 und 362 des Strafgesetzbuchs betreffende Frage durch den Beschluß des Bundesrats vom 16. Juni d. J. (§ 363) ihre Erledigung gefunden hat. Dieser Beschluß ist dahin ergangen, daß die Bundesregierungen im Verhältnisse zueinander bezüglich der Stellung unter Polizeiaufsicht und der Unterbringung eines Verurteilten in ein Arbeitshaus oder der Verwendung desselben zu gemeinnützigen Arbeiten folgende Grundsätze annehmen und zur Ausführung bringen:

1. Bezüglich solcher Personen, gegen welche in einem Bundesstaate auf Zulässigkeit von Polizeiaufsicht erkannt worden ist, kann, falls sie sich in einen anderen Bundesstaat begeben, die Stellung unter Polizeiaufsicht auch von derjenigen Landespolizeibehörde ausgesprochen werden, in deren Bezirke sie Aufenthalt nehmen.

Jede Landespolizeibehörde, von welcher die Stellung eines Verurteilten unter Polizeiaufsicht angeordnet wird, hat hiervon, sofern derselbe in einem anderen Bundesstaate verurteilt worden, oder heimatsangehörig ist, oder seinen Aufenthalt hat, jeder der hierbei beteiligten Landespolizeibehörden des anderen Staates Mitteilung zu machen.

2. Die im § 362 Abs. 2 und 3 des Strafgesetzbuchs für das Deutsche Reich erwähnten Befugnisse werden in allen Fällen durch die Landespolizeibehörde desjenigen Bundesstaates ausgeübt, in welchem die Verurteilung erfolgt ist.

Hiernach ist in allen derartigen Fällen künftig zu verfahren.

7. Instruktion zur Ausführung der §§ 38 und 39 des Strafgesetzbuchs für das Deutsche Reich.

(MBliV. 1900 S. 213.)

§ 3. Die Stellung unter Polizeiaufsicht wird von derjenigen Landespolizeibehörde angeordnet, zu deren Bezirk der Ort gehört, nach welchem der Verurteilte aus der Strafhaft entlassen wird (Entlassungsort) oder an welchem derselbe später Aufenthalt nimmt. In Ansehung von Ausländern (§ 8), welche einen festen Wohnsitz innerhalb des preußischen Staatesgebietes bisher nicht gehabt haben, steht die Anordnung der Maßregel der Landespolizeibehörde des Bezirks zu, in welchem die Freiheitsstrafe verbüßt ist.

Die Stellung unter Polizeiaufsicht kann nur bis zum Ablauf von 5 Jahren, von dem Tage der Beendigung der Freiheitsstrafe gerechnet, angeordnet oder aufrechterhalten werden.

Bei vorläufig entlassenen Verurteilten wird die Freiheitsstrafe erst mit dem Tage als beendigt angesehen, an welchem die im Erkenntnisse festgesetzte Strafzeit abgelaufen ist.

§ 4. Zur Vorbereitung der Beschlußnahme über die nach § 3 zu treffende Anordnung hat der Gefängnisvorstand 6 Wochen vor der Entlassung eines Verurteilten, gegen welchen auf Zulässigkeit von Polizeiaufsicht erkannt worden ist, der Landespolizeibehörde des Entlassungsortes ein Zeugnis über die Führung des Verurteilten während der Strafverbüßung nebst einem Gutachten der Konferenz der Gefängnisoberbeamten über die Angemessenheit der Polizeiaufsicht zu übersenden. Besteht bei der Anstalt eine Beamtenkonferenz nicht, so ist das Gutachten von dem Vorstande in Gemeinschaft mit dem Anstaltsgeistlichen abzugeben. Hierbei ist anzugeben, ob und in welcher Weise der zur Entlassung kommende sich der für entlassene Gefangene angeordneten Fürsorge unterstellt hat.

Ist der Verurteilte ein Ausländer, welcher einen festen Wohnsitz innerhalb des preußischen Staatsgebietes bisher nicht gehabt hat, so sind die vorbezeichneten Schriftstücke der Landespolizeibehörde, in deren Bezirk die Anstalt belegen ist, 6 Wochen vor der Entlassung zu übersenden.

§ 8. Die Entscheidung der Landespolizeibehörde kann zugleich die Bestimmung darüber enthalten: 1. ob und an welchen einzelnen Orten dem Verurteilten der Aufenthalt untersagt, 2. ob ein verurteilter Ausländer aus dem Bundesgebiet ausgewiesen werden soll.

Ist eine Bestimmung dieser Art in der Entscheidung selbst nicht erfolgt, so kann dieselbe während der Dauer der Polizeiaufsicht jederzeit nachgeholt werden.

§ 11. Über die Art und Weise, in welcher die infolge der Stellung unter Polizeiaufsicht gegen einen Ausländer angeordnete Verweisung aus dem Bundesgebiete zur Ausführung zu bringen ist, hat die Landespolizeibehörde in jedem Falle besondere Bestimmung zu treffen. Die durch die Ausführung der Maßregel entstehenden Kosten, insbesondere die etwaigen Kosten des Transportes und der zum Zwecke desselben erforderlichen Detention, werden auf die allgemeinen Polizeifonds übernommen.

8. Durchtransport Ausgewiesener durch die deutschen Bundesstaaten.

(Zirkular d. MdJ. v. 12. 1. 1895 (MBliV. S. 23).)

... Für die Feststellung des Reiseweges sollen die Grundsätze, die für die Ausweisung von Ausländern (und zwar ohne Rücksicht darauf, ob die Ausweisung auf Grund reichsgesetzlicher Bestimmungen oder internationaler Verträge geschieht, oder ob sie nach Landesrecht verfügt wird) durch Verständigung im Bundesrate am 30. Mai 1891 (§ 297 der Protokolle) aufgestellt worden sind, in analoger Weise zur Anwendung gebracht werden.

Diese Grundsätze lauten:

1. „Ein Transport darf von den Behörden der an der zu überschreitenden Reichsgrenze belegenen Bundesstaaten durch das Gebiet anderer Bundesstaaten nur dann geleitet

werden, wenn dadurch eine Abkürzung des Transportweges bis zur Reichsgrenze sich erzielen läßt.

2. In Fällen, in welchen ein Tranport durch das Gebiet anderer Bundesstaaten geleitet werden soll, ist als Ziel die nächste, zur Übernahme des Ausgewiesenen geeignete oder vertragsmäßig bestimmte Reichsgrenzstation dann zu wählen, wenn die Gemeindeangehörigkeit des Ausgewiesenen zweifelhaft ist.

Ist der Angehörigkeitsort des Ausgewiesenen dagegen bekannt, so darf als Ziel auch eine für den Weitertransport im Auslande günstiger belegene Station gewählt werden, sofern dadurch für das Inland eine erhebliche Mehrbelastung nicht erwächst . . . ."

9. Kosten der Ausweisung von Ausländern aus dem Staatsgebiete.

(Vf. d. MdJ. v. 20. 2. 1900 (MBliV. S. 137).)

Unter Bezugnahme auf die infolge des RdErl. v. 6. 9. v. J. erstatteten Berichte bemerke ich bezüglich der Tragung derjenigen Kosten, welche durch die von den Ortspolizeibehörden verfügten Ausweisungen von Ausländern aus dem Staatsgebiet entstehen, das folgende:

Nach § 3 des Gesetzes über die Polizeiverwaltung vom 11. 3. 1850 (GS. S. 265) sind die Kosten der örtlichen Polizeiverwaltung von den Gemeinden zu bestreiten. Unter „örtlicher Polizeiverwaltung" ist der Kreis derjenigen polizeilichen Geschäfte zu verstehen, welche in erster Linie im örtlichen Interesse des betreffenden Gemeindebezirks zur Durchführung gelangen. Polizeiliche Verrichtungen, welche auf Grund gewisser Gesetze oder Verwaltungsvorschriften zwar von den zur Ausübung der örtlichen Polizeiverwaltung berufenen Organen vorgenommen werden, die aber materiell in erster Linie nicht durch ein spezielles örtliches Interesse des betreffenden Gemeindebezirks, sondern durch ein weitergehendes allgemeines Staats- oder Landesinteresse bedingt sind, sind dagegen keine Geschäfte der „örtlichen Polizeiverwaltung"; ihre Kosten fallen demgemäß, soweit nicht gesetzlich ein anderes bestimmt ist, nicht den Gemeinden zur Last.

Zur Ausweisung von Ausländern aus dem Staatsgebiete sind außer den Landespolizeibehörden, wie in dem Erl. v. 31. 1. 1882 (MBl. 1882 S. 50) ausgeführt und vom Oberverwaltungsgericht sowie vom Reichsgericht (vgl. Entscheidung d. OVG. Bd. 16 S. 381 ff. und des Reichsgerichts in Strafsachen Bd. 12 S. 154ff.) anerkannt ist, auch die Ortspolizeibehörden befugt. Eine solche Ausweisung von Ausländern aus dem Staatsgebiet durch eine Ortspolizeibehörde ist aber zweifellos nicht durch das spezielle örtliche Interesse der Aufenthaltsgemeinde bedingt — denn diesem würde schon durch die Entfernung aus dem Gemeindegebiete Genüge geleistet werden; sie erfolgt vielmehr im allgemeinen staatlichen Interesse, dessen unmittelbare Wahrnehmung in Fällen dieser Art ausnahmsweise auch den Ortspolizeibehörden übertragen ist. Die durch eine solche Ausweisung aus dem Staatsgebiete seitens einer Ortspolizeibehörde entstehenden Kosten sind dementsprechend nicht als von den Gemeinden zu tragende Kosten der örtlichen Polizeiverwaltung, sondern als Kosten der Landespolizei zu behandeln und auf die Staatskasse zu übernehmen.

Den vorstehenden Ausführungen entsprechend ist auch bereits in dem Erl. v. 30. 4. 1886 (vgl. MBl. 1887 S. 244) betreffend die Behandlung ausländischer Zigeuner, hinsichtlich der Kostenfrage Bestimmung getroffen worden.

Ich ersuche hiernach für die Folge zu verfahren und die nachgeordneten Behörden, soweit erforderlich, mit Weisung zu versehen.

(Vf. v. 3. 4. 1904 (MBliV. S. 120).)

Von seiten der Herren Regierungspräsidenten ist wiederholt in Einzelfällen, wo es sich um die Ausweisung lästiger Ausländer aus dem Preußischen Staatsgebiete handelt, auf Grund des § 17 Abs. 2 der Bundesratsvorschriften vom 10. Dezember 1890 (Zentralblatt für das Deutsche Reich 1890

S. 378) die Erstattung derjenigen Kosten, welche durch die Beförderung des Ausgewiesenen durch außerdeutsches Gebiet entstanden waren, aus Reichsfonds beantragt worden.

Der § 17 der erwähnten Vorschriften bezieht sich auf Ausweisungen aus dem Reichsgebiete; bei Ausweisungen aus den einzelnen Bundesstaaten findet er nach dem Bundesratsbeschlusse vom 30. Mai 1891 (§ 297 der Protokolle) nur insoweit Anwendung, als es sich um die Verteilung der innerhalb der Reichsgrenzen entstandenen Transportkosten handelt. Den oben erwähnten Anträgen hat daher nicht entsprochen werden können, die in Rede stehenden Kosten fallen vielmehr demjenigen Staat zur Last, aus dessen Gebiet die Ausweisung erfolgt ist. In Preußen sind sie auf den Landespolizeifonds zu übernehmen.

B. Paßrecht.

1. Gesetz über das Paßwesen vom 12. Oktober 1867 (Bundes-Gesetzbl. S. 33) in der Fassung des Art. IV des Notgesetzes v. 24. 2. 1923 (RGBl. I S. 147).

Wir Wilhelm, von Gottes Gnaden König von Preußen usw. verordnen im Namen des Norddeutschen Bundes, nach erfolgter Zustimmung des Bundesrates und des Reichstages, was folgt.

§ 1.

Reichsangehörige bedürfen zum Ausgange aus dem Reichsgebiete, zur Rückkehr in dasselbe, sowie zum Aufenthalte und zu Reisen innerhalb desselben keines Reisepapieres.

Doch sollen ihnen auf ihren Antrag Pässe oder sonstige Reisepapiere erteilt werden, wenn ihrer Befugnis zur Reise gesetzliche Hindernisse nicht entgegenstehen.

§ 2.

Auch von Ausländern soll weder beim Eintritt, noch

beim Austritt über die Grenze des Reichsgebietes, noch während ihres Aufenthaltes oder ihrer Reisen innerhalb desselben ein Reisepapier gefordert werden.

§ 3.

Reichsangehörige wie Ausländer bleiben jedoch verpflichtet, sich auf amtliches Erfordern über ihre Person genügend auszuweisen.

§ 4.

Pässe oder sonstige Reisepapiere, sowie andere Legitimations-Urkunden, welche von der zuständigen Behörde eines Landes[1]) ausgestellt sind, haben, wenn sie nicht eine ausdrückliche Beschränkung in dieser Beziehung enthalten, Gültigkeit für das ganze Reichsgebiet.

§ 5.

Eine Verpflichtung zur Vorlegung der Reisepapiere behufs der Visierung findet nicht statt.

§ 6.

Zur Erteilung von Pässen an Reichsangehörige zum Eintritt in das Reichsgebiet sind befugt:

1. die Reichsgesandten und Reichskonsuln;
2. die Gesandten jedes Landes, jedoch für Angehörige anderer Länder nur insoweit, als die letzteren in ihrem Bezirke nicht vertreten sind;
3. solange solche noch vorhanden sind (Art. 56 der Reichsverfassung), die Konsuln jedes Landes soweit ihnen nach den in demselben geltenden Bestimmungen diese Befugnis zusteht.

Zur Erteilung von Auslandspässen und sonstigen Reisepapieren sind diejenigen Behörden befugt, welche

---

[1]) Ursprüngliche Fassung: Bundesstaates.

nach den in den einzelnen Ländern geltenden Bestimmungen diese Befugnis haben, oder welchen dieselbe von Reichs wegen oder von den Regierungen der einzelnen Länder fernerhin beigelegt wird.

§ 7.

Zu Pässen und sonstigen Reisepapieren sind übereinstimmende Formulare einzuführen und zu benutzen.

§ 8.

Die Reichsregierung setzt mit Zustimmung des Reichsrats die Gebühren für die Ausfertigung von Pässen, sonstigen Reisepapieren und Sichtvermerken fest. Die Gebühren ermäßigen sich, falls landesrechtliche Bestimmungen für die zur Zuständigkeit der Landesbehörden (Gemeindebehörden) gehörenden Ausfertigung von Pässen, sonstigen Reisepapieren oder Sichtvermerken auch die Erhebung von Stempelabgaben oder anderen Abgaben, insbesondere von sogenannten Verwaltungsgebühren, vorschreiben, um den Betrag dieser Abgaben. Die Gebührenfestsetzung kann den Landesregierungen oder den von ihnen ermächtigten Behörden überlassen werden, soweit es sich lediglich um die Regelung des Verkehrs in den Grenzbezirken, insbesondere des sogenannten kleinen Grenzverkehrs, handelt.

Das Aufkommen von Amtshandlungen, die nach Abs. 1 gebührenpflichtig sind und die zur Zuständigkeit der deutschen Vertretungen im Ausland gehören, fließt in die Reichskasse. Im übrigen bestimmen die Landesregierungen die Kassen, an welche die aufkommenden Gebühren abzuführen sind.

§ 9.

Wenn die Sicherheit des Reichs oder eines Landes

oder die öffentliche Ordnung durch außergewöhnliche Ereignisse bedroht erscheint, kann Paß- und Sichtvermerkszwang überhaupt oder für einen bestimmten Bezirk oder zu Reisen nach und aus dem Ausland durch Anordnung des Reichspräsidenten vorübergehend eingeführt werden.

Der Reichspräsident kann bestimmen:

1. daß Personen, die den von ihm getroffenen Anordnungen und den hierzu ergehenden Ausführungsbestimmungen zuwiderhandeln, mit Geldstrafe oder mit Haft oder mit Gefängnis bis zu einem Jahre bestraft werden, sofern nicht nach den allgemeinen Strafgesetzen eine schwerere Strafe verwirkt ist;
2. daß die Landespolizeibehörde die Befugnis erhält, Ausländer, die sich einer Zuwiderhandlung im Sinne der Nummer 1 schuldig machen, aus dem Reichsgebiete zu verweisen;
3. daß die mit der Grenzüberwachung oder Paßnachschau betrauten Behörden (Polizei- und Zollbehörden) befugt sind, die für Zuwiderhandlungen gemäß Nummer 1 angedrohten Geld- oder Haftstrafen sowie die an die Stelle einer nicht beitreibbaren Geldstrafe tretende Freiheitsstrafe nach § 453 Abs. 3, 4, §§ 454 bis 458 der Strafprozeßordnung durch Verfügung mit der Maßgabe festzusetzen, daß die festgesetzte Geldstrafe sofort vollstreckt und die Vollstreckung der Geldstrafe durch Beschlagnahme von Vermögensstücken des Täters gesichert werden kann.

Die Verordnungen des Reichspräsidenten sind dem Reichstag unverzüglich zur Kenntnis zu bringen und auf sein Verlangen außer Kraft zu setzen.

§ 10.

Das gegenwärtige Gesetz tritt mit dem 1. Januar

1868 in Wirksamkeit. Alle Vorschriften, welche demselben entgegenstehen, treten außer Kraft. Dies berührt jedoch nicht die Bestimmungen über Zwangspässe und Reiserouten sowie über die Kontrolle neu anziehender Personen und der Fremden an ihrem Aufenthaltsorte.

Zu letzterem Zwecke dürfen indessen Aufenthaltskarten weder eingeführt noch, wo sie bestehen, beibehalten werden.

Urkundlich unter Unserer Höchsteigenhändigen Unterschrift und beigedrucktem Bundes-Insiegel.

Gegeben Baden-Baden, den 12. Oktober 1867.

(L. S.)

Wilhelm

Gr. v. Bismarck-Schönhausen.

2. Verordnung über die Abänderung der Verordnung vom 21. Juni 1916, betreffend anderweite Regelung der Paßpflicht (RGBl. S. 599). Vom 10. Juni 1919 (RGBl. S. 516).

Auf Grund des Gesetzes über das Paßwesen vom 12. Oktober 1867 (Bundes-Gesetzbl. S. 33) wird die Verordnung vom 21. Juni 1916, betreffend anderweite Regelung der Paßpflicht (RGBl. S. 599) abgeändert und erhält folgende Fassung:

§ 1.

Wer das Reichsgebiet verläßt oder wer aus dem Ausland in das Reichsgebiet eintritt, ist verpflichtet, sich durch einen Paß über seine Person auszuweisen.

Der Paß bedarf vor dem jedesmaligen Grenzübertritte des Sichtvermerks der zuständigen deutschen Behörde.

§ 2.

Jeder Ausländer, der sich im Reichsgebiet aufhält, ist verpflichtet, sich durch einen Paß über seine Person auszuweisen.

§ 3.

Für besondere Fälle kann der Reichsminister des Innern auch andere amtliche Papiere (Paßersatz) als genügenden Ausweis für den Grenzübertritt (§ 1 Abs. 1) oder den Aufenthalt im Reichsgebiete (§ 2) allgemein zulassen oder Befreiung von dem Erfordernisse des Sichtvermerkes (§ 1 Abs. 2) allgemein gewähren.

§ 4.

Für Grenzbezirke, insbesondere für den kleinen Grenzverkehr, sowie zum Verkehr auf bestimmten Wasserstraßen können die Landeszentralbehörden oder die von ihnen ermächtigten Behörden gewissen Arten von Personen den Grenzübertritt mit anderen Ausweisen als Pässen gestatten oder Befreiung von dem Erfordernisse des Sichtvermerkes gewähren.

§ 5.

Im Einzelfalle können die Landeszentralbehörden oder die von ihnen ermächtigten Behörden sowie das Auswärtige Amt (Paßstelle) Ausnahmen von den Vorschriften des § 1 zulassen.

§ 6.

Der Reichsminister des Innern erläßt die zur Ausführung dieser Verordnung erforderlichen Anordnungen, insbesondere über Form und Inhalt der Pässe und des Sichtvermerkes, über die Voraussetzungen für die Ausstellung der Pässe und des Sichtvermerkes sowie über das bei der Ausstellung des Sichtvermerkes zu beobachtende Verfahren; er bestimmt, inwieweit von dem Erfordernisse des jedesmaligen Sichtvermerkes (§ 1 Abs. 2) Befreiung gewährt werden kann.

Soweit der Reichsminister des Innern Ausführungsanordnungen nicht erläßt, können solche Anordnungen von den Landeszentralbehörden erlassen werden.

§ 7.

Diese Verordnung tritt mit dem Tage der Verkündung in Kraft.

Berlin, den 10. Juni 1919.

Der Reichspräsident.
Ebert.

Der Reichsminister des Innern.
Dr. Preuß.

3. Bekanntmachung zur Ausführung der Paßverordnung. Vom 4. Juni 1924. (RGBl. 1924 I S. 613) in der Fassung der Abänderung der Bekanntmachung zur Ausführung der Paßverordnung. Vom 22. Dezember 1924 (RGBl. I S. 964).

Auf Grund der mir in den §§ 3, 6 Abs. 1 der Paßverordnung vom 10. Juni 1919 (RGBl. S. 516) erteilten Ermächtigung bestimme ich unter Aufhebung der Bekanntmachung, betreffend Ausführungsvorschriften zu der Paßverordnung, vom 24. Juni 1916 (RGBl. S. 601) mit Wirkung vom 1. Juli 1924 folgendes:

I. Pässe.

A. Deutsche Pässe.

§ 1.

Deutsche Pässe werden nur Reichsangehörigen ausstellt.

§ 2.

Die Pässe werden als Einzelpässe oder als Familienpässe[1]) ausgestellt.

Familienpässe können Ehegatten sowie Eltern oder Elternteilen mit ihren Kindern unter 15 Jahren und, wenn es sich um Auswanderer handelt, mit ihren minderjährigen Kindern auch über 15 Jahre zu gemeinschaftlichen Reisen ausgestellt werden.

Kinder unter 15 Jahren erhalten einen Einzelpaß nur, wenn sie nach ausländischem Rechte eines solchen Passes bedürfen.

§ 3.

Für die Ausstellung von Pässen sind im Inland die von den Landeszentralbehörden bestimmten Behörden, im Ausland die vom Auswärtigen Amte ermächtigten Vertretungen zuständig (Paßbehörden).

§ 4.

Örtlich zuständig für die Ausstellung eines Passes ist die Paßbehörde, in deren Bezirk der Paßbewerber seinen Wohnsitz oder mangels eines Wohnsitzes seinen Aufenthalt hat.

Eine örtlich unzuständige Paßbehörde darf einen Paß nur ausstellen, wenn die Ausstellung durch die zuständige Behörde besonders erschwert ist und diese Behörde eingewilligt hat.

Eine örtlich unzuständige Paßbehörde im Ausland kann einen Paß ohne Rückfrage bei der zuständigen Behörde ausstellen, wenn die Rückfrage nach Lage der

[1]) Familienpässe können von den erwachsenen Personen, deren Lichtbild und Unterschrift im Paß enthalten sind, auch zu Einzelreisen benutzt werden. Dies gilt sowohl für deutsche wie für ausländische Familienpässe (MBliV. 1926 S. 642).

örtlichen Verhältnisse besonders erschwert ist und alle sonstigen Voraussetzungen für die Ausstellung des Passes erfüllt sind.

§ 5.

Zur Erlangung eines Passes ist das persönliche Erscheinen des Paßbewerbers bei der Paßbehörde erforderlich. Bei Familienpässen genügt das persönliche Erscheinen der zur Unterschriftsleistung im Passe verpflichteten Personen.

Die Paßbehörden können in einwandfreien Fällen ausnahmsweise von dem persönlichen Erscheinen absehen.

§ 6.

Pässe dürfen nur unter Verwendung des vom Reichsminister des Innern bestimmten, seit dem 1. Januar 1923 eingeführten Musters ausgestellt werden. Abänderungen des Musters sind unzulässig.

Nach dem früheren Paßmuster ausgestellte, am 1. Januar 1923 in Umlauf befindliche Pässe bleiben bis zum Ablauf ihrer Geltungsdauer in Kraft.

Diplomaten- und Ministerialpässe werden nach besonderen Mustern ausgestellt.

§ 7.

Der Paßbewerber hat seine Reichsangehörigkeit der Paßbehörde auf Verlangen nachzuweisen.

§ 8.

Das im Passe anzubringende Lichtbild des Paßinhabers muß aus neuerer Zeit stammen und die Gleichheit der dargestellten Person mit dem Paßinhaber zweifelsfrei erkennen lassen.

In Familienpässen sind Gruppenbilder der Paßinhaber zulässig.

Lichtbilder, die bereits einen Stempel oder den Teil eines Stempels tragen, dürfen nicht verwendet werden.

§ 9.

Die Pässe gelten in der Regel für das In- und Ausland.

Die Paßbehörden sind verpflichtet, den Geltungsbereich eines Passes auf das Inland oder auf bestimmte fremde Staaten zu beschränken, wenn besondere Umstände dies geboten erscheinen lassen.

§ 10.

Pässe werden auf die Dauer von zwei Jahren [1]) ausgestellt, wenn nicht besondere Umstände die Ausstellung auf eine kürzere Zeit geboten erscheinen lassen.

§ 11.

Der Paß ist zu versagen:

a) wenn der Reise gesetzliche Hindernisse entgegenstehen;

b) wenn Tatsachen die Annahme rechtfertigen, daß der Paß in den Händen des Inhabers die Aufrechterhaltung der öffentlichen Sicherheit und Ord-

---

[1]) Der RMdJ. hat auf Grund der ihm gem. §§ 3 und 6 Abs. 1 der Paßvd. v. 10. 6. 1919 (RGBl. S. 516) erteilten Ermächtigung folgendes bestimmt:

I. Geltungsdauer der Pässe.

a) Pässe werden auf die Dauer von 5 Jahren ausgestellt, wenn nicht besondere Umstände die Ausstellung auf kürzere Zeit geboten erscheinen lassen (§ 10 der Paßbek. v. 4. 6. 1924, RGBl. I S. 613).

b) Die Geltungsdauer eines auf eine kürzere Frist als 5 Jahre ausgestellten Passes kann bis zur Gesamtdauer von 5 Jahren vom Ausstellungstag ab verlängert werden, wenn nicht besondere Umstände die Verlängerung auf eine kürzere Zeit geboten erscheinen lassen (§ 18 der Paßbek.). (MBliV. 1926 S. 641.)

nung oder sonstige erhebliche deutsche Belange gefährden würde;

c) wenn Tatsachen die Annahme rechtfertigen, daß der Paßbewerber den Paß benutzen will, um sich seinen Steuerpflichten zu entziehen oder um die Zollvorschriften oder die Einfuhr- und Ausfuhrbestimmungen zu übertreten oder zu umgehen;

d) wenn Tatsachen die Annahme rechtfertigen, daß der Paßbewerber in fremde Heeresdienste eintreten will.

Der Paß kann versagt werden, wenn Tatsachen die Annahme rechtfertigen, daß der Paßbewerber den Paß benutzen will, um sich durch eine Reise in das Ausland seinen gesetzlichen Unterhaltspflichten zu entziehen.

§ 12.

Die Versagung des Passes erfolgt in der Regel ohne Angabe von Gründen.

§ 13.

Minderjährigen mit Ausnahme von Ehefrauen dürfen Pässe nur auf Antrag oder mit Einwilligung des gesetzlichen Vertreters ausgestellt werden.

Vor Ausstellung von Pässen an Mädchen unter 18 Jahren zur Auswanderung haben die Paßbehörden im Inland außerdem die Genehmigung des Vormundschaftsgerichts zu verlangen, soweit diese nach § 9 der Verordnung gegen Mißstände im Auswanderungswesen vom 14. Februar 1924 — RGBl. I S. 107 — erforderlich ist.

Die deutschen Vertretungen im Ausland können von den Erfordernissen des Abs. 1 absehen, wenn durch die Versagung des Passes für den Minderjährigen wesentliche Nachteile entstehen würden.

§ 14[1]).

§ 15.

Niemand soll mehr als einen Paß führen.

Diese Bestimmung findet keine Anwendung auf die Führung von Einzelpässen neben Familienpässen und von gewöhnlichen Pässen neben Diplomaten-, Ministerial- und Dienstpässen. Ferner kann Inhabern und Angestellten angesehener Firmen bei nachgewiesener Notwendigkeit die Führung zweier Pässe gestattet werden.

§ 16.

Bei Ausstellung eines neuen Passes ist ein vorhandener alter Paß einzuziehen.

Befinden sich in einem abgelaufenen Passe noch gültige ausländische Sichtvermerke oder sonst wichtige Vermerke ausländischer Behörden, so kann der Paß dem Inhaber belassen werden. Die einzelnen Seiten des Passes sind mit Ausnahme der noch gültigen Sichtvermerke alsdann mit dem Vermerk „ungültig" zu versehen.

§ 17[2]).

---

1) Fällt fort.

2) § 17 erfährt folgende Abänderung:

Abänd. des Geltungsbereichs und der Geltungsdauer der Reisepässe. RdErl. d. MdJ. v. 12. 3. 1926 — IV E 46. (MBliV. S. 268.)

Vor der Entscheidung über Anträge auf Abänderung des Geltungsbereichs und der Geltungsdauer eines Passes ist die nach § 17 Abs. 1a der Paßbek. v. 4. 6. 1924 (RGBl. I S. 613) zuständige Paßbehörde verpflichtet, dieselbe Prüfung vorzunehmen, die vor Ausstellung eines neuen Passes erforderlich ist (vgl. §§ 11, 13 der Paßbek.). Insbesondere ist daher auch bei Anträgen auf Abänderung des Geltungsbereichs und der Geltungsdauer von Pässen Minderjähriger die preußische Ergänzungsbestimmung zu § 13 der Paßbek. (vgl.

Der Geltungsbereich und die Geltungsdauer eines Passes können abgeändert werden

a) durch die Behörde, die für die Ausstellung eines neuen Passes zuständig ist;
b) durch eine andere Paßbehörde nur mit Zustimmung der gemäß a zuständigen Behörde.

Die Abänderung der vom Auswärtigen Amte oder von einer Landeszentralbehörde ausgestellten Pässe durch eine andere als die ausstellende Behörde ist unzulässig.

§ 18.

Die Verlängerung eines Passes erfolgt jeweils um höchstens ein Jahr bis zur Gesamtdauer von fünf Jahren vom Ausstellungstag ab.

Die Bestimmung des § 14 findet entsprechende Anwendung.

Pässe, die nach dem bis zum 31. Dezember 1922 verwendeten Muster ausgestellt sind, dürfen nicht verlängert werden.

§ 19.

Vermerke über die Abänderung eines Passes haben den Namen des Paßinhabers, die Tagesangabe, den

---

RdErl. v. 22. 9. 1924 — IV E 564, MBliV. S. 933) zu beachten.

Die Abänderung des Geltungsbereichs und der Geltungsdauer eines Passes durch eine andere als die nach § 17 Abs. 1a zuständige Paßbehörde ist nur zulässig, wenn die Einwilligung dieser Behörde vorliegt. Vor Erteilung der Einwilligung bedarf es wiederum der für die Ausstellung eines neuen Passes durch die §§ 11 und 13 der Paßbek. vorgeschriebenen Prüfung und daher bei Anträgen Minderjähriger auch insbesondere der Beachtung der in der preußischen Ergänzungsbestimmung zu § 13 a. a. O. enthaltenen Vorschriften.

Behördenstempel und die Unterschrift des ausstellenden Beamten sowie in den Fällen, in denen die Abänderung nur mit Zustimmung einer anderen Behörde erfolgen darf, außerdem einen Hinweis darauf zu enthalten, daß die zuständige, namentlich anzugebende Behörde der Abänderung zugestimmt hat.

§ 20.

Ein Paß darf mit Zusatzblättern nicht versehen werden. Bietet ein Paß für Eintragungen keinen Raum mehr, so ist ein neuer Paß auszustellen.

Bei Diplomaten- und Ministerialpässen in Blattform ist die Anbringung von Zusatzblättern in einer gegen Mißbrauch gesicherten Weise amtlich vorzunehmen und zu bescheinigen.

§ 21.

Der Paß kann dem Inhaber entzogen werden, wenn Tatsachen bekannt werden, welche die Versagung des Passes gerechtfertigt hätten.

Die Entziehung kann durch die Behörde, die den Paß ausgestellt hat, oder auf deren Ersuchen oder mit deren Einwilligung auch durch eine andere Paßbehörde erfolgen.

§ 22.

Der Paß einer weiblichen Person wird mit deren Eheschließung ungültig. Er erhält seine Geltung wieder, wenn er von einer Paßbehörde nach Maßgabe des § 19 durch den Zusatz „Vom . . . . ab Ehefrau des . . . .“ ergänzt wird.

Verliert die Paßinhaberin durch die Eheschließung ihre Reichsangehörigkeit, so hat sie sich gegebenenfalls einen Paß des Staates zu beschaffen, dem sie nunmehr angehört.

§ 23.

Pässe, in denen der Name des Inhabers, die Geltungsdauer oder die ausstellende Behörde nicht angegeben ist, oder aus denen sich die Reichsangehörigkeit des Inhabers nicht ergibt, oder in denen das Lichtbild oder die Unterschrift des Inhabers, der Stempel der ausstellenden Behörde oder die Unterschrift des ausstellenden Beamten fehlt, oder in denen das Lichtbild von der ausstellenden Behörde nicht abgestempelt ist, sind ungültig.

Pässe, in denen der Geltungsbereich nicht angegeben ist, gelten für das In- und Ausland.

Pässe mit offenbaren Schreibfehlern sind nicht zu beanstanden, wenn ihre mißbräuchliche Verwendung ausgeschlossen erscheint.

Abgelaufene Pässe sind nicht als Pässe im Sinne der Paßvorschriften anzusehen.

B. Ausländische Pässe.

§ 24.

Alle nichtdeutschen Personen über 15 Jahre müssen sich durch einen Paß über ihre Person ausweisen.

§ 25.

Ausländische Pässe, die nicht dem vom Völkerbunde vorgeschlagenen internationalen Muster entsprechen, werden nur unter folgenden Voraussetzungen anerkannt:

a) Der Paß muß die Staatsangehörigkeit des Inhabers angeben [1]).

---

[1]) **Ausländische Diplomaten- und Ministerialpässe.**
RdErl. d. MdJ. v. 12. 4. 1926 — IV E 234. (MBliV. S. 391.)

Der Reichsmin. d. Inn. hat darauf hingewiesen, daß die Bestimmungen des § 25 a und b der Paßbek. v. 4. 6. 1924

b) Der Paß muß mit einer Personenbeschreibung und mit einem Lichtbild des Paßinhabers aus neuerer Zeit, mit dessen eigenhändiger Unterschrift unter dem Lichtbild sowie tunlichst mit einer amtlichen Bescheinigung darüber versehen sein, daß der Paßinhaber tatsächlich die durch das Lichtbild dargestellte Person ist und die Unterschrift eigenhändig vollzogen hat. Die amtliche Bescheinigung kann — außer von den zuständigen ausländischen Behörden — von den Gesandten oder den im Reichsgebiete zugelassenen Berufs- oder Wahlkonsuln des Staates, dem der Paßinhaber angehört, sowie von den deutschen Paß- oder Polizeibehörden und von den deutschen Vertretungen im Ausland vorgenommen werden. Das Lichtbild muß in dem Passe selbst befestigt und amtlich abgestempelt sein [1]).

c) Die Geltungsdauer des Passes darf nicht abgelaufen sein. Ein nach dem Rechte des Heimatstaates des Paßinhabers gültiger Paß, dessen Ausstellungstag länger als 5 Jahre zurückliegt, muß nach seiner Beschaffenheit die Möglichkeit eines Mißbrauchs ausschließen und die Personengleichheit des Paßinhabers mit dem im Passe befindlichen Lichtbild zweifelsfrei erkennen lassen.

d) Paßhefte dürfen mit Zusatzblättern nicht versehen

(RGBl. I S. 613) auf ausländische Diplomaten- und Ministerialpässe keine Anwendung finden. Derartige — nach dem Recht des ausstellenden Staats gültige — Pässe sind von den deutschen Behörden daher auch dann anzuerkennen, wenn sonst erforderliche Angaben, z. B. die Personenbeschreibung oder die Unterschrift des Inhabers fehlen.

sein. Bei Blattpässen muß die Anbringung von Zusatzblättern in einer gegen Mißbrauch gesicherten Weise amtlich vorgenommen und bescheinigt sein.

Ausländische Familienpässe [1]) werden in dem gleichen Umfang wie deutsche Familienpässe anerkannt.

§ 26.

Pässe, die ausländische Staaten für fremde Staatsangehörige ausstellen (sogenannte Fremdenpässe), dürfen nur anerkannt werden, wenn sie den Voraussetzungen des § 25 entsprechen und außerdem den ausdrücklichen Vermerk tragen, daß der Inhaber zur Rückkehr in den Staat berechtigt ist, dessen Behörde den Paß ausgestellt hat.

C. Paßersatz.

I. Allgemeines.

§ 27.

Als Paßersatz gelten nur

a) die durch diese Bekanntmachung [2]) oder durch besondere Anordnung des Reichsministers des Innern zugelassenen Ausweispapiere;

b) die durch besondere gesetzliche Bestimmungen geschaffenen Sonderausweise [3]);

---

[1]) Vgl. § 2 Anm.

[2]) Durch diese Bekanntmachung werden folgende Ausweise als Paßersatz anerkannt:

Kinderausweise (§ 28), Personalausweise (§ 29), Sammellisten (§ 68), Nansenausweise (§ 87), Laissez-passer für Reisende aus Palästina (§ 102), Landungsausweise für Besatzungsmitglieder (§ 116), Arbeiter-Legitimationskarten (§ 122).

[3]) Vgl. hierzu § 95: als solcher Sonderausweis gilt z. B. die im ehemaligen oberschlesischen Abstimmungsgebiete zugelassene Grenzkarte.

c) die im sogenannten kleinen Grenzverkehr eingeführten Grenzscheine, Grenzkarten und sonstigen Ausweispapiere.

2. Kinderausweise.

§ 28.

Für Kinder unter 15 Jahren genügt an Stelle eines Passes ein amtlicher Ausweis über Name, Alter, Staatsangehörigkeit und Wohnsitz oder dauernden Aufenthalt des Kindes (Kinderausweis). Bei Kindern über 10 Jahre muß der Ausweis mit einem von der ausstellenden Behörde abgestempelten Lichtbild versehen sein.

Kinderausweise können im Inland von jeder Polizeibehörde, im Ausland von jeder deutschen Vertretung ausgestellt werden; für nichtdeutsche Kinder können die Ausweise auch von einer Polizeibehörde oder einer Vertretung des Heimatstaates ausgestellt sein.

Auf die Ausstellung von Kinderausweisen finden im übrigen die Bestimmungen des § 13 entsprechende Anwendung.

3. Personalausweise.

§ 29.

Nichtdeutschen Personen, die glaubhaft machen, daß ihnen die Beschaffung eines Passes nicht möglich [1]) oder

[1]) Die Beschaffung eines Passes ist z. B. solchen Personen unmöglich, die aus einem Staatsverbande entlassen sind (die sog. Staatenlosen) oder gegen die ein Verfahren auf Aberkennung der Staatsangehörigkeit eingeleitet ist, ferner solchen Personen, deren Staatsangehörigkeit „ungeklärt" ist. (Zu diesen Letzteren gehören insbesondere jene Personen aus den Oststaaten, deren Staatszugehörigkeit kein Staat an-

aus besonderen Gründen nicht zuzumuten ist[1]), können als Paßersatz Personalausweise nach anliegendem Muster ausgestellt werden.

Die deutschen Vertretungen im Ausland dürfen, auch wenn die Voraussetzungen des Abs. 1 erfüllt sind, Personalausweise nur in Ausnahmefällen und nur beim Vorliegen dringender deutscher Belange ausstellen.

§ 30.

Zuständig für die Ausstellung von Personalausweisen sind die Paßbehörden.

Deutsche Wahlkonsuln dürfen Personalausweise nicht ausstellen.

§ 31.

Örtlich zuständig für die Ausstellung eines Personalausweises ist die Paßbehörde, in deren Bezirk der Personalausweisbewerber seinen Wohnsitz oder dauernden Aufenthalt hat. In Ermangelung eines Wohnsitzes oder dauernden Aufenthalts im Inland ist die Paßbehörde zuständig, in deren Bezirk das Bedürfnis zur Ausstellung eines Personalausweises hervortritt.

---

erkennen will, sei es, daß der Nachweis ihrer Ortszugehörigkeit nicht geführt werden kann, da infolge des Krieges die Standesamtsregister zerstört wurden, sei es, daß infolge der neuen Staatsgrenzen die Zugehörigkeit zu dem einen oder andern Staate nicht festzustellen ist.)

[1]) Nicht zugemutet werden kann die Beschaffung eines ordnungsgemäßen Heimatspasses jenen Personen, die sich entweder dem Militärdienst in der Heimat nicht gestellt („Refraktäre") oder sich ihm durch Verlassen des Heimatstaates entzogen haben („Deserteure"). Ferner solchen Personen, die aus politischen Gründen ihre Heimat verlassen mußten. Bei allen Personen, die in Anm. 3 und 4 aufgezählt sind, wird zu prüfen sein, ob nicht nach §§ 87ff. die Ausstellung von Nansenausweisen in Frage kommt.

§ 32.

Zur Erlangung eines Personalausweises ist das persönliche Erscheinen des Bewerbers bei der Paßbehörde erforderlich.

§ 33.

Personalausweise werden auf die Dauer eines Jahres ausgestellt, wenn nicht besondere Umstände die Ausstellung für eine kürzere Zeit geboten erscheinen lassen.

§ 34.

Personalausweise werden in der Regel als vollwertiger Paßersatz ausgestellt; sie gelten als genügende Ausweise für den Aufenthalt im Reichsgebiet und als ausreichende Träger[1]) für alle Arten von Sichtvermerken.

§ 35.

Wenn der Inhaber eines Personalausweises an Reisen zwischen dem Reichsgebiet und dem Ausland gehindert werden soll, ist der Geltungsbereich des Personalausweises auf den Aufenthalt im Reichsgebiete zu beschränken. Die Beschränkung erfolgt durch den auf dem Ausweisvordruck hinter „Paßersatz" anzubringenden Vermerk „Nur gültig für den Aufenthalt im Reichsgebiete".

§ 36.

Die Geltungsdauer eines Personalausweises kann um höchstens ein Jahr bis zur Gesamtdauer von zwei Jahren vom Ausstellungstag ab verlängert werden.

---

[1]) D. h. deutscherseits. Eine ganze Reihe ausländischer Staaten hingegen erkennt den Personalausweis als vollwertigen Paßersatz nicht an, deshalb muß auch die Vollziehung der Ausweisung, die auf Grund des Personalausweises als einzigem Visumträger und Ausweis durchgeführt wird, sehr oft scheitern, da kein ausländischer Staat zur Übernahme bereit ist.

Für die Verlängerung ist die Paßbehörde zuständig, die den Personalausweis ausgestellt hat; eine andere Paßbehörde darf die Verlängerung nur mit Einwilligung der erstgenannten Behörde vornehmen.

§ 37.

Niemand soll mehr als einen Personalausweis führen.

§ 38.

Abgelaufene Personalausweise sind einzuziehen und, soweit die Voraussetzungen für die Ausstellung eines Personalausweises noch gegeben sind, durch einen neuen Personalausweis zu ersetzen.

§ 39.

Im übrigen finden die Bestimmungen der §§ 8, 11 Abs. 1 a bis c, Abs. 2, 12, 13, 16, 19, 21, 22 Abs. 1 und 23 entsprechende Anwendung.

Nichtdeutschen Personen, die ordnungsmäßige Papiere nicht besitzen und sich in angemessener Frist nicht beschaffen können, andererseits nach den vorstehenden Vorschriften einen Personalausweis auch nicht erhalten dürfen, kann, wenn ihre alsbaldige Ausreise erwünscht erscheint, ein kurzfristiger Personalausweis mit gleichfalls kurzfristigem Ausreisesichtvermerk ausgestellt werden [1]). Dem Worte „Paßersatz" auf dem Ausweisvordruck ist in diesem Falle der Vermerk „Nur für die Ausreise aus dem Reichsgebiet" hinzuzufügen.

---

[1]) Diese Bestimmung gibt den einzelnen Polizeibehörden die Möglichkeit, Personen, deren Ausreise aus Deutschland im öffentlichen Interesse liegt, mit Personalausweisen zu versehen, selbst dann, wenn die sonstigen Forderungen der §§ 29—38 nicht erfüllt sind.

II. Sichtvermerke.

§ 40.

Jede nichtdeutsche Person über 15 Jahre bedarf zum Grenzübertritt eines Sichtvermerkes, der im Passe oder Paßersatz angebracht sein muß.

Nichtdeutsche Personen mit Wohnsitz oder dauerndem Aufenthalt im Inland gelten für die Ausreise aus dem Reichsgebiet als vom Sichtvermerkszwange befreit, wenn sie beim Grenzübertritte durch einen von der zuständigen Sichtvermerksbehörde im Inland erteilten „Sichtvermerk zur Wiedereinreise nach erfolgter Ausreise“ oder durch eine von der zuständigen Behörde im Inland erteilte Aufenthaltsgenehmigung nachweisen, daß sie ihren Wohnsitz oder dauernden Aufenthalt im Reichsgebiete haben.

§ 41.

Reichsangehörige bedürfen zum Grenzübertritte keines Sichtvermerkes.

§ 42.

Zuständig für die Erteilung von Sichtvermerken sind im Inland die von den Landeszentralbehörden bestimmten Behörden, im Ausland die vom Auswärtigen Amte ermächtigten Vertretungen (Sichtvermerksbehörden).

§ 43.

Örtlich zuständig für die Erteilung des Sichtvermerkes ist die Behörde, in deren Bezirk der Sichtvermerksbewerber seinen Wohnsitz, seinen ständigen Aufenthalt oder eine gewerbliche Niederlassung hat.

Soweit hiernach eine örtliche Zuständigkeit fehlt, ist die Behörde zuständig, in deren Bezirk das Bedürfnis zur Erteilung eines Sichtvermerkes hervortritt.

§ 44.

Nichtdeutsche Personen mit Wohnsitz oder dauerndem Aufenthalt im Reichsgebiete können vor der Ausreise den zur Wiedereinreise erforderlichen Sichtvermerk von der zuständigen Sichtvermerksbehörde im Inland erhalten.

In Fällen, in denen der Sichtvermerk zur Wiedereinreise nicht vor Antritt der Reise eingeholt wird, findet § 43 Abs. 2 entsprechende Anwendung.

§ 45.

Reisende aus Staaten, in denen sich eine deutsche Vertretung nicht befindet, können Sichtvermerke von einer deutschen Vertretung in einem der Staaten erhalten, die auf der Reise in das Reichsgebiet berührt werden.

Das gleiche gilt für Personen mit Wohnsitz oder dauerndem Aufenthalt im Ausland, wenn die Erlangung des Sichtvermerkes von der zuständigen deutschen Vertretung nach Lage der örtlichen Verhältnisse besonders erschwert ist.

In sonstigen Ausnahmefällen kann eine örtlich unzuständige Sichtvermerksbehörde einen Sichtvermerk nur mit Einwilligung der zuständigen Behörde erteilen.

§ 46.

Zur Erlangung eines Sichtvermerkes ist das persönliche Erscheinen des Bewerbers bei der Sichtvermerksbehörde erforderlich. Zur Erlangung eines Sichtvermerkes auf Familienpässen genügt das persönliche Erscheinen eines Ehegatten oder Elternteils.

Die Sichtvermerksbehörden können in einwandfreien Fällen von dem persönlichen Erscheinen absehen.

§ 47.

Sichtvermerke sind nach den anliegenden Mustern[1]) zu erteilen.

§ 48.

Sichtvermerke werden entweder für eine Reise oder bei nachgewiesenem Bedürfnis für mehrere Reisen erteilt; sie müssen den Namen des Reisenden, den Reisezweck und die Geltungsdauer angeben.

Die Sichtsvermerksbehörden sind verpflichtet, auch bestimmte Reiseziele und Reisewege sowie bestimmte Grenzübergangsstellen im Sichtvermerke vorzuschreiben, wenn besondere Umstände dies geboten erscheinen lassen.

§ 49.

Die Geltungsdauer der Sichtvermerke ist dem Reisezweck und den etwa besonderen Umständen des Einzelfalls anzupassen; sie kann, wenn nicht besondere Bestimmungen andere Fristen vorschreiben, festgesetzt werden für Sichtvermerke

a) zur einmaligen Ein- oder Ausreise oder zur einmaligen Durchreise (einfacher Ein- oder Ausreisesichtvermerk, einfacher Durchreisesichtvermerk) auf höchstens einen Monat;

b) zur Ein- und Wiederausreise oder zur Aus- und Wiedereinreise sowie zur Wiedereinreise nach erfolgter Ausreise auf höchstens sechs Monate;

c) zur Durchreise und zurück (doppelter Durchreisesichtvermerk) auf höchstens zwei Monate;

d) zur beliebig häufigen Reise nach oder aus dem Reichsgebiet und zurück oder zur beliebig häufigen

---

[1]) Die Musteranlagen dieser Verordnung sind aus drucktechnischen Gründen fortgelassen worden.

Reise durch das Reichsgebiet (Dauersichtvermerk) auf drei, sechs oder zwölf Monate.

Bei Reisen aus Übersee können die zu a bis c angegebenen Fristen überschritten werden, wenn besondere Umstände die Festsetzung einer längeren Geltungsdauer rechtfertigen.

Die Geltungsdauer darf in keinem Falle mehr als ein Jahr betragen.

§ 50.

Beginn und Ende der Geltungsdauer der Sichtvermerke sind nach Tag, Monat und Jahr anzugeben.

Sichtvermerke zur Ein- und Wiederausreise oder zur Aus- und Wiedereinreise mit einer Höchstdauer von einer Woche können nach den anliegenden Mustern mit der Maßgabe erteilt werden, daß ihre Geltungsdauer mit dem Tage nach dem ersten Grenzübertritte beginnt. In dem Sichtvermerk ist ein Kalendertag anzugeben, über den hinaus der Sichtvermerk nicht mehr benutzt werden darf (Nutzungsfrist). Die Nutzungsfrist darf nicht mehr als zwei Monate vom Tage der Erteilung des Sichtvermerkes betragen.

§ 51.

Die Erteilung von Sichtvermerken mit einer Geltungsdauer, die über die Geltungsdauer des zur Sichtvermerkseintragung vorgelegten Passes oder Paßersatzes hinausgeht, ist unzulässig.

§ 52.

Der Sichtvermerk ist zu versagen

I. allgemein:

a) wenn der Reise gesetzliche Hindernisse[1]) entgegenstehen;

b) wenn Tatsachen die Annahme rechtfertigen, daß die Reise ihrem Zwecke nach oder wegen der Persönlichkeit des Reisenden die öffentliche Sicherheit und Ordnung oder sonstige erhebliche deutsche Belange gefährdet;

c) wenn Tatsachen die Annahme rechtfertigen, daß der Sichtvermerksbewerber den Sichtvermerk benutzen wird, um die Zollvorschriften oder die Einfuhr- und Ausfuhrbestimmungen zu übertreten oder zu umgehen;

II[2]).

III. bei Einreisen:

a) wenn die für den Zielort etwa erforderliche fremdenpolizeiliche Zuzugsgenehmigung fehlt;

b) wenn für ausländische Arbeiter[3]) die für den Zu-

---

[1]) Als ein solches gesetzliches Hindernis sehen die Preußischen Ergänzungsbestimmungen (s. S. 130) z. B. die Einreise solcher Personen an, die aus einem deutschen Lande ausgewiesen sind. „Die deutschen Vertretungen im Ausland können ausnahmsweise einen Sichtvermerk zur Einreise in ein anderes als das ausweisende Land erteilen, wenn

a) eine Äußerung der Ausweisungsbehörde über den Grund der Ausweisung und die Persönlichkeit des Ausgewiesenen eingeholt worden ist und

b) die über den Sachverhalt verständigte Zentralbehörde des Ziellandes zugestimmt hat.

Von der Anhörung der zu a und b genannten Behörden kann abgesehen werden, wenn die Notwendigkeit einer sofortigen Reise einwandfrei nachgewiesen wird."

[2]) Fällt fort.

[3]) Als „Arbeiter" im Sinne des § 52 III b gelten (PEB. XI):

1. Arbeiter, Gesellen, Hausgehilfen,
2. Hausgewerbetreibende,
3. Gehilfen und Lehrlinge, soweit sie nicht Abs. 3 b bis i ausgenommen sind.

Voraussetzung ist, daß die unter 1 bezeichneten Personen und die unter 3 aufgeführten Gehilfen gegen Entgelt beschäftigt werden. Lehrlinge sind als Arbeiter im Sinne dieser Bestimmungen auch dann anzusehen, wenn sie ohne Entgelt beschäftigt werden.

Nicht als „Arbeiter" im Sinne der Bestimmungen gelten

a) in der See- oder Binnenschiffahrt beschäftigte ausländische Arbeiter,
b) die Familienangehörigen des Arbeitgebers,
c) Angestellte in leitender Stellung,
d) Betriebsbeamte, Werkmeister und andere Angestellte in einer ähnlich gehobenen oder höheren Stellung,
e) Bureauangestellte, wenn sie nicht ausschließlich mit Botengängen, Reinigung, Aufräumung und ähnlichen Arbeiten beschäftigt werden, einschließlich der Bureaulehrlinge und Werkstattschreiber,
f) Handlungsgehilfen und Handlungslehrlinge, andere Angestellte für kaufmännische Dienste, auch wenn der Gegenstand des Unternehmens kein Handelsgewerbe ist, Gehilfen und Lehrlinge in Apotheken,
g) Bühnenmitglieder und Musiker ohne Rücksicht auf den Kunstwert ihrer Leistungen,
h) Angestellte in Berufen der Erziehung, des Unterrichts, der Fürsorge, der Kranken- und Wohlfahrtspflege,
i) die gesamten Besatzungen deutscher See- und Binnenfahrzeuge.

Für die Erteilung der Zuzugsgenehmigung an ausländische Arbeiter sind folgende Behörden zuständig:

In Preußen: Die Regierungspräsidenten und der Polizeipräsident in Berlin;

in Bayern: die Polizeidirektionen in München, Nürnberg und Fürth; die Bezirkspolizeibehörden und die Bezirksamtsaußensitze;

in Sachsen: die Kreishauptmannschaften in Dresden, Leipzig, Chemnitz, Zwickau, Bautzen, die Polizeipräsidien Dresden, Leipzig, Chemnitz, das Polizeiamt Plauen, die Amtshauptmannschaften und die Stadträte mit der vorm. rev. Städteordnung;

in Württemberg: das Polizeipräsidium Stuttgart und die Oberämter;

in Baden: die Bezirksämter;

in Thüringen: die Kreis- und Stadtdirektoren;

in Hessen: die Kreisämter und die Oberbürgermeister in Darmstadt, Gießen, Offenbach, Mainz und Worms;

in Hamburg: die Polizeibehörde in Hamburg für das Gebiet der Stadt Hamburg und der Landherrnschaften der Geest-Marschlande; die Landherrschaften Bergedorf und Ritzebüttel für das übrige Landgebiet;

in Mecklenburg-Schwerin: das Ministerium des Innern in Schwerin;

in Braunschweig: die Kreisdirektionen und für die Stadt Braunschweig der Rat der Stadt Braunschweig;

in Oldenburg: das Ministerium des Innern für den Landesteil Oldenburg, die Regierungen Eutin und Birkenfeld für die Landesteile Lübeck und Birkenfeld;

in Anhalt: die Anhaltische Regierung, Abteilung des Innern (Wirtschaftsabteilung);

in Bremen: die Polizeikommission in Bremen; der Senatskommissar in Bremen für die Hafenstädte Vegesack und Bremerhaven;

in Lippe: die Regierung in Detmold;

in Lübeck: das Polizeiamt in Lübeck;

in Mecklenburg-Strelitz: das Ministerium, Abteilung des Innern, in Neustrelitz;

in Waldeck: der Landesdirektor in Arolsen;

in Schaumburg-Lippe: die Landesregierung in Bückeburg.

Vor Erteilung der Zuzugsgenehmigung haben die hiernach in Preußen zuständigen Behörden, auch wenn nur ein vorübergehender Aufenthalt von kürzerer Dauer als 6 Monate (vgl. Ziff. VI) beabsichtigt ist, das zuständige Landesamt für Arbeitsvermittlung und die für den Zuzugsort mit der Wohnungsverteilung beauftragte Behörde zu hören. Die Zuzugsgenehmigung ist zu versagen, wenn das Landesamt die zug zur Aufnahme der Arbeit im Reichsgebiet erforderliche Genehmigung der für den Zielort zuständigen Behörde fehlt;

IV. bei Durchreisen:

a) wenn der Einreisesichtvermerk des Ziellandes und die Durchreisesichtvermerke der Zwischenländer zwischen dem Reichsgebiet und dem Zielland nicht vorgelegt werden, es sei denn, daß der Sichtvermerksbewerber in diesen Ländern für die Einreise oder Durchreise eines Sichtvermerkes nicht bedarf;

b) wenn Tatsachen die Vermutung rechtfertigen, daß der Sichtvermerksbewerber den Durchreisesichtvermerk benutzen will, um im Reichsgebiete zu verbleiben.

§ 53.

Der Sichtvermerk zur Ausreise kann versagt werden, wenn Tatsachen die Annahme rechtfertigen, daß der Sichtvermerksbewerber den Sichtvermerk benutzen will, um sich seinen gesetzlichen Unterhaltspflichten zu entziehen.

§ 54.

Die Sichtvermerksbehörden im Inland dürfen Aus- und Wiedereinreisesichtvermerke sowie Sichtvermerke zur Wiedereinreise nach erfolgter Ausreise (§ 40 Abs. 2) und ferner Dauersichtvermerke nichtdeutschen Personen nur erteilen, wenn diese

a) bereits am 1. April 1914 im Reichsgebiet ihren Wohnsitz oder dauernden Aufenthalt hatten;

b) zwar nach dem 1. April 1914 in das Reichsgebiet

Genehmigung für die Beschäftigung des Arbeiters nicht erteilt oder eine Unterkunftsmöglichkeit nicht besteht.

gekommen sind, jedoch entweder eine ordnungsmäßige Einreiseerlaubnis zu dauerndem Aufenthalte besaßen oder bei zunächst befristeter Einreiseerlaubnis später eine ordnungsmäßige Erlaubnis zu dauerndem Aufenthalt („Aufenthalt bis auf weiteres“) erhalten haben.

In einwandfreien Ausnahmefällen können Aus- und Wiedereinreisesichtvermerke sowie Dauersichtvermerke auch nichtdeutschen Personen erteilt werden, die nur zu vorübergehendem Aufenthalt im Reichsgebiete zugelassen sind; dabei muß sich jedoch die Geltungsdauer des Aus- und Wiedereinreise- oder Dauersichtvermerkes innerhalb der gewährten Aufenthaltsfrist oder der Geltungsdauer des etwa vorhandenen Ein- und Wiederausreisesichtvermerkes halten.

Im übrigen ist nichtdeutschen Personen erforderlichenfalls nur ein einfacher Ausreisesichtvermerk zu erteilen.

§ 55.

Die deutschen Vertretungen im Ausland können die Erteilung von Sichtvermerken davon abhängig machen, daß der Sichtvermerksbewerber Bürgen stellt oder eine Sicherheit hinterlegt sowie einen Fragebogen ausfüllt und die erforderliche Anzahl von Lichtbildern beibringt.

§ 56.

Bei Pässen, die nicht in einer germanischen oder romanischen Sprache abgefaßt oder mit einer Übersetzung in einer dieser Sprachen versehen sind, kann die Erteilung des Sichtvermerkes von der Beibringung einer beglaubigten deutschen Übersetzung des wesentlichen Paßinhalts — insbesondere der Personenbeschreibung des Inhabers und der amtlichen Bescheinigung über die

Gleichheit des Paßinhabers mit der im Lichtbild dargestellten Person sowie der Angaben über die Geltungsdauer des Passes, den Ort und Tag der Ausstellung und die ausstellende Behörde — abhängig gemacht werden, wenn die fremde Sprache bei der Sichtvermerksbehörde nicht übersetzt werden kann und begründete Zweifel bestehen, ob der Paß noch gültig und der Sichtvermerksbewerber der rechtmäßige Inhaber des Passes ist.

§ 57.

Die Versagung des Sichtvermerkes erfolgt in der Regel ohne Angabe von Gründen.

§ 58.

Sichtvermerke berechtigen innerhalb ihrer Geltungsdauer zum Überschreiten der Reichsgrenze an allen amtlich zugelassenen Grenzübergangsstellen, wenn nicht im Sichtvermerke der Grenzübertritt an einem bestimmten Grenzübergange vorgeschrieben ist.

Grenzübergangsstellen im Sinne dieser Bekanntmachung sind sowohl die im großen Reiseverkehre zulassenen wie die für den kleinen Grenzverkehr geöffneten Grenzübergänge.

§ 59.

Sichtvermerke dürfen von einer anderen als der Behörde, die sie erteilt hat, nur nach Maßgabe der folgenden Bestimmungen verlängert oder abgeändert werden.

§ 60.

Die Sichtvermerksbehörden im Inland können von den deutschen Vertretungen im Ausland erteilte Ein- und Wiederausreisesichtvermerke selbständig und ohne vorherige Anfrage oder nachträgliche Benachrichtigung der erteilenden Behörde auf eine der Lage des Falles entsprechende Zeit, jedoch nicht über ein Jahr vom Geltungsbeginne des Sichtvermerkes hinaus verlängern, wenn das Bedürfnis für die Verlängerung dargetan wird.

§ 61.

Die Sichtvermerksbehörden im Inland können einen Durchreisesichtvermerk in einen Sichtvermerk zur Wiederausreise nach dem Ausgangsland umwandeln.

§ 62.

Sichtvermerke, die mit einem Zusatz wie „Verlängerung oder Abänderung nur mit Einwilligung der erteilenden Behörde zulässig" versehen sind, dürfen nur verlängert oder abgeändert werden, wenn die Einwilligung der zuständigen Behörde vorliegt.

§ 63.

Unzulässig ist die Verlängerung oder Abänderung von Sichtvermerken, die

a) einen Zusatz wie „Verlängerung oder Abänderung unzulässig" tragen;
b) vom Auswärtigen Amte oder einer Landeszentralbehörde erteilt sind.

§ 64.

Dauersichtvermerke dürfen nicht verlängert werden.

Weist ein Reisender, dessen im Ausland erteilter Dauersichtvermerk im Inland abzulaufen droht, die Notwendigkeit eines weiteren Aufenthalts im Reichsgebiet über die Geltungsdauer des Sichtvermerkes hinaus nach, so kann die für den Aufenthaltsort zuständige Sichtvermerksbehörde ohne vorherige Anfrage bei der zuständigen deutschen Vertretung im Ausland einen einfachen Ausreisesichtvermerk mit einer dem festgestellten Bedürfnis entsprechenden Geltungsdauer erteilen.

Weist ein Reisender, dessen im Inland erteilter Dauersichtsvermerk im Ausland abzulaufen droht, die Notwendigkeit einer Wiedereinreise ins Reichsgebiet nach Ablauf der Geltungsdauer des Sichtvermerkes nach, so kann die für den Aufenthaltsort des Reisenden zuständige deutsche Vertretung ohne vorherige Anfrage bei der zuständigen Sichtvermerksbehörde im Inland einen einfachen Einreisesichtvermerk erteilen.

§ 65.

Auf die Vermerke über die Verlängerung oder Abänderung von Sichtvermerken finden die Bestimmungen des § 19 Anwendung.

§ 66.

Ein Sichtvermerk kann von der erteilenden Behörde für ungültig erklärt werden, wenn Tatsachen bekannt werden, welche die Versagung des Sichtvermerkes gerechtfertigt hätten.

§ 67.

Sichtvermerke, in denen der Name des Reisenden, der Reisezweck, die Geltungsdauer oder die erteilende Behörde nicht angegeben ist, oder denen der Stempel der erteilenden Behörde oder die Unterschrift des ausfertigenden Beamten fehlt, sind ungültig.

Bei Sichtvermerken, deren Überschrift und Inhalt nicht übereinstimmen, gilt die Fassung, die dem Reisenden die geringeren Rechte gibt.

Sichtvermerke mit offenbaren Schreibfehlern sind nicht zu beanstanden, wenn ihre mißbräuchliche Verwendung ausgeschlossen erscheint.

III. Sammellisten als Paßersatz und Sammelsichtvermerke.

§ 68.

Für den gemeinschaftlichen Grenzübertritt von Personengruppen können bei Einreisen das Auswärtige Amt und bei Ausreisen die Landeszentralbehörden Sammellisten als Paßersatz ausstellen und Sammelsichtvermerke erteilen, wenn die Reise der Wahrung kultureller, volkswirtschaftlicher oder sonstiger wichtiger deutscher Belange dient und keine politischen oder steuerlichen Bedenken bestehen.

Die Ermächtigung zur Ausstellung von Sammellisten als Paßersatz und zur Erteilung von Sammelsichtvermerken kann vom Auswärtigen Amte den deutschen Vertretungen im Ausland, von den Landeszentralbehörden den höheren Verwaltungsbehörden übertragen werden.

§ 69.

Die deutschen Vertretungen im Ausland können an Auswanderer und Rückwanderer zur Durchreise durch das Reichsgebiet Sammelsichtvermerke unter folgenden Bedingungen erteilen:

a) Die Durchwanderer müssen in gesundheitlicher Beziehung einwandfrei befunden sein.

b) Die Durchwanderer müssen Einreisesichtvermerke des Ziellandes und Durchreisesichtvermerke der Zwischenländer zwischen dem Reichsgebiet und dem Zielland besitzen, es sei denn, daß die Durchwanderer in diesen Ländern für die Einreise oder Durchreise eines Sichtvermerkes nicht bedürfen.

c) Die Durchbeförderung durch das Reichsgebiet muß

ohne Unterbrechung in geschlossenen Transporten erfolgen.

d) Der Beförderungsunternehmer muß sich verpflichten:

1. einen sprachkundigen Transportbegleiter von der Übertrittsgrenze bis zur Ausgangsgrenze oder dem deutschen Einschiffungshafen zu stellen und dafür einzustehen, daß die an der Übertrittsgrenze übernommenen Durchwanderer sämtlich an der Ausgangsgrenze oder in deutschen Einschiffungshäfen abgeliefert werden;

2. Durchwanderer, deren Übernahme an der Ausgangsgrenze von den Grenzbehörden des fremden Staates abgelehnt wird, oder die aus einem sonstigen Grunde aus dem Reichsgebiete nicht weiterbefördert oder vom Zielland zurückgewiesen werden, unentgeltlich bis an die Übertrittsgrenze zurückzubefördern und die Kosten der Verpflegung und Unterbringung bis zur Beendigung der Rückbeförderung zu tragen;

3. für alle Kosten zu haften, die dem Reiche, den Ländern, den Gemeinden, den Armenverbänden oder sonstigen Körperschaften des öffentlichen Rechtes durch die öffentliche Unterstützung hilfsbedürftiger Durchwanderer der zu 2 genannten Art während der Rückbeförderung erwachsen.

e) Der an der Übertrittsgrenze liegende Staat muß der Rückübernahme der zu d 2 bezeichneten Durchwanderer zugestimmt haben.

§ 70.

Nichtdeutschen Personen, die aus dem überseeischen Ausland im Zwischendeck, in der dritten oder einer ihr gleichstehenden Schiffsklasse ohne Sichtvermerk einer deutschen Vertretung im Ausland in deutschen Häfen ankommen und ohne Aufenthalt durch das Reichsgebiet reisen wollen, kann die Weiterreise auf Grund einer von der Leitung des benutzten Schiffes ausgestellten, bei der Ankunft von der zuständigen Behörde mit einem Sammelsichtvermerke zu versehenden Sammelliste gestattet werden, wenn

a) die Weiterreise durch das Reichsgebiet in geschlossenen Transporten erfolgt;

b) die in Betracht kommende Schiffahrtsgesellschaft sich unbeschadet der jeweils für die Durchwanderung geltenden allgemeinen Bestimmungen verpflichtet, auf ihre Kosten die beim Ausgang aus dem Reichsgebiet an der Grenze des nächsten Landes zurückgewiesenen Transportteilnehmer nach dem Ankunftshafen zurückzubefördern und alsdann auf dem Wasserwege wieder außer Landes zu bringen.

Der Sammelsichtvermerk wird in Vertretung der an sich zuständigen Sichtvermerksbehörde im Ausland von der für den Hafenort zuständigen Sichtvermerksbehörde oder mit deren Zustimmung im Einzelfalle von der Behörde erteilt, der die Paßnachschau an der Grenze obliegt.

IV. Kleiner Grenzverkehr.

§ 71.

Die Bestimmungen über die Versagung und Entziehung von Pässen sowie über die Versagung und

Ungültigkeitserklärung von Sichtvermerken finden unbeschadet der besonderen Bestimmungen, die zur Regelung des kleinen Grenzverkehrs getroffen sind oder auf zwischenstaatlichen Vereinbarungen beruhen, auf die Ausstellung und Entziehung von Grenzscheinen, Grenzkarten und sonstigen im kleinen Grenzverkehr eingeführten Ausweispapieren entsprechende Anwendung.

V. Befreiung vom Paß- und Sichtvermerkszwange.

§ 72.

Die Befugnis, einen Reisenden im Einzelfalle vom Paß- und Sichtvermerkszwange zu befreien, bleibt dem Auswärtigen Amte und den Landeszentralbehörden vorbehalten.

§ 73.

Es gelten als befreit

a) vom Paß- und Sichtvermerkszwange für den Übertritt über die im besetzten Rheinland belegenen Teile der Reichsgrenze,

b) vom Paßzwang für den Aufenthalt im besetzten Rheinland folgende Personengruppen:

1. die Streitkräfte der alliierten und assoziierten Mächte,
2. die diesen Streitkräften zugeteilten Personen, denen die Kommandierenden Generale der Armeen einen jederzeit widerruflichen Paß ausgestellt haben,
3. die Staatsangehörigen einer der alliierten Mächte, die von den genannten Streitkräften angestellt sind oder sich in deren Diensten befinden,

4. die Mitglieder der Rheinlandkommission und ihre Familien,
5. die Staatsangehörigen einer der alliierten Mächte, die sich in deren Diensten befinden, und ihre Familien,
6. die Untertanen der Staaten, deren Truppen an der Besetzung teilnehmen, wenn sie einen Paß oder einen einfachen Geleitschein vorzeigen, der ihnen von ihren heimischen Behörden ausgestellt ist.

Die Befreiungen unter a gelten nur, wenn das Reiseziel oder der Ausgangspunkt der Reise im besetzten Gebiete liegt. Für Reisen, die zwischen dem unbesetzten Reichsgebiet und dem Ausland oder umgekehrt über das besetzte Rheinland unternommen oder fortgesetzt werden sollen und für den Aufenthalt im unbesetzten Reichsgebiete verbleibt es auch für die unter 1 bis 6 aufgeführten Personengruppen bei den allgemeinen Vorschriften der §§ 1 und 2 der Paßverordnung.

VI. Grenzübertritt.

§ 74.

Personen, die

a) ohne gültigen Paß oder Paßersatz oder

b) ohne Sichtvermerk

an der Reichsgrenze eintreffen, sind zurückzuweisen, wenn sie nicht auf Grund besonderer Bestimmungen allgemein oder im Einzelfalle vom Paß- oder Sichtvermerkszwange befreit sind.

§ 75.

Eine sachliche Nachprüfung der Sichtvermerke steht den Grenzübergangsstellen in der Regel nicht zu. Sind jedoch der Grenzübergangsstelle Tatsachen bekannt, welche die Versagung oder die Ungültigkeitserklärung des Sichtvermerkes gerechtfertigt hätten, so kann sie den Reisenden mit Zustimmung ihrer vorgesetzten Behörde zurückweisen.

§ 76.

Macht sich ein Reisender bei der Einreise eines schweren Verstoßes gegen die Einfuhr- oder Zollvorschriften schuldig und erscheinen durch die Fortsetzung der Reise erhebliche deutsche Belange gefährdet, so hat die mit der Paßnachschau betraute Grenzbehörde auf Verlangen der Grenzzollbehörde den Reisenden zurückzuweisen und dies durch folgenden in den Paß neben dem deutschen Sichtvermerk einzutragenden Vermerk kenntlich zu machen:

„Zurückgewiesen wegen Verstoßes
gegen die Einfuhr- (Zoll-) Vorschriften
(Ort) (Tagesangabe)
Unterschrift und Stempel der Paßnachschaubehörde."

§ 77.

Macht sich ein Reisender bei der Ausreise eines schweren Verstoßes gegen die Ausfuhr- oder Zollvorschriften schuldig und erscheinen durch eine etwaige Wiedereinreise erhebliche deutsche Belange gefährdet, so hat die mit der Paßnachschau betraute Grenzbehörde einen etwa vorhandenen Dauersichtvermerk zur Einreise in das Reichsgebiet auf Verlangen der Grenzzollbehörde durch folgenden in den Paß neben dem Dauersichtvermerk einzutragenden Vermerk ungültig zu machen:

„Vor erneuter Einreise ist Einholung eines neuen Sichtvermerkes bei der zuständigen deutschen Paßstelle im Ausland erforderlich.

(Ort) (Tagesangabe)

Unterschrift und Stempel der Paßnachschaubehörde".

§ 78.

Würde die Zurückweisung an der Grenze wegen Fehlens des erforderlichen Sichtvermerkes für einen Reisenden eine unbillige Härte bedeuten, so können innerhalb des Fernreiseverkehrs die hierzu von den Landeszentralbehörden ermächtigten Grenzbehörden im Einzelfalle mit Zustimmung der zuständigen Behörde (§ 79) einen Ausnahme-Sichtvermerk nach anliegendem Muster erteilen.

Die Erteilung des Ausnahme-Sichtvermerkes hat zu unterbleiben, wenn die Einholung des Sichtvermerkes offenbar schuldhafterweise unterlassen worden ist.

§ 79.

Zuständige Behörde im Sinne des § 78 ist

a) bei der Einreise grundsätzlich die nächstgelegene deutsche Sichtvermerksbehörde im Ausland, bei der Einreise auf dem Seeweg die für den Hafenort zuständige Sichtvermerksbehörde in Vertretung der für die Erteilung des ordentlichen Sichtvermerkes berufenen Sichtvermerksbehörde im Ausland;

b) bei der Ausreise die für den Grenzübertrittsort zuständige Sichtvermerksbehörde.

§ 80.

Der Ausnahme-Sichtvermerk ist zu erteilen

a) bei der Einreise:

als einfacher Sichtvermerk — für Personen mit

Wohnsitz oder dauerndem Aufenthalt im Inland;

als Ein- und Wiederausreise-Sichtvermerk mit Geltungsdauer von höchstens einem Monat — für andere Personen;

als einfacher Durchreise-Sichtvermerk unter Beschränkung der Geltungsdauer auf die für die Durchreise erforderliche Zeit;

b) bei der Ausreise:

als einfacher Ausreise-Sichtvermerk.

Die Erteilung anderer Arten von Sichtvermerken in der Form des Ausnahme-Sichtvermerkes ist unzulässig.

§ 81.

Die Grenzübergangsstellen haben Ort und Zeit jeden Grenzübertritts in den Paß oder Paßersatz und, soweit ein Sichtvermerk vorhanden ist, tunlichst neben diesem einzutragen[1]).

§ 82.

Reisende, die bei Notlandungen im Luftverkehre vom Ausland über das Reichsgebiet nach dem Ausland ohne die nach den allgemeinen Bestimmungen für die Einreise oder Durchreise vorgeschriebenen Ausweispapiere oder Vermerke im Reichsgebiet angetroffen werden, sind durch die für den Notlandungsort zuständige Polizeibehörde der nächsten Paß- oder Sichtvermerksbehörde zur Beschaffung der erforderlichen Papiere oder Vermerke zuzuführen. Dies kann unterbleiben, wenn begründete Aus-

[1]) Bei Reichsangehörigen und Inhabern von Dauersichtvermerken sind Ort und Zeit des Grenzübertritts nicht mehr im Passe zu vermerken (RdErl. d. MdJ. v. 19. 4. 1925 MBliV. S. 489).

sicht besteht, daß die Reisenden innerhalb von 24 Stunden den Flug fortsetzen.

§ 83.

Für die Dauer von allgemeinen Grenzsperren treten die Paß- und Sichtvermerksbestimmungen außer Kraft, soweit sie nicht durch besondere Bestimmungen aufrechterhalten werden.

§ 84.

Einzelpersonen, gegen die eine Grenzsperre verhängt ist, sind an der Grenze zurückzuweisen, auch wenn sie einen Paß oder Paßersatz mit dem für den Grenzübertritt erforderlichen Sichtvermerk besitzen.

Grenzsperren gegen Einzelpersonen können durch die Reichszentralbehörden, die Landeszentralbehörden, die Landespolizeibehörden, die Landesfinanzämter, die Strafgerichte und die Staatsanwaltschaften verhängt werden.

VII. Besondere Bestimmungen.

A. Pässe für amtliche Reisen.

§ 85.

Diplomatenpässe und Ministerialpässe werden nur vom Auswärtigen Amte und von den Landeszentralbehörden ausgestellt.

§ 86.

Für polizeiliche Pässe, die zu dienstlichen Reisen ausgestellt werden, ist das vom Reichsminister des Innern bestimmte Muster mit grünem Umschlag und dem Aufdruck „Dienstpaß“ zu verwenden. Derartige Pässe haben ausdrücklich anzugeben, in wessen amtlichem Auftrag die Reise unternommen wird.

Die Reisenden bleiben von dem persönlichen Erscheinen bei der Paßbehörde befreit, wenn die beauftragende

Behörde die zur Ausstellung eines Passes erforderlichen Unterlagen einreicht.

Ausreisesichtvermerke für dienstliche Reisen können ohne Mitwirkung der Finanzämter erteilt werden, wenn die beauftragende Behörde die Gewähr für die Unbedenklichkeit ihres Beauftragten in persönlicher und steuerlicher Hinsicht durch eine entsprechende schriftliche Erklärung übernimmt.

B. Sonderausweise für russiche Flüchtlinge. (Nansenausweise)

§ 87.

Im Reichsgebiete lebende russische Flüchtlinge können an Stelle von Personalausweisen nach Maßgabe der folgenden Bestimmungen Sonderausweise nach anliegendem Muster als Paßersatz erhalten.

§ 88.

Als russische Flüchtlinge gelten Personen, die am 1. August 1914 die russische Staatsangehörigkeit besessen haben, aus den Gebieten der Union der Russischen Sozialistischen Sowjet-Republiken[1]) stammen und

---

[1]) Ob die Flüchtlinge aus diesen Gebieten stammen, dafür gibt der Geburtsort nur einen Anhaltspunkt; daneben wird im Einzelfalle sehr wohl der Umstand eine Bejahung dieser Frage zulassen, daß der Ausweisbewerber in jenen Bezirken seinen Wohnsitz oder überhaupt den Mittelpunkt seiner persönlichen Beziehungen gehabt habt (so RdErl. d. MdJ. v. 15. 8. 1925, MBliV. S. 905).

Frauen und minderjährigen Kindern solcher russischen Flüchtlinge, die nach den geltenden Bestimmungen für sich einen Nansen-Ausweis erhalten haben oder erhalten können, sind ohne Rücksicht darauf, ob diese an sich die Voraussetzungen hierfür erfüllen, Nansen-Ausweise auszustellen. (RdErl. d. MdJ. v. 15. 8. 1925, MBliV. S. 905).

entweder von dort wegen der politischen oder wirtschaftlichen Lage geflüchtet sind oder aus den gleichen Gründen in ihre Heimat nicht haben zurückkehren können oder wollen.

Russische Flüchtlinge erhalten Sonderausweise nur, wenn sie

a) vor dem 1. Juni 1922 in das Reichsgebiet gekommen sind[1]);
b) auf Grund von Verordnungen ihrer Regierungen ihre Staatsangehörigkeit verloren haben;
c) keine andere Staatsangehörigkeit erworben haben;
d) nicht bereits von einem anderen Staate ausgestellte gültige Ausweispapiere besitzen.

Von der im Abs. 2 unter a angegebenen Voraussetzung kann bei russischen Flüchtlingen abgesehen werden, die nachweisen, daß sie einen Sonderausweis zur dauernden Übersiedlung in einen fremden Staat benötigen, und daß der fremde Staat der Übersiedlung zugestimmt hat.

§ 89.

Die Sonderausweise sind nur auf Antrag auszustellen.

§ 90.

Russische Flüchtlinge, die bisher einen Personalausweis nach dem im Reichsgesetzblatt 1916 S. 609 abgedruckten Muster besessen haben, erhalten einen Sonderausweis erst dann, wenn die Geltungsdauer des Per-

---

[1]) Späterhin umgeändert in 1. Januar 1923. (MBliV. 1926 S. 642.) Erforderlich ist nicht ein ununterbrochener Aufenthalt seit obigem Datum; die Unterbrechung der Aufenthaltsdauer durch einen Aufenthalt im Ausland würde kein Grund zur Versagung des Nansenausweises sein.

sonalausweises abgelaufen ist[1]), es sei denn, daß der Sonderausweis nachweisbar zur sofortigen Ausreise aus dem Reichsgebiete benötigt wird. In diesem Falle ist die Geltungsdauer des Sonderausweises auf eine kurze, den Umständen nach angemessene Frist zu beschränken.

Bei Ausstellung des Sonderausweises ist ein etwa früher ausgestellter Personalausweis einzuziehen.

§ 91.

Von fremden Staaten ausgestellte Sonderausweise für russische Flüchtlinge gelten als Paßersatz.

§ 92.

Im übrigen finden die Bestimmungen über Personalausweise entsprechende Anwendung.

C. Verkehr mit Ostpreußen.

§ 93.

Für den Verkehr mit Ostpreußen können die von den Landeszentralbehörden bestimmten Behörden Reichsangehörigen Ausweise nach anliegendem Muster ausstellen.

---

[1]) „Da mit der ursprünglich befürchteten Überlastung der Paßbehörden gegenwärtig kaum mehr zu rechnen ist, bestehen keine Bedenken, die fragliche Bestimmung dahin abzumildern, daß solchen Personalausweisinhabern, die an sich einen Nansen-Ausweis erhalten können, ausnahmsweise der Personalausweis vor Ablauf seiner Geltungsdauer durch einen Nansen-Ausweis ersetzt wird, wenn dringende persönliche oder wirtschaftliche Belange des Ausweisinhabers eine alsbaldige Reise ins Ausland geboten erscheinen lassen und der erforderliche fremde Sichtvermerk nach den Bestimmungen des Einreiselandes nachweislich oder erfahrungsgemäß nur auf Nansen-Ausweisen erteilt wird. Die Paßbehörden haben hiernach zu verfahren." (RdErl. d. MdJ. v. 15. 8. 1925, MBliV. S. 906.)

Die Ausweise gelten für den Durchgangsverkehr zwischen Ostpreußen und dem übrigen Reichsgebiet in nichtgeschlossenen Zügen als Paßersatz.

Die Bestimmungen über die Versagung und Entziehung von Pässen finden auf diese Ausweise entsprechende Anwendung.

D. Verkehr in und mit dem besetzten Gebiete.

§ 94.

Für den Verkehr in und mit dem besetzten Gebiete können die von den Landeszentralbehörden bestimmten Behörden Reichsangehörigen Ausweise nach dem im § 93 angegebenen Muster ausstellen.

§ 93 Abs. 3 findet Anwendung.

E. Verkehr innerhalb Oberschlesiens.

§ 95.

Für die im Verkehr innerhalb des ehemaligen oberschlesischen Abstimmungsgebiets eingeführten Verkehrskarten gelten die besonderen Bestimmungen der Artikel 259ff. des deutsch-polnischen Abkommens über Oberschlesien vom 15. Mai 1922 (RGBl. II S. 237).

F. Saargebiet.

1. Verkehr zwischen dem Saargebiet und dem übrigen Reichsgebiete.

§ 96.

Für Reisen in das Saargebiet wird deutscherseits weder ein Paß noch ein Sichtvermerk gefordert.

§ 97.

Für Reisen aus dem Saargebiete bedürfen

a) deutsche Bewohner dieses Gebiets keines Passes oder Sichtvermerkes;

b) nichtdeutsche Bewohner eines Passes sowie eines deutschen Sichtvermerkes, für dessen Erteilung die Ausländerpaßstellen des Auswärtigen Amts in Köln, Frankfurt a. M. und Karlsruhe zuständig sind.

§ 98.

Auf Personen, die aus dem Ausland über das Saargebiet in das übrige Reichsgebiet einreisen, finden die allgemeinen Paßvorschriften Anwendung.

§ 99.

Die Bestimmungen des § 73 über die paßtechnische Behandlung bestimmter Gruppen von Angehörigen der alliierten und assoziierten Mächte finden auch Anwendung, wenn die Einreise über das Saargebiet erfolgt.

2. Der Verkehr zwischen dem Saargebiet und dem Ausland über das übrige Reichsgebiet.

§ 100.

Bewohnern des Saargebiets, die ihre Reichsangehörigkeit durch Vorlegung eines deutschen Passes oder eines Passes einer Behörde der Regierungskommission des Saargebiets nachweisen, ist der Grenzübertritt zu gestatten

a) bei der Ausreise aus dem Reichsgebiet auch dann, wenn der Paß an Stelle des ordentlichen deutschen Ausreisesichtvermerkes oder des Unbedenklichkeitsvermerkes nur einen Sichtvermerk der Polizeidirektion Saarbrücken oder der Regierungskommission des Saargebiets, Oberste Polizeiverwaltung, enthält;
b) bei der Einreise in das Reichsgebiet ohne Sichtvermerk auf Grund des Passes.

Der deutsche Sichtvermerk wird nötigenfalls durch die Sichtvermerksbehörde erteilt, deren Bezirk dem Saargebiete benachbart ist, oder durch die für den Ort zuständige Sichtvermerksbehörde, von dem aus die Ausreise aus dem Reichsgebiet angetreten werden soll.

§ 101.

Nichtdeutsche Bewohner des Saargebiets bedürfen zum Grenzübertritte sowohl bei der Ausreise wie bei der Einreise ohne Rücksicht auf einen etwa vorhandenen Sichtvermerk einer Behörde der Regierungskommission des Saargebiets eines Sichtvermerkes der zuständigen deutschen Sichtvermerksbehörde. Zuständig für die Erteilung des hiernach erforderlichen deutschen Sichtvermerkes sind

a) bei der Ausreise:
die Ausländerpaßstellen des Auswärtigen Amtes in Köln, Frankfurt a. M. und Karlsruhe;

b) bei der Einreise:
die deutschen Vertretungen in dem Lande, von dem aus der Grenzübertritt erfolgen soll.

G. „Laissez-passer" für Reisende aus Palästina.

§ 102.

Von der britischen Verwaltungsbehörde in Palästina an jüdische Reisende aus Palästina ausgestellte „Laissez-passer", in denen die Inhaber als Palästinenser oder als Angehörige eines anderen Staates mit Wohnsitz in Palästina bezeichnet werden, gelten als Paßersatz, wenn sie einen Vermerk tragen, daß dem Inhaber die Rückkehr nach Palästina gestattet ist.

H. Paßtechnische Behandlung des Seeverkehrs.

1. Besatzungsmitglieder und Reisende im Schiffsverkehre zwischen deutschen Häfen.

§ 103.

Dem Paß- und Sichtvermerkszwange sind nicht unterworfen:

a) Besatzungsmitglieder und Reisende auf Schiffen, die den Verkehr zwischen deutschen Häfen vermitteln,

b) Besatzungsmitglieder auf Fischereifahrzeugen, die außerhalb der Reichsgrenze fischen,

wenn eine Landung im Ausland nicht vorgesehen ist.

Die Verpflichtung der Besatzungsmitglieder und Reisenden, sich nach § 3 des Gesetzes über das Paßwesen vom 12. Oktober 1867 (Bundesgesetzbl. S. 33) auf amtliches Erfordern über ihre Person jederzeit genügend auszuweisen, wird durch diese Bestimmung nicht berührt.

2. Besatzungsmitglieder der zwischen deutschen Seehäfen und dem Ausland verkehrenden Handelsschiffe.

a. Seeschiffersichtvermerk.

§ 104.

Den Besatzungsmitgliedern der zwischen deutschen Seehäfen und dem Ausland verkehrenden Handelsschiffe können an Stelle der ordentlichen Sichtvermerke Seeschiffersichtvermerke nach anliegendem Muster erteilt werden.

§ 105.

Für die Erteilung von Seeschiffersichtvermerken sind zuständig,

1. wenn der Paß oder Paßersatz zur Ausreise aus

einem deutschen Hafen an Bord eines Schiffes verwendet werden soll, die Sichtvermerksbehörde des Hafenorts, von dem aus der Inhaber des Passes oder Paßersatzes die Fahrt antritt, oder wenn am Hafenort eine solche Behörde ihren Sitz nicht hat, die für den Hafenort zuständige Ortspolizeibehörde;

2. wenn der Paß oder Paßersatz zur Einreise in einen deutschen Hafen an Bord eines Schiffes verwendet werden soll, neben der sonst zuständigen deutschen Vertretung im Ausland die deutsche Vertretung in dem Lande, von dem aus der Inhaber des Passes oder Paßersatzes die Fahrt antritt. Einer Rückfrage bei der sonst zuständigen Vertretung bedarf es nicht.

Ist die Beschaffung des Sichtvermerkes bei einer deutschen Vertretung wegen weiter Entfernung oder wegen Kürze der Zeit bis zur Abfahrt des Schiffes besonders erschwert, so kann der Sichtvermerk bei der nach 1 zuständigen Behörde des ersten deutschen Hafenorts, den das Schiff bestimmungsgemäß anläuft, nachgeholt werden.

§ 106.

Zur Erlangung eines Seeschiffersichtvermerkes hat der Bewerber seinen Paß oder Paßersatz vorzulegen und den Nachweis über seine Eigenschaft als Besatzungsmitglied zu führen.

§ 107.

Seeschiffersichtvermerke können als Rückreise- und Dauersichtvermerke erteilt werden, wenn sich ein Bedürfnis hierfür aus der dienstlichen Stellung des Sichtvermerksbewerbers auf dem Schiffe oder aus dem Inhalt des Heuervertrags ergibt.

§ 108.

Im Seeschiffersichtvermerke müssen der Name des Schiffes, auf dem der Inhaber des Passes oder Paßersatzes fährt, die dienstliche Stellung des Paß- oder Paßersatzinhabers sowie seine Nummer in der Musterrolle angegeben sein.

§ 109.

Die Geltungsdauer des Seeschiffersichtvermerkes ist dem Bedürfnis anzupassen, sie darf jedoch höchstens ein Jahr betragen.

§ 110.

Der Seeschiffersichtvermerk berechtigt zum Besuch aller deutschen Häfen, die das Schiff anläuft.

Die den Sichtvermerk erteilende Behörde ist verpflichtet, den Geltungsbereich des Sichtvermerkes auf bestimmte deutsche Häfen zu beschränken, wenn besondere Umstände dies geboten erscheinen lassen.

§ 111.

Der Seeschiffersichtvermerk berechtigt nichtdeutsche Besatzungsmitglieder nur, sich während der Liegezeit des Schiffes in dem Gebiete des angelaufenen Hafenorts aufzuhalten.

Bei Reisen nichtdeutscher Sichtvermerksinhaber in oder durch das Reichsgebiet gilt die Annahme, daß mit dem Verlassen des Hafenorts die deutsche Grenze überschritten wird; die Reisenden bedürfen alsdann außer einem Passe oder Paßersatz eines ordentlichen Sichtvermerkes. Der Sichtvermerk wird jedoch in diesem Falle von der für den Hafenort zuständigen Sichtvermerksbehörde erteilt. Hat diese ihren Sitz nicht am Hafenorte, so kann die für den Hafenort zuständige Ortspolizeibehörde den Sichtvermerk nach eingeholter Zustimmung der Sichtvermerksbehörde erteilen.

§ 112.

Die Ortspolizeibehörden der Hafenorte haben jedes Eintreffen und Auslaufen der Seeschiffe auf dem Passe oder Paßersatz zu vermerken.

§ 113.

Der Seeschiffersichtvermerk erlischt vor dem Ablauf seiner Geltungsdauer, wenn der Inhaber aus der Besatzung des im Sichtvermerke bezeichneten Schiffes ausscheidet.

b. Seefahrtsbuch.

§ 114.

Besatzungsmitglieder gelten als vom Paß- und Sichtvermerkszwange befreit, wenn sie sich über ihre Person durch ein Seefahrtsbuch ausweisen, das nach dem vom Bundesrate durch Bekanntmachung vom 20. März 1903 (Zentralblatt für das Deutsche Reich, Seite 120) bestimmten Muster ausgestellt und mit einem auf Seite 3 angebrachten, amtlich abgestempelten Lichtbild versehen ist.

Die Abstempelung des Lichtbildes hat durch ein deutsches Seemannsamt oder durch die Ortspolizeibehörde in einem deutschen Hafenorte zu erfolgen; der Stempel ist etwa zur Hälfte auf das Lichtbild, zur anderen Hälfte auf das Papier des Seefahrtsbuchs zu setzen. Wenn das Lichtbild nicht bei Ausstellung des Seefahrtsbuchs angebracht und abgestempelt wird, ist

Ort und Tag der Abstempelung besonders zu vermerken und von dem abstempelnden Beamten zu unterschreiben.

§ 115.

Die Bestimmungen des § 111 finden auf nichtdeutsche Inhaber von Seefahrtsbüchern mit amtlich abgestempeltem Lichtbild entsprechende Anwendung.

c. Landgangsausweise für Besatzungsmitglieder.

§ 116.

Nichtdeutschen Besatzungsmitgliedern können die für die paßtechnische Abfertigung der Seeleute in den Hafenorten zuständigen Behörden „Landgangsausweise" nach anliegendem Muster als Paß- und Sichtvermerksersatz ausstellen, wenn es das Verkehrsbedürfnis erfordert und im Einzelfalle nach Prüfung der Ausweispapiere der Besatzungsmitglieder Bedenken nicht bestehen.

Die Behörde kann die Ausweise nach ihrem Ermessen den Besatzungsmitgliedern entweder selbst oder durch Vermittlung des Schiffsführers aushändigen. Vor Ausgabe der Ausweise hat der Schiffsführer eine Bescheinigung nach anliegendem Muster zu unterschreiben.

§ 117.

Die Bestimmungen des § 111 finden auf Inhaber von Landgangsausweisen entsprechende Anwendung.

3. Seefischer.

§ 118.

Auf die Besatzungsmitglieder von Fischereifahrzeugen, die zwischen deutschen Seehäfen und dem Ausland verkehren, finden die Bestimmungen der §§ 104 bis 117 Anwendung.

4. Lotsen.

§ 119.

Lotsen, die in oder zur Ausübung ihres Berufs die Reichsgrenze überschreiten, gelten als vom Paß- und Sichtvermerkszwange befreit, wenn sie sich gegenüber der Grenzübergangsstelle durch amtliche Papiere einwandfrei über ihre Person, ihre Lotseneigenschaft und den Reisezweck ausweisen.

5. Landgangsausweise für Schiffsreisende.

§ 120.

Nichtdeutschen Reisenden, die sich während der Liegezeit des von ihnen benutzten Schiffes im Gebiete des angelaufenen deutschen Hafenorts aufhalten wollen, kann von der für diesen Ort zuständigen Paßbehörde oder mit deren ausdrücklicher Zustimmung von der Behörde, der die Paßnachschau an der Grenze obliegt, ein „Landgangsausweis" nach anliegendem Muster ausgestellt werden, wenn weder gegen die Person des Reisenden noch gegen den Zweck des Landganges Bedenken bestehen.

6. Rhein-Seeschiffer.

§ 121.

Das Grenzkommissariat in Emmerich kann Besatzungsmitgliedern der in der Rhein-Seeschiffahrt verkehrenden Schiffe, wenn im Einzelfalle die Prüfung der Ausweispapiere der Besatzungsmitglieder keine Bedenken ergibt, beim Einlaufen der Schiffe über die Reichsgrenze „Landgangsausweise" als Paß- und Sichtvermerksersatz ausstellen. Die Ausweise berechtigen den Inhaber, sich während der Liegezeit des Schiffes, zu dessen

Besatzung er gehört, in allen geschlossenen Ortschaften am Rhein unterhalb Kölns einschließlich dieser Stadt, am Spoy-Kanal, an dem Krefelder Stichkanal und in den Duisburg-Ruhrorter Häfen aufzuhalten, wenn nicht der Geltungsbereich bei der Ausstellung auf bestimmte Anlegeorte beschränkt wird.

Im übrigen finden die Bestimmungen der §§ 116 und 117 entsprechende Anwendung.

J. Ausländische Arbeiter.

§ 122.

Die aus dem Ausland einwandernden ausländischen Landarbeiter, die erklären, zur Arbeit im Reichsgebiet angenommen zu sein, gelten für die Einreise als vom Paß- und Sichtvermerkszwange befreit, wenn ein Grenzamt der Deutschen Arbeiterzentrale ihre Annahme für eine inländische Arbeitsstelle bestätigt und ihre Legitimierung alsbald vornimmt.

Für die Weiterreise an den inländischen Zielort genügt ein von einem Grenzamt der Deutschen Arbeiterzentrale ausgestellter und unterstempelter Reiseausweis, der den Namen des Arbeiters, den Zielort, die Arbeitsstelle, für die der Arbeiter angenommen ist, und den einzuschlagenden Reiseweg angeben und mit dem Dienststempel der für das ausstellende Grenzamt zuständigen Ortspolizeibehörde versehen sein muß. Dieser Reiseausweis gilt nur in Verbindung mit dem Arbeitsvertrag und nur für die Dauer eines Monats vom Ausstellungstag ab als Paßersatz für den Aufenthalt im Reichsgebiete.

Für den weiteren Aufenthalt im Reichsgebiete gilt die mit Lichtbild und Unterschrift des Inhabers versehene, von der Deutschen Arbeiterzentrale ausgestellte Arbeiterlegitimationskarte als Paßersatz.

§ 123.

Ausländische Arbeiter, die während der beiden letzten Monate des Kalenderjahrs in ihre Heimat zurückkehren, gelten für die Ausreise als vom Paß- und Sichtvermerkszwange befreit, wenn sie sich durch eine mit Lichtbild und Unterschrift des Inhabers versehene Arbeiterlegitimationskarte ausweisen.

K. Paßtechnische Behandlung der im Grenzverkehre tätigen Beamten und Angestellten.

§ 124.

Die im Grenzdienst zwischen dem Reichsgebiet und einem Nachbarlande tätigen Beamten und Angestellten unterliegen den allgemeinen Paßvorschriften, wenn nicht durch besondere Anordnung oder auf Grund zwischenstaatlicher Vereinbarungen eine andere Regelung getroffen ist.

§ 125.

Den im Grenzdienst zwischen dem Reichsgebiet und Danzig tätigen Beamten und Angestellten des deutschen Bahn-, Post- und Zolldienstes sowie des Danziger Post- und Zolldienstes wird der Grenzübertritt in und zur Ausübung ihres Dienstes und ferner den Beamten und Angestellten des Danziger Post- und Zolldienstes der Aufenthalt in dem deutschen Dienstort während einer Dienstpause unter Befreiung von Paß- und Sichtvermerkszwang auf Grund eines Auftrags der vorgesetzten Behörde gestattet.

§ 126.

Die deutschen Beamten und Angestellten weisen den Auftrag durch einen besonderen, bis zur Höchstdauer eines Jahres nach anliegendem Muster ausgestellten Ausweis ihrer vorgesetzten Behörde nach.

§ 127.

Die Danziger Beamten und Angestellten weisen den Auftrag durch die von dem Senate der Freien Stadt Danzig ausgestellten „dienstlichen Ausweise" nach.

§ 128.

Auf den nicht in oder zur Ausübung des Dienstes erfolgenden Grenzübertritt der Beamten und Angestellten finden die allgemeinen Paßvorschriften Anwendung.

Das gleiche gilt für die Danziger Beamten und Angestellten, wenn sie den deutschen Dienstort während einer Dienstpause verlassen.

L. Paßtechnische Behandluug von Versorgungsberechtigten.

§ 129.

Im Ausland ansässige deutsche Versorgungsberechtigte, die vor eine der deutschen Versorgungsbehörden (Hauptversorgungsämter, Versorgungsämter, Versorgungsgerichte) geladen sind, gelten für die Ein- und Wiederausreise als vom Paß- und Sichtvermerkszwange befreit, wenn sie sich mit der in der Vorladung bezeichneten Person als personengleich ausweisen. Die Wiederausreise muß spätestens am dritten Tage nach der Einreise erfolgen.

Das gleiche gilt auch für in Elsaß-Lothringen ansässige, ehemals deutsche Heeresangehörige mit jetzt französischer Staatsangehörigkeit.

Berlin, den 4. Juni 1924.

Der Reichsminister des Innern.
Dr. Jarres.

4. Vf. d. M. d. J. v. 22. 9. 1924 — IV E 564, betr. Neuordnung des Paßwesens (MBliV. 1924, S. 933) in der Fassung des RdErl. d. M. d. J. v. 9. 1. 1925 — IV E 10 — (MBliV. S. 27).

Durch die am 1. 7. d. J. in Kraft getretene Bekanntmachung des Reichsmin. d. Inn. v. 4. 6. d. J. zur Ausführung der Paßverordnung (RGBl. I S. 613) ist das geltende Paßrecht vom Reich erschöpfend geregelt. Die dem Inhalt dieser Bekanntmachung entgegenstehenden bisher in Geltung gewesenen Bestimmungen sind daher seit dem genannten Termin außer Kraft. Soweit die Bekanntmachung den Ländern Raum läßt zur Herausgabe von Ergänzungsbestimmungen, sind solche für Preußen nachstehend zusammengefaßt, wobei ich bemerke, daß diese Ergänzungsbestimmungen nicht nur paßpolizeiliche, sondern auch fremdenpolizeiliche Vorschriften enthalten. Damit können nunmehr auch alle diejenigen das Paßwesen betreffenden früheren Bestimmungen, die nicht bereits mit dem Inkrafttreten der Bekanntmachung des Reichsmin. d. Inn. außer Kraft gesetzt worden sind, als aufgehoben gelten. Sollten im Einzelfalle Zweifel darüber bestehen, ob und inwieweit etwa frühere Bestimmungen noch Geltung haben, so ist meine Entscheidung anzurufen.

Ergänzungsbestimmungen für die Bekanntmachung zur Ausführung der Paßverordnung.

Zu § 1: I. Gesuche um Ausstellung von Pässen sind stets mit größtmöglicher Beschleunigung unbeschadet einer sorgfältigen Prüfung zu erledigen.

II. Im Reichsgebiet ansässigen Angehörigen des Memellandes, die am 10. 1. 1920 im Memelland gewohnt und die Reichsangehörigkeit besessen haben, können deutsche Pässe, in denen sie als Memelländer zu bezeichnen sind, ausgestellt werden.

Zu § 2: I. Getrennt reisende Personen bedürfen eines Einzelpasses. Bei Ausstellung von Familienpässen sind die Paßbewerber darauf hinzuweisen, daß solche Pässe zu Reisen einzelner Familienmitglieder nicht benutzt werden dürfen.

II. Eine nachträgliche Aufnahme von Begleitern in einen Paß ist unzulässig.

III. Das Paßrecht einiger fremder Staaten weicht bei der Anerkennung von Familienpässen in gewissen Beziehungen von dem deutschen Paßrecht ab.

So können nach den Bestimmungen der Vereinigten Staaten von Amerika in Familienpässe neben den Eltern Töchter bis zum 21. Jahre und Söhne bis zum 15. Jahre aufgenommen werden. Der Familienpaß muß die Lichtbilder aller in ihm aufgeführten Personen über 15 Jahre enthalten. Kinder über 14 Jahre, die nicht in Begleitung ihrer Eltern reisen, müssen sich durch Einzelpässe ausweisen. Kinder unter 14 Jahren, die ohne ihre Eltern reisen, bedürfen keines Passes, wenn sie von einer erwachsenen Person begleitet sind.

Nach den polnischen Bestimmungen bedarf ferner jeder Reisende ohne Rücksicht auf sein Alter zum Überschreiten der polnischen Grenze eines Einzelpasses. Kinder unter 14 Jahren, die in dem Paß der Eltern aufgeführt sind und mit diesen zusammenreisen, bedürfen keines eigenen Reisepapiers.

Über die britischen Bestimmungen vgl. Ergänzungsbestimmung III zu § 25.

Den Forderungen fremden Paßrechts ist innerhalb der durch die deutschen Bestimmungen gezogenen Grenzen Rechnung zu tragen.

Zu § 3: Für die Ausstellung von Pässen sind in Preußen die aus der Anlage I ersichtlichen Behörden zuständig.

Zu § 4: I. Die Paßbehörden, in deren Bezirk sich Rheinhäfen oder Liegeplätze für Rheinschiffe befinden, sind ermächtigt, ohne Rücksicht auf ihre örtliche Zuständigkeit Pässe an durchreisende deutsche Rheinschiffer auszustellen, die nachweisen, daß sie unvorhergesehene dringende Beförderungsaufträge nach dem Auslande erhalten haben.

II. Die dem Saargebiet benachbarten preußischen Paßbehörden des Regierungsbezirks Trier sind unter Erweiterung ihrer örtlichen Zuständigkeit zur Ausstellung von Pässen an deutsche Bewohner dieses Gebiets ermächtigt.

Im Auslande können die deutschen Vertretungen Reichsangehörigen, die aus dem Saargebiet stammen, aber weder dort noch im übrigen Reichsgebiet ihren Wohnsitz oder dauernden Aufenthalt haben, Pässe ausstellen.

Zu § 5: Wird ein Paßbewerber von dem persönlichen Erscheinen befreit, so hat die Paßbehörde zu bestimmen, in welcher Weise die für die Ausstellung des Passes erforderlichen Unterlagen, insbesondere das Lichtbild und die Unterschrift des Paßbewerbers einzureichen sind.

Zu § 6: I. Beschaffungsstellen für die Paßvordrucke (einschl. der Vordrucke für Dienstpässe) sind die Regierungspräsidenten bzw. der Polizeipräsident in Berlin.

II. Die Paßvordrucke sind in lateinischer Schrift auszufüllen.

III. Führt der Paßbewerber einen doppelten Familiennamen, so sind beide Namen in den Paß aufzunehmen.

Bei Schriftstellern, Künstlern und Artisten ist außer dem Familiennamen auch der etwaige Schriftsteller-, Theater-, Künstler- oder Artistenname in den Paß einzutragen.

Sämtliche Vornamen des Paßbewerbers sind im Paß anzugeben; der Rufname ist zu unterstreichen.

IV. Bei der Beschreibung der Person des Paßbewerbers sind etwaige besondere Kennzeichen, wie sie häufig am Gebiß, an den Fingernägeln, an den Ohren und vornehmlich in Gestalt von Narben vorkommen, genau zu vermerken.

V. Bei Ausstellung von Einzelpässen sind die nichtauszufüllenden Spalten, wie z. B.: „Begleitet von seiner Ehefrau" oder „Von . . . Kindern" zu streichen.

VI. Berichtigungen, Streichungen, Nachträge und Zusätze in

den Pässen müssen amtlich bescheinigt und mit Unterschrift und Stempel der Behörde versehen werden, die sie vornimmt.

Rasuren sind unzulässig.

VII. Das Paßmuster darf für andere Ausweise nicht verwendet werden.

VIII. In den Paß dürfen andere als die ausdrücklich zugelassenen Vermerke (Sichtvermerke, Unbedenklichkeitsvermerke, Aufenthaltserlaubnisse, Kontroll- und Meldevermerke) nicht aufgenommen werden.

Zu § 7: I. Die Spalte „Staatsangehörigkeit" ist je nach Lage des Falles mit „Preuße", „Bayer" usw. oder „unmittelbarer Reichsangehöriger" auszufüllen (vgl. § 1 des Reichs- und Staatsangehörigkeitsges. v. 22. 7. 1913, RGBl. S. 583).

II. Die Paßbehörden haben Urkunden, die ihnen bei Ausstellung eines Passes zum Nachweis der Reichsangehörigkeit vorgelegt werden, insbesondere Staatsangehörigkeitsausweise und Heimatscheine, auf der Rückseite mit folgendem abzustempelnden Vermerk zu versehen:

„Paß heute mit Gültigkeit bis . . . . ausgestellt für . . .
Ort. Tagesangabe.
Unterschrift des ausfertigenden Beamten."

Zu § 8: I. Die Paßbehörde hat das Lichtbild in den Paß dauerhaft einzukleben und tunlichst mit Metallösen zu befestigen sowie abzustempeln; der Stempel ist etwa zur Hälfte auf das Lichtbild, zur anderen Hälfte auf das Papier des Passes zu setzen.

II. Bei Ausstellung von Familienpässen ist deutscherseits die Anbringung von Kinderbildern nicht zu verlangen. Der Forderung fremder Staaten auf Anbringung von Kinderbildern ist jedoch unter Beifügung eines Vermerks unterhalb der Elternbilder „Kinderbilder auf Seite . . . des Passes" zu entsprechen. Gegegebenenfalls kann die Anbringung in dem etwa freibleibenden Raume für das Bild eines Elternteiles erfolgen.

Zu § 9: I. Die Paßbehörden haben über die ausgestellten Pässe unter fortlaufender Nummer Buch zu führen. Die Eintragungen müssen folgende Angaben enthalten: 1. Lfd. Nr. 2. Tag der Ausstellung. 3. Name. 4. Vornamen, sämtliche; Rufname unterstrichen. 5. Staatsangehörigkeit. 6. Beruf. 7. Geburtsort. 8. Geburtstag. 9. Wohnort. 10. Gestalt. 11. Gesicht. 12. Farbe der Augen. 13. Farbe des Haares. 14. Besondere Kennzeichen. 15. Geltungsdauer des Passes. 16. Reisezweck und Reiseziel (diese Spalte ist nur in besonderen Fällen, z. B. bei Auswanderern, auszufüllen; im allgemeinen bedarf es der Angabe des Reisezweckes und Reisezieles nicht). 17. Bezahlte Gebühr. 18. Bemerkungen (insbesondere Verlängerungen, Abänderungen, Ergänzungen des Passes).

II. (Gestrichen.)

III. Bei Ausstellung von Pässen zur Auswanderung sollen die Paßbehörden die Paßbewerber auf die Möglichkeit hinweisen, sich durch eine der Hauptstellen für Auswandererberatung mündlich oder schriftlich beraten zu lassen, und auf die Vorteile einer solchen Beratung aufmerksam machen. Dem Antrage auf Ausstellung eines Passes ist ungeachtet dessen stattzugeben, ob der Paßbewerber von der Beratungsmöglichkeit Gebrauch machen will oder nicht.

Um den Beratungsstellen eine Übersicht über den Umfang und die Ziele der Auswanderung zu geben, haben die Paßbehörden der Beratungsstelle, mit der sie bisher in Verbindung gestanden haben, in Zwischenräumen von 14 Tagen eine Übersicht zugehen zu lassen, aus der die Zahl der Auswandererpaßgesuche, getrennt nach den verschiedenen Zielländern, ersichtlich ist.

In Fällen, in denen den Paßgesuchen offenbar unüberlegte und aussichtslose Auswanderungsabsichten zugrunde liegen, oder in denen die Vermutung begründet ist, daß die Gesuchsteller unter Einflüssen einer gemeinschädlichen Werbetätigkeit stehen, ist alsbald mit der nächsten Auswandererberatungsstelle in Verbindung zu treten, damit diese vor der Aushändigung des Passes beratend auf die Gesuchsteller einwirken kann. Zugleich ist in solchen Fällen dem Gesuchsteller dringend anzuraten, von der Stellung des Paßantrages im Interesse der Ersparung unnützer Kosten abzusehen, bis er sich nach Einholung sachkundigen Rates darüber schlüssig gemacht habe, ob er bei seinem Auswanderungsvorhaben verbleiben wolle. Besteht der Gesuchsteller trotzdem auf seinen Antrag, so muß der Paß ohne weiteres ausgestellt werden. Inwieweit die Aushändigung des Passes um eine kurze Zeit hinausgeschoben werden kann, innerhalb deren die Beratungsstelle auf den Gesuchsteller einwirken kann, ist je nach Lage des Einzelfalles zu entscheiden und bleibt dem Ermessen der Paßbehörde überlassen.

IV. Soweit zur Erlangung eines ausländischen Sichtvermerks eine Echtheitsbescheinigung des deutschen Passes erforderlich ist, darf der Paß von der deutschen Vertretung im Ausland mit einer solchen Bescheinigung („Gesehen"-Vermerk) nur versehen werden, wenn der in ihm angegebene Geltungsbereich das Land umfaßt, zu dessen Besuch der ausländische Sichtvermerk benötigt wird.

Zu § 11: I. Gesetzliche Hindernisse können bei der Ausreise beispielsweise in einer Strafverfolgung oder Strafvollstreckung gegen den Paßbewerber begründet sein.

II. Ist anzunehmen, daß der Paßbewerber im Ausland eine Sammlung oder eine sonstige nach §§ 1 und 2 der Bundesratsverordnung vom 15. 2. 1917 über Wohlfahrtspflege während des Krieges (RGBl. S. 143) genehmigungspflichtige Veranstaltung beabsichtigt, so ist vor Ausstellung des Passes die Vorlegung der nach § 2 a. a. O. erforderlichen Genehmigung zu verlangen.

III. Die Paßbehörden haben vor Ausstellung von Pässen die Paßbewerber auf Art. 179 des Vertrages von Versailles (RGBl. 1919 S. 687), wonach Deutschland verpflichtet ist, den Eintritt Reichsangehöriger in fremde Heeresdienste zu verhindern, ausdrücklich aufmerksam zu machen und sich zu vergewissern, daß keine diesem Artikel entgegenstehende Auswanderungsabsicht vorliegt. Die Paßbehörden haben ferner auf die strafrechtlichen Folgen wissentlich falscher Angaben (Ziff. 9 der Vd. v. 9. 4. 1923 über die Bestrafung von Zuwiderhandlungen gegen die Paßvorschriften, RGBl. I S. 249) hinzuweisen.

IV. Die Versagung des Passes nach § 11 Abs. 2 ist auf Fälle leichtsinnigen Verlassens der Unterhaltsberechtigten trotz vorhandener Unterhaltsmöglichkeit zu beschränken.

Befindet sich z. B. ein Unterhaltsverpflichteter in einer Notlage, der im Inlande für absehbare Zeit nicht abgeholfen werden kann, und hat er — etwa durch einen Arbeitsvertrag — begründete Aussicht auf gutes Fortkommen im Auslande, so ist die Auswanderung unter Zurücklassung unterhaltsberechtigter Angehöriger nicht ohne weiteres zu beanstanden; es wird sich im Gegenteil häufig empfehlen, daß der Auswanderer zunächst allein die Schwierigkeiten des Einlebens in die neuen Verhältnisse übernimmt und die Nachfolge der Unterhaltsberechtigten vorbereitet.

Zu § 12: Gegen die Versagung eines Passes sind die im § 127 des Landesverwaltungsgesetzes v. 30. 7. 1883 (GS. S. 195) vorgesehenen Rechtsmittel gegeben.

Zu § 13: Vor Ausstellung von Pässen an minderjährige deutsche Mädchen zur Teilnahme an Künstlertourneen im Auslande haben die Paßbehörden zu prüfen, ob die Persönlichkeit des Truppführers (Impresarios) oder die Art und die Aussichten des Unternehmens zu Bedenken gegen die beabsichtigte Reise Anlaß geben. Zu diesem Zwecke ist die Zentralstelle der internationalen Artistenloge in Berlin NW 7, Friedrichstr. 94 a (Fernspr. Zentrum 5965) oder die Genossenschaft Deutscher Bühnenangehöriger in Berlin W 62, Keithstr. 11 (Fernspr. Lützow 2138) oder der internationale Varieté-Theater-Direktorenverband E. V. in Berlin NW 6, Schiffbauerdamm 15 (Fernspr. Norden 2323) oder die zuständige Ortsgruppe dieser Verbände zu hören und eine Äußerung des Polizeipräsidiums in Berlin, Abteilung II (Theaterabteilung), einzuholen.

Bei Reisen minderjähriger Mädchen ohne Begleitung erwachsener Angehöriger zum Antritt einer Stellung im Ausland außerhalb einer Künstlertournee ist die Reichsstelle für das Auswanderungswesen oder eine der zur Auswandererberatung zugelassenen Auskunfts- und Beratungsstellen und, wenn die Stellung durch einen Vermittler nachgewiesen ist, außerdem die Zentralpolizeistelle zur Bekämpfung des Mädchenhandels beim Polizeipräsidium in Berlin um Äußerung zu ersuchen.

Ergeben sich Bedenken, so ist der Minderjährigen oder deren gesetzlichem Vertreter die Aufgabe der Reise nahezulegen. Wird trotz Belehrung auf Ausstellung des Passes bestanden, so kann mit Rücksicht auf § 1 Abs. 2 des Ges. über das Paßwesen vom 12. 10. 1867 (Bundesges.-Bl. S. 33) der Paß nur vorenthalten werden, wenn er nach den allgemeinen Paßvorschriften zu versagen ist. Gegebenenfalls ist die Reise unter Anrufung des Vormundschaftsgerichts oder des Jugendamts zu verhindern.

Zu § 15: I. Es besteht die Möglichkeit, daß Reichsangehörige neben der deutschen auch eine fremde Staatsangehörigkeit besitzen und aus diesem Grunde einen fremden Paß führen. Auf einen solchen Fall ist § 15 Abs. 1 nicht anwendbar, da der

Abschn. I A der Bekanntmachung sich nur mit den Voraussetzungen für die Ausstellung eines deutschen Passes befaßt. Gegen die Ausstellung eines deutschen Passes an einen Reichsangehörigen, der bereits einen fremden Paß besitzt, ist daher, wenn anderweitige Gründe für die Versagung des deutschen Passes nicht vorliegen (§ 11), nichts einzuwenden, sofern nur die Reichsangehörigkeit des Paßbewerbers außer Zweifel steht (vgl. auch Ergänzungsbestimmung II zu § 52).

II. Die Führung zweier Pässe durch Inhaber und Angestellte angesehener Firmen muß von der zuständigen Industrie- und Handelskammer als notwendig anerkannt und befürwortet werden. Die Paßbehörde, die den zweiten Paß ausstellt, ist dabei **verpflichtet,**

1. auf S. 1 des Passes in der Längsrichtung zu vermerken: „Gleichzeitig Inhaber des von der . . . (Name der Behörde, die den ersten Paß ausgestellt hat) ausgestellten Passes Nr. . . .";

2. auf S. 1 des ersten Passes einen mit Tagesangabe, Behördenstempel und Unterschrift des ausstellenden Beamten versehenen Vermerk anzubringen, daß der Inhaber gleichzeitig den von ihr ausgestellten Paß Nr. . . . führt.

Werden beide Pässe gleichzeitig von einer Behörde ausgestellt, so ist auf S. 1 beider Pässe hinter dem Namen des Paßinhabers hinzuzufügen: „Zugleich Inhaber des von der unterzeichneten Behörde ausgestellten Passes Nr. . . ."

Zu § 16: I. Wird die Ausstellung eines Passes mit der Begründung verlangt, daß der alte, noch gültige Paß abhanden gekommen sei, so darf ein neuer Paß nur ausgestellt werden, wenn der Verlust des alten Passes glaubhaft gemacht wird.

II. Die Bestimmung des § 16 Abs. 1 gilt auch dann, wenn die Ausstellung eines neuen deutschen Passes verlangt wird, weil der Inhaber eines ausländischen Passes inzwischen die deutsche Reichsangehörigkeit (z. B. durch Einbürgerung) erlangt hat. Der alte ausländische Paß ist durch den Regierungspräsidenten bzw. den Polizeipräsidenten in Berlin der zuständigen fremden Vertretung unter Mitteilung des Sachverhalts zurückzugeben.

III. Wird einer deutschen Behörde im In- oder Ausland der Verlust eines deutschen Passes bekannt, so hat sie dies dem Polizeipräsidenten in Berlin (Schriftleitung des Deutschen Fahndungsblattes, Berlin C 25, Abholungsfach) unter Benutzung einer

Postkarte unverzüglich anzuzeigen. Die Anzeige soll enthalten: Vor- und Zuname, Beruf und Wohnort des Paßinhabers, Tagesangabe der Ausstellung des Passes, dessen Geltungsdauer und Nummer sowie die Behörde, die den Paß ausgestellt hat, und die Behörde, die vom Auffinden des Passes zu benachrichtigen ist. Der Verlust mehrerer Pässe ist je durch eine besondere Postkarte anzuzeigen. Bei dem genannten Polizeipräsidenten wird über die Verlustanzeigen eine Kartei geführt. Auf Antrag und Kosten der anzeigenden Behörde erfolgt die Veröffentlichung des Verlustes im Deutschen Fahndungsblatt.

Wird ein abhandengekommener Paß als wiedergefunden gemeldet, so ist dies gleichfalls der vorgenannten Stelle bei dem Polizeipräsidenten in Berlin durch Postkarte anzuzeigen.

Zu § 17: I. Für die Verlängerung, ebenso wie für die Ausstellung eines Passes ist die Paßbehörde zuständig, in deren Bezirk der Paßbewerber seinen Wohnsitz oder mangels eines solchen seinen dauernden Aufenthalt hat. Nur mit Zustimmung dieser Behörde darf eine andere Paßbehörde den Paß verlängern. Die Paßbehörde, die einen Paß ausgestellt hat, ist also zu seiner Verlängerung nur dann ermächtigt, wenn die Voraussetzungen des § 17 a und b gegeben sind.

II. Die deutschen Vertretungen im Auslande können von der Einholung der Zustimmung zur Verlängerung der Geltungsdauer eines Passes absehen,

1. wenn der Paß lediglich zur Rückreise in das Reichsgebiet benutzt werden soll;

2. wenn ein schleuniger Antritt der Reise geboten ist und die Zustimmung der Behörde, die den Paß ausgestellt hat, nicht rechtzeitig erlangt werden kann.

Die Verlängerung ist dem Reisezweck entsprechend zu beschränken und der ausstellenden Behörde unverzüglich mitzuteilen.

III. Die von den deutschen Vertretungen im Auslande ausgestellten Pässe dürfen von einer inländischen Behörde nur mit ausdrücklicher Zustimmung der jeweils in Betracht kommenden deutschen Vertretung auf die von dieser genehmigte Dauer verlängert werden, es sei denn, daß der Paßinhaber seinen Wohnsitz oder dauernden Aufenthalt in das Reichsgebiet verlegt hat.

Zu § 18: Die Verlängerung eines Passes ist, wenn sie von der Behörde vorgenommen wird, die den Paß ausgestellt hat, in Spalte „Bemerkungen" des Paßregisters einzutragen. Andernfalls ist die Verlängerung wie die Ausstellung eines neuen Passes in das Paßregister besonders einzutragen.

Zu § 19: Die Ergänzungsbestimmung zu § 18 findet entsprechende Anwendung.

Zu § 21: Gegen die Entziehung eines Passes sind die im § 127 des Landesverwaltungsgesetzes vorgesehenen Rechtsmittel gegeben.

Zu § 22: Die Ergänzung ist der Behörde, die den Paß ausgestellt hat, mitzuteilen.

Die Ergänzung des Passes kann, wenn hierzu die Zeit zwischen der Verehelichung und einem etwaigen Grenzübertritt nicht ausreicht, in einwandfreien Fällen bereits am Tage vor der Eheschließung vorgenommen werden.

Die Ergänzungsbestimmung zu § 18 findet entsprechende Anwendung.

Zu § 23: Die Nichtbeachtung der Bestimmung, daß Pässe, die in den angegebenen wesentlichen Punkten den Vorschriften nicht entsprechen, ungültig sind, kann dazu führen, daß Personen, die ohne gültigen Paß an der deutschen Grenze eintreffen, und aus diesem Grunde nach § 74 zurückgewiesen werden, Ersatz des ihnen durch die Zurückweisung erwachsenen Schadens verlangen und daß gegebenenfalls der schuldige Beamte oder Angestellte zur Schadensersatzleistung herangezogen werden muß. Die genaue Befolgung der bei der Ausstellung von Pässen zu beachtenden Bestimmungen wird daher den Paßbehörden zur besonderen Pflicht gemacht.

Zu § 24: Die Erledigung der von ausländischen Vertretungen an deutsche Polizeibehörden gerichteten Ersuchen um Aushändigung von Pässen an fremde Staatsangehörige und um Einziehung der dafür zu entrichtenden Gebühren gehört nicht zu den Obliegenheiten deutscher Behörden. Das gleiche gilt von der Erledigung von Ersuchen um Einziehung abgelaufener oder sonst ungültig gewordener Pässe und Übersendung derselben an die Vertretung des Heimatstaates des Paßinhabers. Derartige Anträge sind abzulehnen. Vergleiche aber Ergänzungsbestimmung II zu § 16.

Zu § 25: I. Aufenthaltsbescheinigungen, die nach ihrem Vordruck nur gültig in Verbindung mit einem Paß oder Paßersatz sein sollen, dürfen nichtdeutschen Personen nur ausgestellt werden, wenn der Paß oder Paßersatz nach deutschem Paßrecht als gültig anzusehen ist. Andernfalls ist zunächst die Beschaffung eines ordnungsmäßigen Ausweispapiers zu verlangen.

II. Die vom Vatikan und dessen Nuntiaturen ausgestellten Pässe sind anzuerkennen.

Nicht anzuerkennen sind:

1. Die Pässe der Regierungen und Vertretungen

a) von Rußland vor Errichtung der Sowjetrepublik,

b) der weißruthenischen Volksrepublik (Weiß-Rußland),

c) der Westukraine (Ostgalizien),

d) der ehemaligen ukrainischen Volksrepublik,

e) der ehemaligen demokratischen Republik in Georgien, z. B. der früheren Georgischen Gesandtschaft in Berlin, Brücken-Allee,

f) der ehemaligen demokratischen Republik Armenien,

g) von Asserbeidschan;

2. die von den inneren Behörden in den zu 1. aufgeführten Gebieten vor der Errichtung der Sowjetherrschaft ausgestellten Pässe;

3. die Pässe der russischen Delegationen, Vertrauensstellen für Flüchtlinge usw., insbesondere

a) der Vertrauensstelle für russische Flüchtlinge in Berlin NW 40, In den Zelten 16,

b) der Vertrauensstelle für ukrainische Flüchtlinge in Berlin W 35, Am Karlsbad 2, III,

c) der armenischen Vertrauensstelle in Berlin-Schöneberg, Schwäbischestr. 7 (Nollendorf 1584),

4. die von der interalliierten Kommission oder den fremden Besatzungsorganen in Konstantinopel für türkische Staatsangehörige ausgestellten Pässe.

III. Nach den britischen Bestimmungen können in britische Familienpässe Kinder bis zu 16 Jahren aufgenommen werden. Diese Pässe können daher auch insoweit anerkannt werden, als darin Kinder im Alter zwischen 15 und 16 Jahren aufgeführt sind.

Zu § 26: I. Zur Berichtigung eines Druckfehlers ist in der Bekanntmachung „C. Paßersatz" und „1. Allgemeines" vor § 27 zu setzen.

II. Fremdenpässe werden u. a. von den Niederlanden, Österreich und der Schweiz ausgestellt.

Zu § 27: I. Mit Lichtbild, Personenbeschreibung und Unterschrift des Inhabers versehene Ausweise, die militärischen Mitgliedern einer im Reichsgebiet tätigen interalliierten Kontrollkommission von der zuständigen interalliierten Militärbehörde ausgestellt werden, sind als Paßersatz zugelassen.

Das Gleiche gilt für die Ausweise, welche die Reparationskommission einschließlich der Sektion Österreich für ihre Mitglieder in französischer, englischer und deutscher Sprache und mit der Überschrift „Reparation Commission — Commission des Reparations — Reparationskommission ausstellt.

II. Als Paßersatz gelten nicht:

1. Matrikelscheine und Nationalitätszeugnisse, die eine auswärtige Vertretung im Reichsgebiet ihren hier lebenden Staatsangehörigen ausstellt;

2. Heimatscheine ausländischer Staatsangehöriger;

3. von der bevollmächtigten Vertretung (Botschaft) der Union der R. S. S. R. für im Reichsgebiet sich aufhaltende russische Staatsangehörige ausgestellte „zeitweilige Bescheinigungen für den Aufenthalt im Auslande";

4. von der bevollmächtigten Vertretung der ukrainischen sozialistischen Räterepublik ausgestellte „zeitweilige Ausweise".

Zu § 28: Kinderausweise werden zum Teil von ausländischen Staaten (z. B. der Tschechoslowakei) nicht anerkannt. Erforderlichenfalls sind daher auch Kindern unter 15 Jahren Einzelpässe auszustellen (vgl. § 2 Abs. 3).

Zu § 29: I. Die Reichsdruckerei in Berlin SW 68, Oranienstraße 90/91, hält unter der Bezeichnung A 54 Vordrucke für die Personalausweise vorrätig.

II. Die Paßbehörden haben über die ausgestellten Personalausweise unter fortlaufender Nummer Buch zu führen. Die Eintragungen haben die aus der Ergänzungsbestimmung I zu § 9 ersichtlichen Angaben zu enthalten.

III. Die Ausstellung von Personalausweisen kommt beispielsweise in Frage bei Staatlosen; bei Personen, deren Staatsangehörigkeit zweifelhaft ist; bei Personen, für die eine zur Ausstellung eines ordnungsmäßigen Passes zuständige auswärtige

Vertretung fehlt; bei deutschstämmigen Flüchtlingen aus den ehemals russischen Gebieten.

IV. Im Reichsgebiet lebende tschechoslowakische Staatsangehörige, die gemäß Art. 13 des deutsch-tschechoslowakischen Staatsangehörigkeits-Vertrages vom 29. 6. 1920 (RGBl. S. 2284) ihre Entlassung aus dem tschechoslowakischen Staatsverband beantragt und dabei ihre Ausweispapiere den zuständigen tschechoslowakischen Behörden übersandt haben, können in geeigneten Fällen angemessen befristete Personalausweise erhalten, wenn die zuständige Landesregierung dem Einbürgerungsantrage stattgeben will und anzunehmen ist, daß von den anderen Landesregierungen nicht gemäß § 9 des Reichs- und Staatsangehörigkeitsges. vom 22. 7. 1913 (RGBl. S. 583) Bedenken erhoben werden.

V. Im Reichsgebiet lebende russische, ukrainische und armenische Flüchtlinge, die auf Grund von Verordnungen ihrer Regierungen ihre Staatsangehörigkeit verloren haben, sind zur Beschaffung von Nationalpässen nicht an die Vertretungen ihrer Heimatstaaten im Reichsgebiet zu verweisen, sondern können mit Personalausweisen oder gegebenenfalls mit Sonderausweisen (§§ 87—90) versehen werden.

Bei Zweifeln über die Flüchtlingseigenschaft sind zweckmäßig die Vertretung des Völkerbundes für russische Flüchtlingsangelegenheiten in Berlin SW 11, Königgrätzerstr. 28, oder eine der in der Ergänzungsbestimmung II Nr. 3 zu § 25 genannten Vertrauensstellen zu hören. Die zuständigen Behörden haben indes über die Verwertung der erteilten Auskünfte sowie über etwaige Empfehlungsschreiben und Anträge der genannten Stellen auf Ausstellung der fraglichen Ausweise nach freiem Ermessen zu entscheiden.

VI. Die deutschen Vertretungen in den amerikanischen Staaten können nach Rußland über das Reichsgebiet zurückkehrenden, russischen Staatsangehörigen, denen die Beschaffung gültiger Reisepapiere (Sowjetpässe) nicht möglich ist, in Ausnahmefällen Personalausweise mit kurzfristigem Durchreisesichtvermerk ausstellen, wenn die Einreiseerlaubnis der Union der R. S. S. R. und die Durchreisesichtvermerke etwaiger Zwischenländer vorliegen. Die Personalausweise sind mit folgendem Vermerke zu versehen:

„Nur gültig zur Durchreise durch das Reichsgebiet nach Rußland bis zum . . . Verlängerung oder Abänderung des Personalausweises und des Sichtvermerkes ist unzulässig.“

Bei der Wiederausreise aus dem Reichsgebiet hat die Grenzübergangsstelle den Rückwanderern die Personalausweise abzunehmen und durch den zuständigen Regierungspräsidenten nach Anbringung eines Vermerks über den Zeitpunkt des Grenzübertritts mit kurzem Berichte dem Auswärtigen Amt zu übersenden.

VII. Die Spalte „Staatsangehörigkeit“ ist in Personalausweisen für Personen, deren Staatsangehörigkeit zweifelhaft ist, mit „unbekannt“ auszufüllen.

Der Vordruck „frühere (Staatsangehörigkeit) . . ., bis wann . . .“ ist nur bei Staatlosen auszufüllen.

VIII. Das Personalausweismuster darf für andere Ausweise, z. B. für den Verkehr mit Ostpreußen und mit dem besetzten Gebiete, nicht verwendet werden. Auch ist für andere Ausweise die Bezeichnung „Personalausweis“ zu vermeiden.

Zu § 33: Die Geltungsdauer von Personalausweisen, die vor dem Inkrafttreten der Bekanntmachung auf eine kürzere als die im § 33 vorgesehene Frist ausgestellt worden sind, ist auf Antrag auf ein Jahr — gerechnet vom Tage der Ausstellung ab — zu verlängern, wenn nicht besondere Umstände die Beschränkung der Geltungsdauer auf eine kürzere Frist geboten erscheinen lassen.

Zu § 34: I. Bei Verwendung von noch vorhandenen Personalausweisvordrucken nach dem im RGBl. 1916 S. 609 vorgesehenen Muster sind die Worte „Ausgestellt als Paßersatz für den Aufenthalt im Reichsgebiet“ zu streichen.

II. Der Personalausweis gibt dem Inhaber kein Recht zum Aufenthalt im Reichsgebiet.

Personalausweisinhabern im Inland dürfen Rückreise- und Dauersichtvermerke nur unter den Voraussetzungen des § 54 Abs. 1 erteilt werden.

Personalausweisinhaber im Ausland haben keinen Anspruch auf Erteilung deutscher Sichtvermerke.

Zu § 39: I. Die Ergänzungsbestimmungen I zu § 8, I, II und IV zu § 11, zu § 12, zu § 13, I, II Satz 1 und III zu § 16, zu §§ 19, 21, 22 und 23 sind bei der Behandlung der Anträge auf Ausstellung von Personalausweisen entsprechend anzuwenden.

II. Im Falle des § 39 Abs. 2 sind die Fristen so zu bestimmen, daß dem Personalausweisinhaber zur Vorbereitung und Durchführung seiner Ausreise eine angemessene Zeit — in der Regel mindestens 1 Monat — zur Verfügung steht.

Zu § 40: Mit Sichtvermerken dürfen nur ordnungsmäßige noch gültige Pässe oder als Paßersatz zugelassene Ausweispapiere versehen werden. Die Anbringung von Sichtvermerken auf anderen Papieren oder auf besonderem Bogen ist unzulässig.

Zu § 42: I. Für die Erteilung von Sichtvermerken sind in Preußen die aus der Anlage II ersichtlichen Behörden zuständig.

II. Die Ergänzungsbestimmung I zu § 1 findet entsprechende Anwendung.

III. Deutsche Wahlkonsuln dürfen Sichtvermerke nicht erteilen, soweit nicht vom Auswärtigen Amt Ausnahmen angeordnet sind.

IV. Die Schwedische Gesandtschaft in Konstantinopel, bei der eine deutsche Abteilung besteht, ist ermächtigt, im Rahmen der geltenden deutschen Bestimmungen Sichtvermerke zu Reisen in und durch das Reichsgebiet zu erteilen.

Das Gleiche gilt für das Spanische Konsulat in Jerusalem, dem ein höherer deutscher Beamter beigegeben ist.

Zu § 47: I. Die Sichtvermerksvordrucke sind in lateinischer Schrift auszufüllen.

II. Im Sichtvermerksvordruck freibleibende Stellen sind durch Längsstriche gegen unbefugte Einfügung von Zusätzen zu sichern.

III. Der Reisezweck ist in der Regel durch Ausdrücke wie „geschäftlich", „studienhalber", „Kuraufenthalt", „Familienangelegenheiten" zu umschreiben.

IV. Bei geringem Verkehr können die Sichtvermerke auch handschriftlich (in lateinischer Schrift) eingetragen werden.

V. Von der Anbringung des Adlerstempels auf dem Sichtvermerksstempel selbst ist zur Erschwerung von Fälschungen Abstand zu nehmen. Dem Sichtvermerk ist daher in jedem Falle ein Abdruck des Adlerstempels beizufügen.

Zu § 48: Die Sichtvermerksbehörden haben über die erteilten Sichtvermerke unter fortlaufender Nummer Buch zu führen. Die Eintragungen müssen folgende Angaben enthalten:

1. Lfd. Nr. 2. Tag der Erteilung. 3. Art des Sichtvermerks. 4. Geltungsdauer. 5. Reisezweck und Reiseziel. 6. Grenzstelle. 7. Vor- und Zuname. 8. Staatsangehörigkeit. 9. Wohn- oder ständiger Aufenthaltsort des Paßinhabers. 10. Nr. des Passes. 11. Tag der Ausstellung des Passes. 12. Behörde, die den Paß ausgestellt hat. 13. Bezahlte Gebühr. (Bei Ausnahmesichtvermerken ist die Reichs- und Landesgebühr getrennt anzugeben). 14. Bemerkungen.

Zu § 49: Die Geltungsdauer eines Sichtvermerks, der in einen Fremdenpaß (§ 26) eingetragen wird, muß sich sowohl innerhalb der Geltungsdauer des Passes als auch innerhalb der in dem Paß vermerkten Frist für die Rückkehr des Inhabers in den Staat, dessen Behörde den Paß ausgestellt hat, halten.

Zu § 50: I. Auf die neue Form des Sichtvermerkes mit einer Geltungsdauer von höchstens einer Woche unter Festsetzung einer Nutzungsfrist, die zwei Monate nicht übersteigen darf, wird besonders hingewiesen. Der Sichtvermerk in der neuen Form bezweckt, dem Reisenden die Möglichkeit zu bieten, aus der durch die Vd. v. 27. 6. 1924 (RGBl. I S. 657) erfolgten Herabsetzung der Gebühren für kurzfristige Sichtvermerke (2.— Gm. bei einer Geltungsdauer von drei Tagen, 5.— Gm. bei einer Geltungsdauer von einer Woche) Nutzen zu ziehen.

II. Ergibt sich der Tag des ersten Grenzübertrittes nicht aus dem Paß (Paßersatz) des Reisenden, so gilt als Tag des ersten Grenzübertritts spätestens der Tag, an dem der Reisende zum ersten Male der inländischen polizeilichen Kontrolle (z. B. der Zugkontrolle, polizeilichen Anmeldung) begegnet.

III. Die Nutzungsfrist des Sichtvermerkes soll dem Inhaber einen den Umständen des Falles anzupassenden Spielraum für den Gebrauch des Sichtvermerks geben. Bei ihrer Festsetzung ist auch die Zeit für die etwaige Vorbereitung der Reise und für ihre Durchführung bis zum Grenzübertritt zu berücksichtigen.

Zu § 52: I. Bei Zweifeln an der Echtheit oder Richtigkeit der vom Sichtvermerksbewerber vorgelegten Ausweispapiere, Nachweise oder Belege ist der Sichtvermerk erst nach Behebung der Zweifel zu erteilen. Die erforderlichen Erkundigungen sind je nach Dringlichkeit schriftlich oder drahtlich auf Kosten des Bewerbers einzuziehen.

II. Ausländische Pässe Reichsangehöriger dürfen mit Sichtvermerken nicht versehen werden; derartige Paßinhaber sind zur Beschaffung deutscher Pässe zu veranlassen. Dies gilt nicht für Pässe, die eine mit dem Schutze der deutschen Belange betraute fremde Vertretung für Reichsangehörige ausgestellt hat.

III. Die Ergänzungsbestimmungen zu § 11 I u. II finden bei Erteilung von Sichtvermerken entsprechende Anwendung.

Ein gesetzliches Hindernis bei der Einreise bildet u. a. die Ausweisung des Sichtvermerksbewerbers aus dem Reichsgebiet.

IV. Nichtdeutschen Personen, die aus einem deutschen Lande ausgewiesen sind, ist der Einreisesichtvermerk zu versagen.

Die deutschen Vertretungen im Ausland können ausnahmsweise einen Sichtvermerk zur Einreise in ein anderes als das ausweisende Land erteilen, wenn

a) eine Äußerung der Ausweisungsbehörde über den Grund der Ausweisung und die Persönlichkeit des Ausgewiesenen eingeholt worden ist und

b) die über den Sachverhalt verständigte Zentralbehörde des Ziellandes zugestimmt hat.

Von der Anhörung der zu a) und b) genannten Behörden kann abgesehen werden, wenn die Notwendigkeit einer sofortigen Reise einwandfrei nachgewiesen wird.

V. Gestrichen.

VI. Nichtdeutsche Personen bedürfen zur Erlangung eines Einreisesichtvermerkes einer Zuzugsgenehmigung der zuständigen Polizeibehörde in Preußen nur, wenn sie einen vorübergehenden Aufenthalt von mehr als 6 Monaten oder dauernde Übersiedlung beabsichtigen (vgl. aber § 52 III b und Ergänzungsbestimmungen XI und XII zu § 52). Will der Sichtvermerksbewerber sich an verschiedenen Orten des preußischen Staatsgebietes vorübergehend mehr als 6 Monate lang aufhalten, so bedarf er nur der Zuzugsgenehmigung der Polizeibehörde des ersten Zielortes.

Dies gilt unbeschadet der Pflicht der Polizeibehörde, in eine Prüfung von Anträgen auf Erteilung von Zuzugsgenehmigungen stets dann einzutreten, wenn ersichtlich ist, daß solche Anträge auf Veranlassung einer deutschen Vertretung im Ausland gestellt werden. Andernfalls ist der Antragsteller zunächst an die zuständige deutsche Vertretung im Ausland zu verweisen.

VII. Vor Erteilung einer Zuzugsgenehmigung ist die für den Zuzugsort mit der Wohnungsverteilung beauftragte Behörde zu hören. An die Entscheidung dieser Behörde ist die Polizeibehörde grundsätzlich gebunden. Will die letztere abweichend von der Ansicht der Wohnungsbehörde die Zuzugsgenehmigung erteilen, so hat sie die Entscheidung ihrer vorgesetzten Dienstbehörde einzuholen.

Wird ein vorübergehender Aufenthalt von mehr als 6 Monaten an verschiedenen Orten des preußischen Staatsgebiets beabsichtigt, so kann die Polizeibehörde des ersten Zielortes die Zuzugsgenehmigung ohne Anhörung der Wohnungsbehörde erteilen.

VIII. Nichtdeutschen Personen, die zur Erlangung eines Einreisesichtvermerkes selbst oder durch dritte Personen um Zuzugsgenehmigung nachsuchen, darf die polizeiliche Entscheidung nicht unmittelbar mitgeteilt werden; sie ist vielmehr der zuständigen deutschen Vertretung im Ausland zuzuleiten.

IX. Die deutschen Vertretungen im Ausland sind ermächtigt, den Familienangehörigen der Offiziere und Unteroffiziere der im Reichsgebiet tätigen Kontrollkommissionen auf Antrag einfache Sichtvermerke zur Reise in das Reichsgebiet für die Dauer des Kommandos des Familienhaupts ohne Vorlegung einer Zuzugsgenehmigung zu erteilen. Ein Anspruch auf gebührenfreie Sichtvermerkserteilung steht diesen Personen nicht zu.

X. Von Sichtvermerksbewerbern, die nachweislich ihren Wohnsitz oder dauernden Aufenthalt im Reichsgebiet haben, ist bei Wiedereinreisen die Beibringung der polizeilichen Zuzugsgenehmigung nicht zu verlangen. Die Berufung auf einen abgelaufenen Aus- und Wiedereinreisesichtvermerk genügt indes nicht.

XI. Als „Arbeiter" im Sinne des § 52 III b gelten:

1. Arbeiter, Gesellen, Hausgehilfen,
2. Hausgewerbetreibende,
3. Gehilfen und Lehrlinge, soweit sie nicht nach Abs. 3 b—i ausgenommen sind.

Voraussetzung ist, daß die unter 1 bezeichneten Personen und die unter 3 aufgeführten Gehilfen gegen Entgelt beschäftigt werden. Lehrlinge sind als Arbeiter im Sinne dieser Bestimmungen auch dann anzusehen, wenn sie **ohne** Entgelt beschäftigt werden.

Nicht als „Arbeiter" im Sinne der Bestimmungen gelten

a) in der See- oder Binnenschiffahrt beschäftigte ausländische Arbeiter,

b) die Familienangehörigen des Arbeitgebers,

c) Angestellte in leitender Stellung,

d) Betriebsbeamte, Werkmeister und andere Angestellte in einer ähnlich gehobenen oder höheren Stellung,

e) Bureauangestellte, wenn sie nicht ausschließlich mit Botengängen, Reinigung, Aufräumung und ähnlichen Arbeiten beschäftigt werden, einschließlich der Bureaulehrlinge und Werkstattschreiber,

f) Handlungsgehilfen und Handlungslehrlinge, andere Angestellte für kaufmännische Dienste, auch wenn der Gegenstand des Unternehmens kein Handelsgewerbe ist, Gehilfen und Lehrlinge in Apotheken,

g) Bühnenmitglieder und Musiker ohne Rücksicht auf den Kunstwert ihrer Leistungen,

h) Angestellte in Berufen der Erziehung, des Unterrichts, der Fürsorge, der Kranken- und Wohlfahrtspflege,

i) die gesamten Besatzungen deutscher See- und Binnenfahrzeuge.

Für die Erteilung der Zuzugsgenehmigung an ausländische Arbeiter sind folgende Behörden zuständig:

In Preußen: die Regierungspräsidenten und der Polizeipräsident in Berlin;

in Bayern: die Polizeidirektionen in München, Nürnberg und Fürth; die Bezirkspolizeibehörden und die Bezirksamtsaußensitze;

in Sachsen: die Kreishauptmannschaften in Dresden, Leipzig, Chemnitz, Zwickau, Bautzen, die Polizeipräsidien Dresden, Leipzig, Chemnitz, das Polizeiamt Plauen, die Amtshauptmannschaften und die Stadträte mit der vorm. rev. Städteordnung;

in Württemberg: das Polizeipräsidium Stuttgart und die Oberämter;

in Baden: die Bezirksämter;

in Thüringen: die Kreis- und Stadtdirektoren;

in Hessen: die Kreisämter und die Oberbürgermeister in Darmstadt, Gießen, Offenbach, Mainz und Worms;

in Hamburg: die Polizeibehörde in Hamburg für das Gebiet der Stadt Hamburg und der Landherrnschaften der Geest-

Marschlande, die Landherrnschaften Bergedorf und Ritzebüttel für das übrige Landgebiet;

in Mecklenburg-Schwerin: das Ministerium des Innern in Schwerin;

in Braunschweig: die Kreisdirektionen und für die Stadt Braunschweig der Rat der Stadt Braunschweig;

in Oldenburg: das Ministerium des Innern für den Landesteil Oldenburg; die Regierungen Eutin und Birkenfeld für die Landesteile Lübeck und Birkenfeld;

in Anhalt: die Anhaltische Regierung, Abteilung des Innern (Wirtschaftsabteilung);

in Bremen: die Polizeikommission in Bremen; der Senatskommissar in Bremen für die Hafenstädte Vegesack und Bremerhaven;

in Lippe: die Regierung in Detmold;

in Lübeck: das Polizeiamt in Lübeck;

in Mecklenburg-Strelitz: das Ministerium, Abteilung des Innern, in Neustrelitz;

in Waldeck: der Landesdirektor in Arolsen;

in Schaumburg-Lippe: die Landesregierung in Bückeburg.

Vor Erteilung der Zuzugsgenehmigung haben die hiernach in Preußen zuständigen Behörden, auch wenn nur ein vorübergehender Aufenthalt von kürzerer Dauer als 6 Monate (vgl. Ziff. VI) beabsichtigt ist, das zuständige Landesamt für Arbeitsvermittelung und die für den Zuzugsort mit der Wohnungsverteilung beauftragte Behörde zu hören. Die Zuzugsgenehmigung ist zu versagen, wenn das Landesamt die Genehmigung für die Beschäftigung des Arbeiters nicht erteilt oder eine Unterkunftsmöglichkeit nicht besteht.

XII. Vor Erteilung von Zuzugsgenehmigungen an ausländische Angestellte in nicht leitender Stellung ist das zuständige Landesamt für Arbeitsvermittlung gutachtlich zu hören[1]).

---

[1]) **Zuzugsgenehmigungen für ausländ. Angestellte in nicht leitender Stellung.** RdErl. d. MdJ. v. 14. 4. 1925 — IV E 205 (MBliV. S. 473).

Zur Behebung von Zweifeln bei Auslegung der Ergänz.-Best. VI, XI u. XII zu § 52 u. IV zu § 60 der Bek. zur Ausf.

XIII. Die vom Auswärtigen Amt ermächtigten deutschen Vertretungen im Osten können Durchreisesichtvermerke nach den Vereinigten Staaten von Amerika ohne Vorlegung eines amerikanischen Einreisesichtvermerkes an Reisende erteilen, die entweder vorausbezahlte Fahrscheine (sogenannte „Prepaids") besitzen oder die eine Bescheinigung einer Schiffahrtslinie oder deren Vertretung darüber beibringen, daß der Überfahrtspreis bezahlt ist und daß sie mit einem Schiffe der Linie befördert werden.

Die Durchreisesichtvermerke sind in grüner Farbe einzutragen. Gleichzeitig sind die Reisenden darauf hinzuweisen, daß sie sich vor der Einreise in das Reichsgebiet den erforderlichen amerikanischen Einreisesichtvermerk zu beschaffen haben, da sie andernfalls an der deutschen Grenze zurückgewiesen werden würden (vgl. Ergänzungsbestimmung zu § 74).

Zu § 53: die Ergänzungsbestimmung IV zu § 11 findet entsprechende Anwendung.

Zu § 54: Die Anwendung der im § 54 Abs. 2 für Dauersichtvermerke getroffenen Bestimmungen darf nicht dazu führen, daß Personen, denen die zuständige deutsche Vertretung im Ausland die Erteilung eines Dauersichtvermerkes versagt hat oder ver-

---

der Paßvd. (vgl. RdErl. v. 22. 9. 1924 — IV E 564, MBliV. S. 933) weise ich auf folg. hin:

Ausländische Angestellte in nicht leitender Stellung, die zur Aufnahme von Arbeit in das preuß. Staatsgebiet einreisen wollen, bedürfen ebenso wie ausländische Arbeiter zur Erlangung eines Einreisesichtvermerkes stets einer Zuzugsgenehmigung der zuständigen Pol.-Behörde, auch wenn ein Aufenthalt von weniger als 6 Monaten beabsichtigt ist. In Abweichung von den für die Einreise ausländischer Arbeiter getroffenen Bestimmungen wird jedoch die Zuzugsgenehmigung an ausländische Angestellte in nicht leitender Stellung durch die für den Zielort zuständige Ortspol.-Behörde erteilt und ist von der Zustimmung des Landesamts für Arbeitsvermittlung nicht abhängig. Dies ist nur gutachtlich zu hören, doch wird in der Regel kein Anlaß sein, von dem Gutachten des Landesamtes für Arbeitsvermittlung abzuweichen. Entsprechendes gilt bei der Verlängerung von Sichtvermerken ausländischer Angestellter in nicht leitender Stellung.

sagen würde, auf dem Umweg über eine inländische Sichtvermerksbehörde in den Besitz eines Dauersichtvermerkes gelangen.

Zu § 55: Die Polizeibehörden dürfen die zur Erlangung eines Sichtvermerkes erforderliche Zuzugsgenehmigung an nichtdeutsche Personen nicht von der Hinterlegung einer Sicherheit bei der zuständigen deutschen Vertretung im Ausland abhängig machen.

Zu § 57: Gegen die Versagung eines Sichtvermerkes sind die im § 127 des Landesverwaltungsgesetzes vorgesehenen Rechtsmittel gegeben.

Zu § 58: Die von den deutschen Vertretungen im Ausland an nichtdeutsche Personen erteilten Sichtvermerke sind während ihrer Geltungsdauer als Aufenthaltserlaubnisse für Preußen anzusehen, es sei denn, daß der Sichtvermerk ohne die erforderliche Zuzugsgenehmigung (§ 52 III a und Ergänzungsbestimmung VI zu § 52) erteilt worden ist.

Zu § 60: I. Das Bedürfnis für die Sichtvermerksverlängerung kann durch ärztliche Zeugnisse, Handelskammerbescheinigungen, Briefe usw. dargetan werden.

II. Die im Rahmen des § 60 zulässigen Sichtvermerksverlängerungen erfolgen ohne Anhörung der mit der Wohnungsverteilung beauftragten Behörden.

III. Ist nach den Bestimmungen des § 60 eine Sichtvermerksverlängerung nicht möglich, so kann die zuständige Behörde, wenn gegen einen weiteren Aufenthalt des Sichtvermerksinhabers keine Bedenken bestehen, gegebenenfalls eine widerrufliche Aufenthaltserlaubnis erteilen. In der Form dieser Aufenthaltserlaubnisse werden auch die amtlichen Bescheinigungen erteilt, die für die in Ziff. B II und III des Ausweisungserlasses vom 24. 8. 1923 — IV b 5671 (MBliV. S. 883) bezeichneten Ausländergruppen vorgesehen sind.

Die Vermerke über die Aufenthaltserlaubnis sind in den Paß (Paßersatz) einzutragen. Hierbei ist der Inhaber des Passes (Paßersatzes) darauf hinzuweisen, daß für den Fall der Ausstellung eines neuen Passes (Paßersatzes) die Übertragung des Vermerkes über die Aufenthaltserlaubnis durch diejenige Behörde erforderlich ist, die die Erlaubnis erteilt hat. Es empfiehlt sich, dem Inhaber des Passes (Paßersatzes) anheim zu geben, für den gedachten Fall bei der zur Ausstellung eines neuen Passes

(Paßersatzes) zuständigen Stelle eine beglaubigte Abschrift des Aufenthaltsvermerkes oder die Belassung des alten Passes (Paßersatzes) bis zur Übertragung des Vermerkes in den neuen Paß (Paßersatz) zu erbitten.

Die Ergänzungsbestimmung VII zu § 52 findet entsprechende Anwendung.

IV. Vor Verlängerung von Sichtvermerken ausländischer Angestellter in nicht leitender Stellung ist das zuständige Landesarbeitsamt gutachtlich zu hören, wenn nicht entgegenstehende Bestimmungen ergangen sind.

V. Anträge der ständigen Mitarbeiter der bevollmächtigten Vertretung (Botschaft) der Union der R. S. S. R. in Berlin auf Verlängerung von Sichtvermerken sind an die Paßstelle des Auswärtigen Amts in Berlin zu leiten.

Im übrigen ist das Auswärtige Amt bei Sichtvermerksverlängerungen nur zu beteiligen, wenn besondere politische Gründe es angezeigt erscheinen lassen.

VI. Wird durch die Verlängerung der Geltungsdauer eines nach § 50 Abs. 2 erteilten Sichtvermerkes die Nutzungsfrist überschritten, so gilt diese als bis zum Ende der neuen Geltungsdauer des Sichtvermerkes verlängert.

Zu § 63: Die deutschen Sichtvermerksbehörden im Ausland sind angewiesen, zur Abänderung oder Verlängerung von Sichtvermerken, die einen Zusatz wie „Verlängerung oder Abänderung unzulässig" tragen, ihre Zustimmung nicht zu erteilen. Anträge auf Erteilung einer solchen Zustimmung sind daher zu unterlassen.

Zu §§ 66 u. 67: I. Ungültige sowie abgelaufene und erschöpfte Sichtvermerke sind deutlich, z. B. durch Aufdruck eines Stempels „Ungültig" oder durch Streichung zu kennzeichnen.

II. Wegen der etwaigen Haftung von Beamten oder Angestellten bei Ersatzansprüchen von Reisenden für Schäden, die ihnen durch Zurückweisung an der Grenze oder auf andere Weise aus Fehlern erwachsen, die bei der Erteilung von Sichtvermerken vorgekommen sind, wird auf die Ergänzungsbestimmung zu § 23 verwiesen.

Zu § 68: I. Die Ermächtigung zur Ausstellung von Sammellisten als Paßersatz, soweit es sich um gemeinschaftliche Reisen von Ausländern handelt, zur Erteilung von Sammelsichtvermerken wird den Regierungspräsidenten und dem Polizeipräsidenten in Berlin erteilt. Eine weitere Übertragung dieser Ermächtigung an nachgeordnete Behörden ist unzulässig.

II. Politischen Vereinigungen ist die Ausstellung von Sammellisten als Paßersatz und gegebenenfalls die Erteilung von Sammelsichtvermerken in der Regel zu versagen. Ebenso ist die Ausstellung von Sammellisten zu versagen, wenn bei gemeinschaftlichen Reisen von Reichsangehörigen zu befürchten ist, daß durch ihr Verhalten z. B. mittellos wandernder Jugendgruppen, das deutsche Ansehen im Auslande gefährdet wird.

III. Zuständig für die Ausstellung von Sammellisten als Paßersatz und gegebenenfalls für die Erteilung von Sammelsichtvermerken ist der Regierungspräsident, in dessen Bezirk die Mehrzahl der Reiseteilnehmer ihren Wohnsitz oder dauernden Aufenthalt hat, bei Vereinen oder sonstigen Vereinigungen mit oder ohne juristische Persönlichkeit der Regierungspräsident, in dessen Bezirk der Verein oder die Vereinigung den Sitz hat. Letzteres gilt auch dann, wenn dem Verein oder der Vereinigung Mitglieder angehören, die ihren Wohnsitz oder dauernden Aufenthalt außerhalb Preußens haben.

Bei Entsendung erholungsbedürftiger Kinder ins Ausland bereitet der Verein „Landaufenthalt für Stadtkinder" E. V. in Berlin W 9, Potsdamerstr. 134 a, die Sammellisten vor. Zuständig für die Zulassung dieser Listen als Paßersatz und gegebenenfalls für die Erteilung der Sammelsichtvermerke sind ohne Rücksicht darauf, ob die Kinder in Preußen oder in einem anderen deutschen Lande ihren Wohnsitz oder dauernden Aufenthalt haben, der Polizeipräsident in Berlin und, soweit es sich um Transporte nach Holland handelt, die Regierungspräsidenten in Osnabrück und Düsseldorf und für Transporte in die Schweiz der Regierungspräsident in Merseburg.

IV. Sammellisten, die als Paßersatz zugelassen werden sollen, sind in dreifacher Ausfertigung einzureichen; sie müssen Vor- und Zunamen, Geburtstag und -ort, Staatsangehörigkeit, Beruf und Wohnung der Teilnehmer an der gemeinschaftlichen Reise angeben.

Eine Ausfertigung der als Paßersatz zugelassenen und gegebenenfalls mit Sammelsichtvermerk versehenen Liste erhalten die Reiseteilnehmer; eine weitere Ausfertigung ist der in Frage kommenden Grenzübergangsstelle unter gleichzeitiger Mitteilung des Sachverhalts zu übersenden; eine Ausfertigung verbleibt bei der Behörde, welche die Zulassung vorgenommen hat.

Bei Anträgen auf Ausstellung von Sammellisten [1]) als Paßersatz ist zunächst stets sorgfältig zu prüfen [1]), ob eine einwandfreie Führung der Reiseteilnehmer im Auslande gewährleistet ist und ob ausreichende Geldmittel zur Durchführung der Reiseabsichten zur Verfügung stehen. Sodann ist jedesmal bei dem Auswärtigen Amt, und zwar unmittelbar anzufragen [1]), ob hinsichtlich der Wahl des Reiseziels etwa außenpolitische Bedenken bestehen.

Bei den vom Verein „Landaufenthalt für Stadtkinder" vorbereiteten Reisen erholungsbedürftiger Kinder ins Ausland (vgl. Ziff. III Abs. 2 der Erg.-Best. zu § 68) bedarf es der Anfrage beim Auswärtigen Amte nicht. Das gleiche gilt in denjenigen Fällen, in denen Sammellisten als Paßersatz und Sammelsichtvermerke für Reisen zur Pflege des nachbarlichen Verkehrs der Grenzbevölkerung benötigt werden. (MdI. v. 2. 7. 1925 — IV E 247 — MBliV. S. 757.)

Zu § 69: I. Als „in gesundheitlicher Beziehung einwandfrei" sind Durchwanderer u. a. nur anzusehen, wenn sie entlaust sind.

II. Die deutschen Vertretungen im Ausland haben die Erteilung von Sammelsichtvermerken an Durchwanderer möglichst frühzeitig und nötigenfalls drahtlich der zuständigen Zentralbehörde der auf der Durchreise berührten Länder anzuzeigen, damit die polizeiliche Überwachung der Transporte sichergestellt werden kann. Die Anzeige soll die Zahl der Durchwanderer,

---

[1]) Erweiterung durch RdErl. v. 2. 7. 1925 (MBliV. S. 757). Hierzu:

Ausstellung von Sammellisten als Paßersatz. RdErl. d. MdI. v. 27. 3. 1926 — IV E 209 (MBliV. 1926 S. 341.)

Im Interesse einer beschleunigten Ausstellung von Sammellisten als Paßersatz kann von der durch RdErl. v. 2. 7. 1925 — IV E 247 (MBliV. S. 757) angeordneten vorherigen Anfrage beim Auswärtigen Amt Abstand genommen werden, sofern nicht im Einzelfalle gegen die Ausstellung der Sammelliste Bedenken außenpolitischer Art bestehen.

die Art ihrer Durchbeförderung, den Reiseweg, die Fahrzeiten und den Namen des Beförderungsunternehmers angeben. Die gleiche Anzeige ist unverzüglich auch dem Reichsminister des Innern und dem Auswärtigen Amt zu erstatten.

Zu § 71: Der kleine Grenzverkehr ist u. a. zwischenstaatlich geregelt:

mit Polen durch das deutsch-polnische Abkommen über Erleichterungen des Grenzverkehrs vom 29. 4. 1922 — RGBl. II S. 719 — (vgl. auch Verordnung des Pr. Staatsmin. vom 2. 5. 1923 — MBliV. S. 564),

mit Dänemark durch die Abkommen zwischen dem Deutschen Reich und Dänemark über die erleichterten Paßvorschriften für die Bewohner der deutsch-dänischen Grenzgebiete und über den kleinen Grenzverkehr vom 23. 10. 1920.

Über Oberschlesien vgl. § 95 und Ergänzungsbestimmung dazu.

Zu § 72: Der Vorbehalt ist ausschließlich. Die Übertragung der Befugnis zur Befreiung vom Paß- und Sichtvermerkszwange auf nachgeordnete Behörden kommt nicht mehr in Frage. In den Fällen, in denen früher gemäß § 5 der Paßverordnung vom 10. 6. 1919 (RGBl. S. 516) Befreiung vom Paß- und Sichtvermerkszwang zulässig war, wird nunmehr in der Regel die Ausstellung einer Sammelliste als Paßersatz und die Erteilung eines Sammelsichtvermerkes nach § 68 oder die Erteilung eines Ausnahmesichtvermerkes nach § 78 ff. erfolgen können.

Zu § 73: Amerikanische Staatsangehörige unterliegen auch für Reisen in das besetzte Gebiet dem Paß- und Sichtvermerkszwang, da die amerikanischen Besatzungstruppen inzwischen aus dem Reichsgebiet zurückgezogen sind.

Zu § 74: Inhaber von Durchreisesichtvermerken in grüner Farbe sind an der Eingangsgrenze zurückzuweisen, wenn sie den amerikanischen Einreisesichtvermerk nicht besitzen (vgl. Ergänzungsbestimmung XIII zu § 52).

Zu § 78: I. Die Regierungspräsidenten in Königsberg i. Pr., Köslin, Stettin, Stralsund, Schleswig, Lüneburg, Stade und Aurich sind befugt, die Grenzbehörden der Hafenorte zur Erteilung von Ausnahmesichtvermerken nach Maßgabe der §§ 78 ff. zu ermächtigen. Die gleiche Befugnis erhält der Regierungspräsident in Osnabrück für die Polizeidirektion in Osnabrück hinsichtlich Reisender in solchen Zügen, in denen die Paßnachschau auf der Strecke Bentheim—Osnabrück erfolgt, und für den Landrat in Bentheim. Letzterer kann auch ermächtigt werden, für besondere Ausnahmefälle (z. B. wenn Reisende außerhalb der Dienststunden des Landratsamtes in Bentheim eintreffen) die Befugnis zur Erteilung von Ausnahmesichtvermerken auf den Leiter des Grenzkommissariats in Bentheim zu übertragen.

Die hiernach zur Erteilung von Ausnahmesichtvermerken ermächtigten Behörden sind dem Ministerium des Innern alsbald mitzuteilen. Sie haben, auch soweit sie nicht zugleich Sichtvermerksbehörden sind, über die erteilten Ausnahmesichtvermerke unter fortlaufender Nummer Buch zu führen. Die Eintragungen müssen die aus der Ergänzungsbestimmung zu § 48 ersichtlichen Angaben enthalten. Sie sind am 1. 1., 1. 4., 1. 7. und 1. 10. jeden Jahres für die Zeit der diesen Terminen jeweils vorhergegangenen 3 Monate zusammenzustellen und dem Ministerium des Innern in doppelter Ausfertigung einzureichen. Erstmalige Einreichung dieser Nachweisung zum 10. 1. 1925 für die Zeit bis zum 31. 12. 1924.

Wegen der bei der Erteilung von Ausnahmesichtvermerken zu erhebenden Gebühren vgl. § 2 Ziff. II Nr. 1 der Verordnung vom 27. 6. 1924 (RGBl. I S. 657). Die Verrechnung der einkommenden Landesgebühren richtet sich nach den für die Verrechnung der Verwaltungsgebühren gegebenen Vorschriften. Die Reichsgebühren sind am Schlusse jeden Monats unter Übersendung eines Auszuges aus dem Register und Mitteilung des Tages der Einzahlung bei der Post an das Auswärtige Amt in Berlin W 8, Gebührenkonto, Wilhelmstraße 75, Postscheckkonto 99100 beim Postscheckamt Berlin, abzuführen.

II. Ausländische Arbeiter, die aus dem Ausland ohne deutschen Sichtvermerk an der Reichsgrenze eintreffen, sind ausnahmslos zurückzuweisen, sofern nicht die Voraussetzungen des § 122 vorliegen.

Zu § 80: Die Befristung des Ein- und Wiederausreisesichtvermerkes auf einen Monat soll den Behörden im Inland, die im Regelfall berufen wären, bei längerem Aufenthalt des Reisenden im Reichsgebiet über die Zuzugsgenehmigung — und zwar vor Erteilung des Einreisesichtvermerkes durch die deutsche Vertretung im Ausland — zu befinden, die Möglichkeit geben, nachträglich zu prüfen, ob und wie lange dem Reisenden der Aufenthalt gestattet werden kann.

Zu § 81: I. Auch bei Dauersichtvermerken ist jeder Grenzübertritt im Paß- oder Paßersatz zu vermerken.

II. Da an der Westgrenze eine ordnungsmäßige Grenzüberwachung teilweise nicht besteht, haben die mit der Paßnachschau zwischen dem besetzten und unbesetzten Gebiet in den Eisenbahnzügen betrauten Beamten die Pässe der über die Westgrenze eingereisten Personen mit einem Kontrollvermerke zu versehen, wenn ein Grenzübertrittsvermerk fehlt.

III. Die Kontrollvermerke (Stempel) sollen nicht auf leere Seiten, sondern neben den deutschen Sichtvermerk gesetzt werden. Wenn die Seite mit dem Sichtvermerk nicht mehr zum Anbringen der Vermerke ausreicht oder der Sichtvermerk durch die häufige Abstempelung unleserlich werden würde, ist die Abstempelung fortlaufend auf den folgenden Seiten vorzunehmen.

Um ein Verschmutzen der Pässe durch zu feuchte Stempel zu verhindern, ist der erste Abdruck des Stempels nach dem Anfeuchten auf Löschpapier oder Altpapier zu bewirken.

IV. Inhaber von Grenzempfehlungen, die nur vom Reichsminister der Finanzen, dem Auswärtigen Amt und den diplomatischen Vertretungen des Reichs im Ausland ausgestellt werden dürfen, sind bei der Paßnachschau bevorzugt abzufertigen.

Zu § 82: Die für den Notlandungsort zuständige Polizeibehörde hat in geeigneter Weise, u. a. durch Eintragung auf höchstens 24 Stunden befristeter Aufenthaltsvermerke in die vorhandenen Ausweispapiere der Reisenden, dafür zu sorgen, daß die Reisenden bis zu ihrem Weiterfluge den Landungsort oder die nächstgelegene Ortschaft nicht verlassen.

Zu § 85: Ministerialpässe werden in Preußen zur Zeit nicht ausgestellt. Zu dienstlichen Reisen werden im allgemeinen Dienstpässe (§ 86) genügen. Falls gleichwohl die Ausstellung eines Ministerialpasses im Einzelfalle erforderlich erscheint, ist dem Ministerium des Innern ein entsprechender Antrag vorzulegen.

Zu § 86: I. Pässe für dienstliche Reisen sind stempel- und gebührenfrei auszufertigen. Im Paß ist anzugeben, daß Gebührenfreiheit wegen des amtlichen Charakters der Reise gewährt ist. Die Angabe, in wessen amtlichem Auftrage die Reise unternommen wird, ist auf S. 4 des Passes unter „Geltungsbereich“ einzutragen. Gegebenenfalls genügt die Eintragung, daß die Reise im Auftrage der Reichs- bzw. der Preußischen Staatsregierung unternommen werde.

Die Behörde, die einen Paß oder Sichtvermerk für dienstliche Reisen nachsucht, hat das als Anlage III abgedruckte Antragsmuster zu benutzen.

II. Der für dienstliche Reisen ausgestellte Paß ist einzuziehen, wenn der Dienstauftrag erledigt ist oder der Paßinhaber aus dem Dienste ausscheidet.

Zu § 87: Beschaffungsstellen für die Nansenausweise, die die Reichsdruckerei unter der Bezeichnung A 53 vorrätig hält, sind die Regierungspräsidenten bzw. der Polizeipräsident in Berlin.

Zu § 88: I. Die Union der R. S. S. R. besteht aus Sowjet-Rußland, der Sowjet-Ukraine, Weiß-Rußland und Transkaukasien (Georgien, Russisch-Armenien und Asserbeidschan).

II. Personen, die aus Finnland, Estland, Litauen, Lettland, Polen (einschließlich der sogenannten West-Ukraine), Bessarabien oder Türkisch-Armenien stammen, kommen für die Ausstattung mit Sonderausweisen nicht in Betracht.

III. Als aus den Gebieten der Union der R. S. S. R. „stammend“ sind nicht nur Personen anzusehen, deren Geburts- oder ehemaliger Wohnort in diesen Gebieten liegt, sondern auch Personen, die als russische Beamte und Militärpersonen ihren Dienstort außerhalb der erwähnten Gebiete gehabt haben, sowie die Ehefrauen und Abkömmlinge dieser Personen.

IV. Die im § 88 aufgeführten Voraussetzungen müssen sämtlich nebeneinander erfüllt sein. Daß dies der Fall ist, haben die Personen, die die Ausstellung von Nansenausweisen beantragen, selbst nachzuweisen oder, soweit es sich um die im § 88 Abs. 2 c und d bezeichneten Voraussetzungen handelt, glaubhaft zu machen. Ob sie sich bei der Führung dieses Nachweises oder bei der Glaubhaftmachung der Mithilfe von Vertrauensstellen oder sonstigen Organisationen bedienen wollen, bleibt ihnen überlassen.

V. Ein ununterbrochener Aufenthalt im Reichsgebiet seit der vor dem 1. Juni 1922 erfolgten Einreise ist nicht erforderlich.

VI. Die nach § 88 Abs. 2 b in Betracht kommenden Verordnungen sind als Anlage I zu dem Erl. v. 27. 9. 1923 — IV E 607 (MBliV. S. 990) abgedruckt.

VII. Gültige Ausweispapiere anderer Staaten sind z. B. sogenannte Fremdenpässe.

VIII. Fälle, die nach den Bestimmungen der Bekanntmachung nicht erledigt werden können, insbesondere Fälle, die eine weitere grundsätzliche Regelung angezeigt erscheinen lassen, sind dem Ministerium des Innern unter Beifügung der erforderlichen Unterlagen mitzuteilen, damit sie dem Reichsministerium des Innern zur Entscheidung vorgelegt werden können.

IX. Die Ergänzungsbestimmung V zu § 29 findet entsprechende Anwendung.

Zu § 91: Die von fremden Staaten ausgestellten Sonderausweise können, abgesehen von den für die Sichtvermerkserteilung geltenden allgemeinen Bestimmungen, unter folgenden Bedingungen mit deutschen Sichtvermerken versehen werden:

1. Sichtvermerke für vorübergehenden Aufenthalt im Reichsgebiet dürfen nur erteilt werden, wenn der Ausweis den ausdrücklichen Vermerk trägt, daß der Inhaber zur Rückkehr in den Staat berechtigt ist, dessen Behörde den Ausweis ausgestellt hat. Die Geltungsdauer der Sichtvermerke darf weder die Geltungsdauer des Ausweises noch die für die Rückkehr in den Ursprungsstaat von der fremden Behörde festgesetzte Frist überschreiten.

2. Verlängerungen von Sichtvermerken der deutschen Vertretungen im Ausland und Aufenthaltserlaubnisse müssen sich innerhalb der auf den Sonderausweisen von der fremden Behörde für die Rückkehr in den Ausgangsstaat festgesetzten Frist oder, wenn eine solche nicht vorgesehen ist, innerhalb der Geltungsdauer des Ausweises selbst halten.

Diese Bestimmungen finden auf die Erteilung von Sichtvermerken an russische Flüchtlinge, die Inhaber der in § 88 Abs. 2 d erwähnten Ausweispapiere sind, entsprechende Anwendung.

Zu § 92: Auch die Vorschrift des § 30 Abs. 1 findet entsprechende Anwendung. Es sind also nunmehr die Paßbehörden für die Ausstellung von Nansenausweisen zuständig.

Zu § 93: I. Die Reichsdruckerei hält unter der Bezeichnung A 55 Vordrucke für die Ausweise zum Verkehr mit Ostpreußen vorrätig.

II. Den Durchgangsverkehr nach Ostpreußen regeln die Bestimmungen der Art. 97 ff. des Abkommens zwischen Deutschland, Polen und der Freien Stadt Danzig über den freien Durchgangsverkehr zwischen Ostpreußen und dem übrigen Deutschland vom 21. 4. 1921 (RGBl. S. 1069).

Im einzelnen gilt folgendes:

1. Der Reiseverkehr in geschlossenen (sogenannten privilegierten) Zügen oder Zugteilen (Art. 23 des Abkommens) unterliegt polnischerseits keinerlei Überwachung (Art. 97); auch deutscherseits wird bei Reichsangehörigen ein Paß oder sonstiger Ausweis nicht verlangt. Der Verkehr wird indes beim Aus- und Eintritt über die Reichsgrenze daraufhin überwacht, ob die in den Zügen mitfahrenden nichtdeutschen Personen zum Aufenthalt im Reichsgebiet berechtigt sind. Für Reichsangehörige empfiehlt sich daher die Mitführung eines Ausweispapiers, aus dem sich ihre Reichsangehörigkeit ergibt. Nichtdeutsche Personen müssen sich, wie allgemein, durch Paß oder Paßersatz sowie durch Einreisesichtvermerk oder Aufenthaltserlaubnis ausweisen.

2. Der Durchgangsverkehr in nichtgeschlossenen Zügen unterliegt den allgemeinen Paßbestimmungen. Für Reichsangehörige bilden jedoch die in § 93 genannten Ausweise eine genügende Grundlage für etwa erforderliche polnische Sichtvermerke. Nichtdeutsche Personen bedürfen neben ihrem Paß oder Paßersatz eines Ausreise- und Einreisesichtvermerkes nach Maßgabe des § 40.

Zu § 94: Die Reichsdruckerei hält unter der Bezeichnung A 55 Vordrucke für die Ausweise zum Verkehr mit dem besetzten Gebiet vorrätig.

Zu § 95: Der Verkehr innerhalb des ehemaligen oberschlesischen Abstimmungsgebietes geht über den Rahmen des kleinen Grenzverkehrs hinaus. Durch das deutsch-polnische Abkommen vom 23. 2. 1924 (RGBl. II S. 147) sind über einen an der deutsch-polnischen Grenze in Oberschlesien gebildeten Grenzbezirk (vgl. Art. 238 des deutsch-polnischen Abkommens über Oberschlesien vom 15. 5. 1922, RGBl. II S. 237) besondere Bestimmungen getroffen. Für den Verkehr innerhalb dieses Bezirks ist die im Art. 250 des letztgenannten Abkommens vorgesehene Grenzkarte eingeführt, die aber nicht die paßrechtliche Bedeutung der im § 71 erwähnten Ausweispapiere für den kleinen Grenzverkehr hat, sondern lediglich sachliche Erleichterungen, insbesondere zolltechnischer Art, im Grenzverkehr gewährt. Vgl.

im übrigen auch hierzu die Verordnung der Preußischen Staatsregierung vom 2. 5. 1923 (MBliV. S. 564).

Zu § 102: Die deutschen Vertretungen im Ausland dürfen die „Laissez-passer“ mit Sichtvermerken zu Reisen in oder durch das Reichsgebiet nur versehen, wenn der Reisezweck als einwandfrei nachgewiesen und nach Lage des Falles als sicher anzunehmen ist, daß der Reisende den Sichtvermerk nicht benutzen will, um widerrechtlich im Reichsgebiet zu verbleiben.

Zu § 103: Im Sinne der Paßbestimmungen sind als Besatzungsmitglieder die Schiffsführer (Kapitäne), Schiffsoffiziere, Schiffsleute und die übrigen Schiffsangestellten anzusehen. Den Besatzungsmitgliedern sind Angehörige gleichzuachten, die mit ihnen in häuslicher Gemeinschaft auf dem Schiffe leben.

Zu § 116: I. Eine unterschiedliche Behandlung der Besatzungsmitglieder desselben Schiffes ist zulässig.

II. Die Ausstellung eines Landgangsausweises ist nicht abhängig von dem Vorhandensein eines bestimmten Ausweispapiers (Passes, Paßersatzes oder Seefahrtsbuches).

III. Der Vermerk auf den Landgangsausweisen „Nur gültig zum Verkehr usw.“ kann auch in anderer Weise, etwa durch Überdruck in anderer Farbe, angebracht werden.

IV. Der deutsche Wortlaut der Landgangsausweise ist nötigenfalls mit einer fremdsprachlichen Übersetzung zu versehen.

V. Mit den Regierungen von Hamburg und Bremen ist vereinbart worden, daß die Behörden in Cuxhaven und Bremerhaven Landgangsausweise ausstellen dürfen, die auch zum Verkehr in den benachbarten preußischen Hafenorten berechtigten. Landgangsausweise, die von den hamburgischen oder bremischen Behörden zum Besuche von Hamburg oder Bremen ausgestellt worden sind, berechtigen die Inhaber zur ununterbrochenen Fahrt zwischen Cuxhaven und Hamburg bzw. Bremerhaven und Bremen über preußisches Gebiet.

VI. Als Betrag, der beim Fehlen eines Ausweises verfällt, sind zur Zeit 20 Gm. oder deren Gegenwert anzusetzen.

Zu § 119: I. Die Bestimmungen finden besonders auf Lotsen Anwendung, die sich beim Grenzübertritt an Bord des gelotsten Schiffes befinden oder die Reichsgrenze (auch auf dem Landwege) überschreiten, um an Bord des ein- oder auszubringenden

Schiffes zu gelangen oder um nach Ein- oder Ausbringung eines Schiffes an den Heimatort zurückzukehren.

II. Amtliche Papiere im Sinne dieser Bestimmung sind u. a. Lotsenschild und Taxenbuch. Der Reisezweck kann z. B. durch die Vorlegung der Quittung über das zuletzt gelotste Schiff nachgewiesen werden.

Zu § 120: Die Ergänzungsbestimmungen I—V zu § 116 finden entsprechende Anwendung.

Zu § 125: Durch zwischenstaatliche Vereinbarungen ist für die im Grenzverkehr mit Dänemark, Litauen, Luxemburg, Polen, Schweden und der Schweiz tätigen Beamten und Angestellten eine Regelung getroffen worden, die im wesentlichen den in §§ 125 ff. für den Verkehr mit Danzig vorgesehenen Bestimmungen entspricht.

Zu § 126: Als vorgesetzte Behörden im Sinne des § 126 gelten für die Beamten und Angestellten

a) des Eisenbahndienstes: die Eisenbahndirektion Osten in Frankfurt a. O. sowie die Eisenbahndirektionen in Stettin und Königsberg i. Pr.,

b) des Postdienstes: die Bahnpostämter und Postämter,

c) des Zolldienstes: die Hauptzollämter Elbing, Königsberg, Holländerbaum und Swinemünde.

An die Reg.-Präs., den Pol.-Präs. in Berlin, sowie an die Paß- und Sichtvermerksbehörden.

Anlage I.

Verzeichnis der preußischen Paßbehörden.

Der Minister des Innern.

Die Regierungspräsidenten.

Die staatlichen Polizeiverwaltungen Aachen, Altona-Wandsbek, Berlin, Bochum, Breslau, Cassel, Dortmund, Elberfeld-Barmen, Erfurt, Essen, Frankfurt a. M., Geestemünde-Lehe, Gelsenkirchen, Gleiwitz-Beuthen-Hindenburg, Halle a. S., Hanau, Hannover, Kiel, Königsberg i. Pr., Köln, Magdeburg, Oberhausen-Mülheim-Sterkrade, Potsdam, Recklinghausen, Buer, Bottrop-Gladbeck, Stettin, Wiesbaden, Witten.

Die Landräte sowie der landrätliche Hilfsbeamte in Neuenhaus, Grafschaft Bentheim.

Die Oberamtmänner in den Hohenzollernschen Landen.

Die Polizeiverwaltungen der Stadtkreise Allenstein, Aschersleben, Bielefeld, Bocholt, Bonn, Brandenburg a. H., Brieg, Burg a. Ihle, Celle, Coblenz, Cottbus, Crefeld, Düsseldorf, Duisburg, Eberswalde, Eisleben, Elbing, Emden, Flensburg, Forst (Lausitz), Frankfurt a. O., München-Gladbach, Glogau, Görlitz, Göttingen, Goslar, Greifswald, Grünberg i. Schles., Guben, Hagen i. W., Halberstadt, Hamborn, Hamm, Harburg, Herford, Hildesheim, Hirschberg i. Schles., Insterburg, Iserlohn, Köslin, Kolberg, Landsberg a. W., Liegnitz, Lüdenscheid, Lüneburg, Merseburg, Mühlhausen i. Th., Münster i. W., Naumburg a. S., Neisse, Neumünster, Neuß, Nordhausen, Oppeln, Osnabrück, Osterfeld, Quedlinburg, Ratibor, Rheydt, Schneidemühl, Schweidnitz, Siegen, Solingen, Stargard i. P., Stendal, Stolp i. P., Stralsund, Tilsit, Trier, Waldenburg i. Schles., Weißenfels, Wilhelmshaven, Wittenberg, Wittenberge und Zeitz.

Die Polizeiverwaltungen der kreisangehörigen Städte Ahlen, Alfeld, Altdamm, Anklam, Aurich, Bernau, Bremervörde, Bünde, Bunzlau, Burgdorf, Buxtehude, Clausthal-Zellerfeld, Cleve, Cüstrin, Dannenberg, Duderstadt, Dülken, Düren, Eckernförde, Einbeck, Elmshorn, Emmerich, Eschweiler, Esens, Finsterwalde, Freiburg i. Schles., Fürstenwalde, Garding, Gifhorn, Glückstadt, Goch, Gollnow, Gräfrath, Gronau i. W., Haynau, Heide, Heiligenhafen, Hilden, Höhscheid, Husum, Itzehoe, Kellinghusen, Langensalza, Lauban, Lauenburg a. E., Leer, Lehrte, Lingen, Luckenwalde, Lüchow, Lütjenburg, Melle, Mettmann, Minden, Mölln, Moringen, Hann. Münden, Neusalz a. O., Neustadt i. Holst., Norden, Nordhorn, Northeim, Odenkirchen, Bad Oeynhausen, Ohligs, Oldenburg i. H., Bad Oldesloe, Oranienburg, Osterode a. H., Ottmachau, Papenburg, Pasewalk, Peine, Pinneberg, Plön, Preetz, Quakenbrück, Radevormwald, Ratingen, Ratzeburg, Rendsburg, Rheine, Sagan, Schleswig, Schüttorf, Schwelm, Schwerte, Schwiebus, Segeberg, Soest, Sommerfeld, Sorau (N.-L.), Stade, Stolberg b. Aachen, Strausberg, Süchteln, Suhl, Tönning, Uelzen, Uetersen, Unna, Verden, Viersen, Vlotho, Wald, Wermelskirchen, Wesel, Wilster und Winsen a. d. Luhe.

Anlage II.

Verzeichnis der preußischen Sichtvermerksbehörden.

Der Minister des Innern.

Die Regierungspräsidenten.

Die staatlichen Polizeiverwaltungen Aachen, Altona-Wandsbek, Berlin, Bochum, Breslau, Cassel, Dortmund, Elberfeld-Barmen, Erfurt, Essen, Frankfurt a. M., Geestemünde-Lehe, Gelsenkirchen, Gleiwitz-Beuthen-Hindenburg, Halle a. S., Hanau, Hannover, Kiel, Königsberg i. Pr., Köln, Magdeburg, Oberhausen-Mülheim-Sterkrade, Potsdam, Recklinghausen, Buer, Bottrop-Gladbeck, Stettin, Wiesbaden, Witten.

Die Landräte.

Die Oberamtmänner in den Hohenzollernschen Landen.

Die Polizeiverwaltungen der Stadtkreise Allenstein, Aschersleben, Bielefeld, Bocholt, Bonn, Brandenburg a. H., Brieg, Burg a. Ihle, Celle, Coblenz, Cottbus, Crefeld, Düsseldorf, Duisburg, Eberswalde, Eisleben, Elbing, Emden, Flensburg, Forst (Lausitz), Frankfurt a. O., München-Gladbach, Glogau, Görlitz, Göttingen, Goslar, Greifswald, Grünberg i. Schl., Guben, Hagen i. W., Halberstadt, Hamborn, Hamm, Harburg, Herford, Hildesheim, Hirschberg i. Schl., Insterburg, Iserlohn, Köslin, Kolberg, Landsberg a. W., Liegnitz, Lüdenscheid, Lüneburg, Merseburg, Mühlhausen i. Th., Münster i. W., Naumburg a. S., Neisse, Neumünster, Neuß, Nordhausen, Oppeln, Osnabrück, Osterfeld, Quedlinburg, Ratibor, Rheydt, Schneidemühl, Schweidnitz, Siegen, Solingen, Stargard i. Pr., Stendal, Stolp i. P., Stralsund, Tilsit, Trier, Waldenburg i. Schl., Weißenfels, Wilhelmshaven, Wittenberg, Wittenberge und Zeitz.

Anlage III.

Antrag

auf gebührenfreie Ausstellung eines Dienstpasses.

Personenbeschreibung.

1. Name: . . . . 2. Vornamen (sämtliche, Rufname unterstrichen): . . . . 3. Staatsangehörigkeit: . . . . 4. Beruf: . . . 5. Geburtsort: . . . . 6. Geburtstag: . . . . 7. Wohnort: . . . 8. Gestalt: . . . . 9. Gesicht: . . . . 10. Farbe der Augen: . . . 11. Farbe des Haares: . . . . 12. Besondere Kennzeichen: . . .

13. Geltungsbereich des Passes: .... 14. Reisezweck und Angabe, in wessem amtlichem Auftrage die Reise unternommen wird: ....

2. (auf der Rückseite beglaubigte) Lichtbilder und 2 Blankounterschriften [1]) sind beigefügt. Es wird versichert, daß die Reise in amtlichem Auftrage erfolgt und die Gewähr für die Unbedenklichkeit des Reisenden in persönlicher Hinsicht übernommen wird. Für die Rückgabe des Passes nach Erledigung des Dienstauftrags oder beim Ausscheiden des Paßinhabers aus dem Dienste wird Sorge getragen werden.

....., den ...... 192 . .

(Siegel.) Unterschrift der Behörde.

An

....

5. Fremdenpolizeiliche Behandlung von Angehörigen der Staaten, im Verhältnis zu denen ein Sichtvermerkszwang nicht besteht.

(RdErl. d. MdJ. v. 4. 11. 1925 — IV c 5278 (MBliV. 1925 S. 1179.)

Angehörige solcher Staaten, im Verhältnis zu denen ein Sichtvermerkszwang nicht besteht (vgl. RdErl. v. 27. 5. 1925 — IV E 297, MBliV. S. 651, v. 8. 6. 1925 — IV E 319, MBliV. S. 683 und v. 5. 8. 1925 — IV E 435, MBliV. S. 867), können nunmehr lediglich auf Grund gültiger Heimatpässe ein- und ausreisen. Sie bedürfen daher auch zur Einreise nach Preußen keiner polizeilichen Zuzugsgenehmigung mehr. Durch die Aufhebung des Sichtvermerkszwanges ist aber an den landesrechtlichen Vorschriften über Aufenthalt usw. nichts geändert worden. Mit Rücksicht auf die Ziff. VI, VII, XI und XII der Preuß. Ergänzungsbest. zu § 52 der Paßbek. (vgl. RdErl. v. 22. 9. 1924 — IV E 564, MBliV. S. 933) haben Personen der

[1]) Die Unterschriften (Vor- und Zuname) sind möglichst unter das Lichtbild zu setzen.

bezeichneten Art eine besondere Aufenthaltserlaubnis nachzusuchen, wenn sie einen vorübergehenden Aufenthalt von mehr als 6 Monaten oder dauernde Übersiedlung oder die Aufnahme von Arbeit gegen Entgelt ohne Rücksicht auf die Dauer des Aufenthaltes beabsichtigten. Die vorbezeichneten Preuß. Ergänzungsbestimmungen zu § 52 der Paßbek., sowie der RdErl. vom 14. 4. 1925 — IV E 205 (MBliV. S. 473) finden entsprechende Anwendung. Ob und welche Gebühren für die Erteilung solcher Aufenthaltserlaubnis zu erheben sind, bestimmt sich nach dem RdErl. v. 20. 6. 1924 — IV E 5208 II (MBliV. S. 683/84).

6. Aufhebung des Sichtvermermerkszwanges für Danziger Staatsangehörige.

(RdErl. d. MdJ. v. 27. 5. 1925 — IV E 297 (MBliV. S. 651).)

Der Reichsminister des Innern hat auf Grund der ihm nach §§ 3, 6 Abs. 1 der Paßverordnung vom 10. 6. 1919 (RGBl. S. 516) erteilten Ermächtigung mit Wirkung vom 1. 6. 1925 ab folgendes bestimmt:

„Danziger Staatsangehörige, die sich durch einen gültigen Heimatpaß über ihre Danziger Staatsangehörigkeit einwandfrei ausweisen, bedürfen für den Grenzübertritt weder bei der Einreise nach Deutschland, noch bei der Ausreise aus Deutschland eines Sichtvermerks".

Aufhebung des Sichtvermerkszwanges zwischen Deutschland und Österreich.

(RdErl. d. MdJ. v. 5. 8. 1925 — IV E 435 (MBliV. S. 867).)

Die seit längerer Zeit zwischen der Reichsregierung und der Österreichischen Bundesregierung geführten Verhandlungen über die Aufhebung des Sichtvermerkszwanges für die beiderseitigen Staatsangehörigen sind nunmehr zum Abschluß gelangt. Am 29. 7. 1925 ist das nachstehend mitgeteilte Abkommen nebst Schlußprotokoll in Berlin unterzeichnet worden.

Die Neuregelung tritt am 12. 8. 1925 in Kraft.

Anlage.

Abkommen

zwischen der Deutschen Reichsregierung und der Österreichischen Bundesregierung über die Aufhebung des Sichtvermerkszwanges für die beiderseitigen Staatsangehörigen.

Da die Deutsche Reichsregierung und die Österreichische Bundesregierung übereingekommen sind, den Sichtvermerkszwang für die beiderseitigen Staatsangehörigen aufzuheben, und zu diesem Behufe ein Abkommen abzuschließen, haben die beiderseitigen Bevollmächtigten:

Für die Deutsche Reichsregierung:
Herr Dr. Gustav Stresemann,
Reichsminister des Auswärtigen,
Für die Österreichische Bundesregierung:
Herr Dr. Felix Frank,
Außerordentlicher Gesandter und Bevollmächtigter
Minister in Berlin,

folgendes vereinbart:

Artikel I: Die Angehörigen des einen Staates können das Gebiet des anderen Staates über die amtlich zugelassenen Grenzübergangsstellen jederzeit lediglich auf Grund eines gültigen Heimatpasses, aus dem sich die Staatsangehörigkeit des Inhabers einwandfrei ergibt, ohne Sichtvermerk des Gegenstaates betreten und verlassen.

Artikel II: Die jeweils im Gebiete der beiden Staaten geltenden Bestimmungen über die Verhängung von Grenzsperren, über die Zurückweisung nicht einwandfreier Reisender an der Grenze, über die Meldung, den Aufenthalt und die Ausweisung von Ausländern, sowie über den Schutz des heimischen Arbeitsmarktes gegen die Überlastung mit ausländischen Arbeitskräften werden durch dieses Abkommen nicht berührt.

Jeder der beiden Staaten ist berechtigt, zum Schutze des

heimischen Arbeitsmarktes für bestimmte Gruppen von Angehörigen des anderen Staates den Sichtvermerkszwang wieder einzuführen.

Artikel III: Jeder der beiden Staaten kann Angehörige des anderen Staates, die entweder gegen die Vorschriften über die Meldung und den Aufenthalt von Ausländern im Inlande verstoßen oder deren Tätigkeit als Arbeiter oder Angestellte die zum Schutze des heimischen Arbeitsmarktes erlassenen Bestimmungen verletzt, aus seinem Gebiete ausweisen.

Artikel IV: Das gegenwärtige Abkommen tritt, ohne einer weiteren Genehmigung zu bedürfen, am 12. August 1925 in Kraft. Es kann am Anfang eines jeden Kalendervierteljahres mit dreimonatiger Frist gekündigt werden.

Zu Urkund dessen ist dieses Abkommen von den beiderseitigen Bevollmächtigten unterfertigt worden.

So geschehen in doppelter Ausfertigung zu Berlin, den 29. Juli 1925.

Schlußprotokoll.

Bei der am 29. Juli 1925 erfolgten Unterzeichnung des Abkommens zwischen der Deutschen Reichsregierung und der Österreichischen Bundesregierung über die Aufhebung des Sichtvermerkszwanges für die beiderseitigen Staatsangehörigen sind die beiderseitigen Bevollmächtigten noch über die nachstehenden Punkte einig geworden:

Zu Artikel I a) die gewährte Vergünstigung bezieht sich nur auf die Inhaber von Nationalpässen, nicht von sogenannten Fremdenpässen (Reisepässen für Ausländer). Nationalpässe werden nur an Personen ausgestellt werden, deren Zugehörigkeit zum ausstellenden Staate einwandfrei feststeht.

b) Für Kinder unter fünfzehn Jahren genügt an Stelle eines Passes ein amtlicher Ausweis über Namen, Alter, Staatsangehörigkeit und Wohnsitz oder dauernden Aufenthalt des Kindes. Der Kinderausweis muß bei Kindern über zehn Jahren mit einem von der ausstellenden Behörde abgestempelten Lichtbild versehen sein.

c) Für den gemeinschaftlichen Grenzübertritt von Personengruppen, die aus Deutschen Reichsangehörigen oder aus Österreichischen Bundesangehörigen oder aus Angehörigen beider Staaten bestehen, gilt eine von der zuständigen Behörde ausgestellte Sammelliste als Paßersatz. Die vertragschließenden Teile sind sich darüber einig, daß solche Sammellisten für Arbeitertransporte nicht ausgestellt werden dürfen.

d) Durch das Abkommen werden nicht die besonderen Vereinbarungen berührt, die 1. für den kleinen Grenzverkehr und für den Grenznah- und Ausflugsverkehr, 2. für die im Grenzverkehr dienstlich tätigen Beamten und Angestellten der beiden Staaten, an Stelle des Passes andere Ausweise zulassen.

Die in diesem Schlußprotokoll getroffenen Bestimmungen sollen die gleiche Wirksamkeit haben, als ob sie in dem Abkommen über die Aufhebung des Sichtvermerkszwanges selbst enthalten wären.

Aufhebung des Sichtvermerkszwanges zwischen Deutschland und der Schweiz.

(RdErl. d. MdJ. v. 9. 1. 1926 — IV E 17 (MBliV. S. 27).)

Nach Vereinbarung zwischen der deutschen und der schweizerischen Regierung wird der Sichtvermerkszwang für die beiderseitigen Staatsangehörigen mit Wirkung **vom 20. 1. 1926** aufgehoben.

Weiterer Erlaß bleibt vorbehalten.

An die Ober- u. Reg.-Präs., den Pol.-Präs. in Berlin und sämtl. Pol.-Behörden.

Aufhebung des Sichtvermerkszwanges im Verkehr mit der Schweiz und dem Fürstentum Liechtenstein.

(RdErl. d. MdJ. v. 14. 1. 1926 — IV E 34 (MBliV. 1926 S. 57).)

A. Zwischen der Deutschen und Schweizerischen Regierung sind am 9. 1. 1926 über die Aufhebung des Sichtvermerkszwanges für die beiderseitigen Staatsangehörigen folgende Vereinbarungen getroffen worden:

I. Die Angehörigen des einen Staates können das Gebiet des anderen Staates über die amtlich zugelassenen

Grenzübergangsstellen jederzeit lediglich auf Grund eines gültigen Heimatpasses, aus dem sich die Staatsangehörigkeit des Inhabers einwandfrei ergibt, ohne Sichtvermerk des Gegenstaats betreten und verlassen. Im einzelnen ist dabei folgendes zu beachten:

1. Die Vergünstigung bezieht sich nur auf die Inhaber von Nationalpässen, nicht von sogenannten Fremdenpässen (Reisepässe für Ausländer);

2. für Kinder unter 15 Jahren genügt an Stelle eines Passes ein amtlicher Ausweis über Name, Alter, Staatsangehörigkeit und Wohnsitz oder dauernden Aufenthalt des Kindes. Der Kinderausweis muß bei Kindern über 10 Jahren mit einem von der ausstellenden Behörde abgestempelten Lichtbild versehen sein;

3. für den gemeinschaftlichen Grenzübertritt von Personengruppen, die aus deutschen Reichsangehörigen oder aus schweizerischen Staatsangehörigen oder aus Angehörigen beider Staaten bestehen, gilt eine von der zuständigen Behörde des einen Staates ausgestellte und von einer konsularischen Vertretung des anderen Staates beglaubigte Sammelliste als Paßersatz. Die Beglaubigung erfolgt gebührenfrei. Solche Sammellisten dürfen für Arbeitertransporte nicht ausgestellt werden;

4. durch die Vereinbarung werden die besonderen Abmachungen nicht berührt, die

a) für den kleinen Grenzverkehr und für den Grenznah- und Ausflugsverkehr;

b) für die im Grenzverkehr dienstlich tätigen Beamten und Angestellten der beiden Staaten

an Stelle des Passes andere Ausweise zulassen.

II. Die jeweils im Gebiete der beiden Staaten geltenden Bestimmungen über die Kontrolle der Ausländer, insbesondere über die Verhängung von Grenzsperren, über die Zurückweisung nicht einwandfreier Reisender an der Grenze, über die Meldung, den Aufenthalt und die Ausweisung (Wegweisung) von Ausländern sowie über den Schutz des heimischen Arbeitsmarktes gegen die Überlastung mit ausländischen Arbeitskräften werden durch diese Vereinbarung nicht berührt.

III. Jeder der beiden Staaten kann Angehörige des anderen Staates,

a) die gegen die Vorschriften über die Meldung und den Aufenthalt von Ausländern im Inland verstoßen oder

b) deren Tätigkeit als Arbeiter oder Angestellte die zum Schutze des heimischen Arbeitsmarktes erlassenen Bestimmungen verletzt,

aus seinem Gebiete ausweisen (wegweisen).

Die Voraussetzung unter b) ist insbesondere als gegeben anzusehen, wenn Angehörige des einen Staates nach ihrer Einreise in das Gebiet des anderen Staates dort eine Stelle antreten wollen, ohne im Besitz einer von der zuständigen Vertretung des Aufenthaltsstaates im Ausland vor dem Grenzübertritt beschafften „Zusicherung der Bewilligung zum Stellenantritt" zu sein.

IV. Jeder der beiden Staaten wird Vorsorge dafür treffen, daß seine Angehörigen auf die Notwendigkeit der vorherigen Einholung der Zusicherung der Bewilligung zum Stellenantritt (Ziff. III Abs. 2) aufmerksam gemacht werden, wenn sie die Ausstellung eines Passes zur Reise in das andere Land nachsuchen.

V. Die vorstehende Regelung gilt auch im Verhältnis zwischen dem Deutschen Reiche und dem Fürstentum Liechtenstein.

VI. Diese Vereinbarung tritt am 20. 1. 1926 in Kraft und kann von jeder der beiden Regierungen mit einer Frist von einem Monat gekündigt werden.

Im übrigen sind die beiden Regierungen darüber einig, daß für die Erteilung der in Ziff. III erwähnten Zusicherung eine höhere Gebühr als 1 RM. (1,25 Franken) nicht erhoben werden wird.

B. Ich gebe von diesen Vereinbarungen mit folgendem Bemerken Kenntnis:

I. Das Auswärtige Amt hat seine Vertretungen im Auslande angewiesen, die Zusicherungen der Bewilligung zum Stellenantritt an schweizerische Staatsangehörige (und Angehörige des Fürstentums Liechtenstein), die zur Aufnahme von Arbeit als Arbeiter oder Angestellte in nicht leitender Stellung nach Deutschland einreisen wollen, unter denselben Voraussetzungen zu geben, unter denen an solche Personen zu dem gedachten Zwecke bisher Einreisesichtvermerke erteilt wurden, und die Zusicherungen in den Reisepaß einzutragen. Abweichend von der im Satz 2 des RdErl. v. 4. 11. 1925 — IV c 5278 (MBliV. S. 1179) enthaltenen Bestimmung bedürfen also schweizerische Staatsangehörige (und Angehörige des Fürstentums Liechtenstein) in den vorgenannten Fällen einer Zuzugsgenehmigung der zuständigen Polizeibehörde, die sich ihrerseits mit dem zuständigen Landesamt für Arbeitsvermittlung in Verbindung zu setzen hat. Die Vorschriften der Ziff. VIII, XI und XII der preuß. Ergänz.-Best. zu § 52 der Paßbek. (vgl. RdErl. v. 22. 9. 1924 — IV E 564, MBliV. S. 933) sowie des RdErl. v. 14. 4. 1925 — IV E 205 (MBliV. S. 473) finden Anwendung.

II. Reichsdeutsche Personen, die bei dem Antrage auf Ausstellung eines Reisepasses angeben, daß sie zum Stellenantritt in die Schweiz reisen wollen, sind auf die Notwendigkeit der vorherigen Einholung der Zusicherung der Bewilligung zum Stellenantritt besonders aufmerksam zu machen.

Aufhebung des Sichtvermerkszwanges und Erleichterungen im kleinen Grenzverkehr zwischen Deutschland und den Niederlanden.

(RdErl. d. MdJ. v. 23. 1. 1926 — IV E 726/25 (MBliV. S. 75).)

Zwischen der Deutschen und der Niederländischen Regierung sind über die Aufhebung des Sichtvermerkszwanges und Erleichterungen im kleinen Grenzverkehr die folgenden Vereinbarungen getroffen worden:

A. Beseitigung des Sichtvermerkszwanges.

Die Angehörigen des einen Staates können das Gebiet des anderen Staates über die amtlich zugelassenen Grenzübergangsstellen jederzeit lediglich auf Grund eines gültigen Heimatpasses, aus dem sich die Staatsangehörigkeit des Inhabers einwandfrei ergibt, ohne Sichtvermerk des Gegenstaates betreten und verlassen.

Für Kinder unter 15 Jahren genügt an Stelle eines Passes ein amtlicher Ausweis über Namen, Alter, Staatsangehörigkeit und Wohnsitz oder dauernden Aufenthalt des Kindes. Der Kinderausweis muß bei Kindern über 10 Jahren mit einem von der ausstellenden Behörde abgestempelten Lichtbild versehen sein.

Für die im Grenzverkehr dienstlich tätigen Beamten und Angestellten der beiden Staaten gelten die auf

Grund besonderer Vereinbarungen zugelassenen Ausweise als Paßersatz.

Für den gemeinschaftlichen Grenzübertritt von Personengruppen, die aus deutschen Reichsangehörigen oder aus niederländischen Staatsangehörigen oder aus Angehörigen beider Staaten bestehen, gilt eine von der zuständigen Behörde ausgestellte Sammelliste als Paßersatz.

B. Regelung des kleinen Grenzverkehrs.

I. Den beiderseitigen Staatsangehörigen, die in dem einen Grenzbezirk wohnen oder sich seit mindestens drei Monaten dort aufhalten, wird der Grenzübertritt und der Aufenthalt in dem anderen Grenzbezirk nach Maßgabe der folgenden Bestimmungen auf Grund eines Grenzausweises gestattet.

Für Nutzungsberechtigte von Grundstücken, die in dem einen Grenzbezirk liegen, aber von einer in dem anderen Grenzbezirk gelegenen Betriebsstätte aus bewirtschaftet werden, für die in der Wirtschaft solcher Nutzungsberechtigten tätigen Personen sowie für Personen, die im amtlichen Auftrage die Grenze überschreiten müssen, gilt die zeitliche Beschränkung des Abs. 1 nicht.

II. Grenzbezirk im Sinne dieser Vereinbarungen ist auf deutscher Seite der Zollgrenzbezirk, auf niederländischer Seite der an Deutschland grenzende Teil des niederländischen Überwachungsgebiets.

III. Für deutsche Reichsangehörige werden Grenzausweise von den zuständigen Ortspolizeibehörden ausgestellt.

Für niederländische Staatsangehörige gelten als Grenzausweise die von den Königlichen Kommissaren oder den Bürgermeistern ausgestellten Nationalitätsbeweise (Bewijzen van Nederlanderschap, Nationaliteitsbewijzen).

Die Grenzausweise müssen mit der Personenbeschreibung, dem Lichtbild und der Unterschrift des Inhabers versehen sein.

IV. Die Grenzausweise berechtigen zum Grenzübertritt an den amtlich zugelassenen Grenzübergangsstellen innerhalb der amtlich festgesetzten Verkehrsstunden.

Die Grenzübergangsstellen und Verkehrsstunden werden von den beiderseitigen zuständigen Behörden im gegenseitigen Einvernehmen bestimmt.

Diese Behörden können im gegenseitigen Einvernehmen unter bestimmten, gegebenenfalls zu vereinbarenden Bedingungen das Überschreiten der Grenze auch außerhalb der allgemein zugelassenen Grenzübergangsstellen und außerhalb der allgemein festgesetzten Verkehrsstunden im Bedarfsfalle gestatten.

V. Die in dem einen Grenzbezirk ausgestellten Grenzausweise berechtigen zum jeweiligen ununterbrochenen Aufenthalt in dem anderen Grenzbezirk auf die Dauer von zwei Wochen.

C. Allgemeine und Schlußbestimmungen.

I. Die jeweils im Gebiete der beiden Staaten geltenden Bestimmungen über die Verhängung von Grenzsperren, über die Zurückweisung nicht einwandfreier Reisender an der Grenze, über die Meldung, den Aufenthalt und die Ausweisung von Ausländern sowie über den Schutz des heimischen Arbeitsmarktes gegen die Überlastung mit ausländischen Arbeitskräften werden durch diese Vereinbarungen nicht berührt.

Das gleiche gilt hinsichtlich der beiderseitigen gesundheits- und veterinär-polizeilichen Vorschriften.

II. Jeder der beiden Staaten kann Angehörige des anderen Staates, die entweder gegen die Vorschriften über die Meldung oder den Aufenthalt von Ausländern im Inlande verstoßen oder deren Tätigkeit als Arbeiter oder Angestellte die zum Schutze des heimischen Arbeitsmarktes erlassenen Bestimmungen verletzt, aus seinem Gebiet ausweisen.

III. Zur Hilfeleistung bei Bränden und anderen Unglücksfällen in den Grenzbezirken dürfen Feuer- und Bergwehren sowie sonstige organisierte Rettungsmannschaften die Grenze ohne Paßförmlichkeiten überschreiten.

IV. Die beiden Regierungen werden einander mitteilen, welche Stellen als zuständige Behörden im Sinne dieser Vereinbarungen zu betrachten sind.

V. Die beiden Regierungen behalten sich vor, Änderungen dieser Vereinbarungen, die sie auf Grund der gewonnenen Erfahrungen für zweckmäßig erachten sollten, im Wege des einfachen diplomatischen Schriftwechsels vorzunehmen.

VI. Die Vereinbarungen treten, soweit sie auf die Beseitigung des Sichtvermerkszwanges Bezug haben, am 1. 2. 1926, und soweit sie sich auf die Regelung des kleinen Grenzverkehrs beziehen, am 1. 3. 1926 in Kraft und können von jeder der beiden Regierungen mit einer Frist von einem Monat gekündigt werden.

Hinsichtlich des Inhalts dieser Vereinbarungen sind sich die vertragschließenden Staaten über folgende Punkte einig geworden:

Zu A Abs. 1: Die Vergünstigung bezieht sich nur auf Inhaber von Nationalpässen, nicht von sogn. Fremdenpässen (Reisepässe für Ausländer).

Zu A Abs. 4: Für Arbeitertransporte kommen Sammellisten nicht in Betracht. Im übrigen werden Sammellisten regelmäßig ausgestellt, wenn die Reise der Wahrung kultureller, wirtschaftlicher oder sonstiger wichtiger Belange eines der beiden Länder dient und keine politischen Bedenken entgegenstehen.

Zu B III: Die Behörden des einen Staates können die Entziehung eines Grenzausweises bei der zuständigen Behörde des anderen Staates beantragen, wenn ein wiederholter Mißbrauch des Grenzausweises festgestellt worden ist.

Zu B IV Abs. 3: In Frage kommt hier insbesondere der Grenzübertritt zur Bewirtschaftung von Ländereien einschließlich der Ausübung der Jagd, der Fischerei, des Weidebetriebs und des Torfstichs, der Grenzübertritt von Arbeitern, die ihre Arbeitsstellen aufsuchen, sowie der Grenzübertritt von Geistlichen und ihren Gehilfen, von Ärzten, Tierärzten und Hebammen.

Aufhebung des Sichtvermerkszwanges im Verhältnis zu Japan und zu Island.

(RdErl. d. MdJ. v. 10. 3. 1926 — IV E 178 (MBliV. S. 265).)

I. Zwischen der Deutschen und der Japanischen Regierung sind mit Wirkung vom **20. 3. 1926** ab über die Aufhebung des Sichtvermerkszwanges für die beiderseitigen Staatsangehörigen folgende Vereinbarungen getroffen worden:

„Die Angehörigen des einen Staates können das Gebiet des anderen Staates über die amtlich zugelassenen Grenzübergangsstellen jederzeit lediglich auf Grund eines gültigen Heimatpasses, aus dem sich die Staatsangehörigkeit des Inhabers einwandfrei ergibt, ohne Sichtvermerk des Gegenstaates betreten und verlassen.

Die gewährte Vergünstigung bezieht sich nur auf die Inhaber von Nationalpässen, nicht von sogenannten Fremdenpässen (Reisepässen für Ausländer). Nationalpässe werden nur an Personen ausgestellt werden, deren Zugehörigkeit zum ausstellenden Staate einwandfrei feststeht.

Für Kinder unter 15 Jahren genügt an Stelle eines Passes ein amtlicher Ausweis über Namen, Alter, Staatsangehörigkeit und Wohnsitz oder dauernden Aufenthalt des Kindes. Der Kinderausweis muß bei Kindern über 10 Jahren mit einem von der ausstellenden Behörde abgestempelten Lichtbild versehen sein."

II. Der RMdJ. hat auf Grund der ihm nach §§ 3, 6 Abs. 1 der Paßvd. v. 10. 6. 1919 (RGBl. S. 516) erteilten Ermächtigung mit Wirkung vom **20. 3. 1926** ab folgendes bestimmt:

„Isländische Staatsangehörige, die sich durch einen gültigen Heimatpaß über ihre isländische Staatsangehörigkeit einwandfrei ausweisen, bedürfen für den Grenzübertritt weder bei der Einreise nach Deutschland noch bei der Ausreise aus Deutschland eines Sichtvermerks."

III. Durch diese Regelung werden die jeweils im Reichsgebiet geltenden Bestimmungen über die Verhängung von Grenzsperren, über die Zurückweisung nicht einwandfreier Reisender an der Grenze, über die Meldung, den Aufenthalt und die Ausweisung von Ausländern sowie über den Schutz des heimischen Arbeitsmarktes gegen Überlastung mit ausländischen Arbeitskräften nicht berührt.

Aufhebung des Sichtvermerkszwanges im Verhältnis zu Dänemark.

(RdErl. d. MdJ. v. 11. 5. 1926 — IV E 267 III (MBliV. S. 483).)

A. Zwischen der deutschen und der dänischen Regierung sind am 4. 5. 1926 über die Aufhebung des Sichtvermerkszwanges für die beiderseitigen Staatsangehörigen folgende Vereinbarungen getroffen worden:

Artikel I. Die Angehörigen des einen Staates können das Gebiet des anderen Staates über die amtlich zugelassenen Grenzübergangsstellen jederzeit lediglich auf Grund eines gültigen Heimatpasses, aus dem sich die Staatsangehörigkeit des Inhabers einwandfrei ergibt, ohne Sichtvermerk des Gegenstaates betreten und verlassen. Die Vergünstigung bezieht sich nur auf die Inhaber von Nationalpässen, nicht von sogenannten Fremdenpässen (Reisepässe für Ausländer). Nationalpässe werden nur an Personen ausgestellt werden, deren Zugehörigkeit zum ausstellenden Staate einwandfrei feststeht.

Für Kinder unter 15 Jahren genügt an Stelle eines Passes ein amtlicher Ausweis über Namen, Alter, Staatsangehörigkeit und Wohnsitz oder dauernden Aufenthalt des Kindes. Der Kinderausweis muß bei Kindern über 10 Jahren mit einem von der ausstellenden Behörde abgestempelten Lichtbild versehen sein.

Artikel II. Für den gemeinschaftlichen Grenzübertritt von Personengruppen, die aus deutschen Reichsangehörigen oder aus dänischen Staatsangehörigen oder aus Angehörigen beider Staaten bestehen, gilt eine von der zuständigen Behörde des einen Staates ausgestellte und von der zuständigen konsularischen Vertretung des anderen Staates mit Sichtvermerk versehene Sammelliste als Paßersatz. Der Sichtvermerk ist gebührenfrei zu erteilen.

Sammellisten werden für Arbeitertransporte nicht ausgestellt.

Artikel III. Die jeweils im Gebiet der beiden Staaten geltenden Bestimmungen über die Verhängung von Grenzsperren, über die Zurückweisung nicht einwandfreier Reisender an der Grenze, über die Meldung, den Aufenthalt und die Ausweisung von Ausländern sowie über den Schutz des heimischen Arbeitsmarktes gegen die Überlastung mit ausländischen Arbeitskräften werden durch dieses Abkommen nicht berührt.

Artikel IV. Jeder der beiden Staaten kann Angehörige des anderen Staates

a) die gegen die Vorschriften über die Meldung und den Aufenthalt von Ausländern im Inland verstoßen oder

b) deren Tätigkeit als Arbeiter oder Angestellte die zum Schutze des heimischen Arbeitsmarktes erlassenen Bestimmungen verletzt,

aus seinem Gebiet ausweisen (wegweisen).

Die Voraussetzung unter b) ist insbesondere als gegeben anzusehen, wenn Angehörige des einen Staates nach ihrer Einreise in das Gebiet des anderen Staates dort eine Stelle antreten wollen, ohne im Besitz einer von der zuständigen Vertretung des Aufenthaltsstaates im Ausland vor dem Grenzübertritt beschafften „Zusicherung der Bewilligung zum Stellenantritt“ zu sein.

Jeder der beiden Staaten wird Vorsorge dafür treffen, daß seine Angehörigen auf die Notwendigkeit der vorherigen Einholung der Zusicherung der Bewilligung zum Stellenantritt aufmerksam gemacht werden, wenn sie die Ausstellung eines Passes zur Reise in das andere Land zum Zwecke des Stellenantritts nachsuchen.

Für die in Abs. 2 erwähnte „Zusicherung“ wird keine höhere Gebühr als eine Reichsmark (eine Krone) erhoben.

Artikel V. Durch das Abkommen werden nicht die besonderen Vereinbarungen berührt, die

1. für den kleinen Grenzverkehr und für den Grenznahverkehr,
2. für die im Grenzverkehr dienstlich tätigen Beamten und Angestellten der beiden Staaten

an Stelle des Passes andere Ausweise zulassen.

Artikel VI. Das gegenwärtige Abkommen tritt, ohne einer weiteren Genehmigung zu bedürfen, am 20. 5. 1926 in Kraft und kann am Anfang eines jeden Kalendervierteljahrs mit dreimonatiger Frist gekündigt werden.

B. Ich gebe von diesen Vereinbarungen Kenntnis und bemerke ergänzend hierzu noch folgendes:

a) Zu Art. I: Amtlich zugelassene Grenzübergangsstellen im Sinne dieser Bestimmung sind bis auf weiteres die für den Fernverkehr zugelassenen Grenzübergänge.

b) Zu Art. II: Die Sammellisten müssen Namen Geburtsort und -tag sämtlicher Teilnehmer sowie eine Angabe über den Zweck und Zielort der Reise enthalten. Die ausstellende Behörde hat außerdem auf der Liste zu bescheinigen, daß die Reiseteilnehmer in das Ausgangsland zurückkehren können.

c) Abschn. B des RdErl. v. 14. 1. 1926 — IV E 34 (MBliV. S. 57) findet sinngemäße Anwendung.

Aufhebung des Sichtvermerkszwanges mit Kuba, Haiti, Panama.

(RdErl. d. MdJ. v. 8. 6. 1925 — IV E 319 (MBliV. S. 683).)

Der Reichsminister des Innern hat auf Grund der ihm nach §§ 3, 6 Abs. 1 der Paßverordnung vom 10. 6. 1919 (RGBl. S. 516) erteilten Ermächtigung mit Wirkung vom 1. 7. 1925 ab folgendes bestimmt:

„Staatsangehörige von Kuba, Haiti, Panama und der Dominikanischen Republik, die sich durch einen gültigen Heimatpaß über ihre Zugehörigkeit zu einem der genannten Staaten einwandfrei ausweisen, bedürfen für den Grenzübertritt weder bei der Einreise nach Deutschland noch bei der Ausreise aus Deutschland eines Sichtvermerks".

Aufhebung des Sichtvermerkszwanges im Verkehr mit Schweden, Luxemburg und Portugal.

(RdErl. d. MdJ. v. 21. 8. 1926 — IV E 584 (MBliV. S. 819).)

Über die Aufhebung des Sichtvermerkszwanges sind von der Deutschen Regierung neuerdings folgende Vereinbarungen getroffen worden:

a) mit der Schwedischen Regierung durch Notenwechsel vom 13. 7. 1926;
b) mit der Luxemburgischen Regierung durch Notenwechsel vom 7. 8. 1926;
c) mit der Portugiesischen Regierung durch Notenwechsel vom 7./9. 8. 1926.

Das Nähere über die Vereinbarungen zu a) und b) ergibt sich aus den Anlagen. Über die Einzelheiten der mit der Portugiesischen Regierung getroffenen Abmachung bleibt weiterer Erl. vorbehalten.

Die Vereinbarungen treten in Kraft:

zu a) mit Wirkung vom 1. 10. 1926;

zu b) mit Wirkung vom 1. 9. 1926;

zu c) mit Wirkung vom 1. 9. 1926.

Die Reg.-Präs. der Grenzbezirke ersuche ich, insbesondere die Grenzbehörden umgehend mit den erforderlichen Weisungen zu versehen.

Anlage I.

Vereinbarung mit der Schwedischen Regierung über die Aufhebung des Sichtvermerkszwanges.

Artikel 1. Die Angehörigen des einen Staates können das Gebiet des anderen Staates über die amtlich zugelassenen Grenzübergangsstellen jederzeit lediglich auf Grund eines gültigen Heimatpasses, aus dem sich die Staatsangehörigkeit des Inhabers einwandfrei ergibt, ohne Sichtvermerk des Gegenstaates betreten und verlassen. Die Vergünstigung bezieht sich nur auf die Inhaber von Nationalpässen, nicht von sogenannten Fremdenpässen (Reisepässe für Ausländer). Nationalpässe werden nur an Personen ausgestellt werden, deren Zugehörigkeit zum ausstellenden Staat einwandfrei feststeht.

Für Kinder unter 15 Jahren genügt an Stelle eines Passes ein amtlicher Ausweis über Namen, Alter, Staatsangehörigkeit und Wohnsitz oder dauernden Aufenthalt des Kindes. Der Kinderausweis muß bei Kindern über zehn Jahre mit einem von der ausstellenden Behörde abgestempelten Lichtbild versehen sein.

Für die im Grenzverkehr dienstlich tätigen Beamten und Angestellten der beiden Staaten gelten die auf Grund besonderer Vereinbarungen zugelassenen Ausweise als Paßersatz.

Für den gemeinschaftlichen Grenzübertritt von Personengruppen, die aus deutschen Reichsangehörigen oder aus schwedischen Staatsangehörigen oder aus Angehörigen beider Staaten bestehen, gilt eine von der zuständigen Behörde des einen Staates ausgestellte und von der zuständigen Behörde des anderen Staates mit Sichtvermerk versehene Sammelliste als Paßersatz.

Der Sichtvermerk wird gebührenfrei erteilt. Sammellisten werden für Arbeitertransporte nicht ausgestellt.

Artikel 2. Die jeweils im Gebiete der beiden Staaten geltenden Bestimmungen über die Verhängung von Grenzsperren, über die Zurückweisung nicht einwandfreier Reisender an der Grenze, über die Meldung, den Aufenthalt und die Ausweisung von Ausländern sowie über den Schutz des heimischen Arbeitsmarktes gegen Überlastungen mit ausländischen Arbeitskräften werden durch dieses Abkommen nicht berührt.

Artikel 3. Jeder der beiden Staaten kann Angehörige des anderen Staates

a) die gegen die Vorschriften über die Meldung und den Aufenthalt von Ausländern im Inland verstoßen,

oder

b) deren Tätigkeit als Arbeiter oder Angestellte die zum Schutze des heimischen Arbeitsmarktes erlassenen Bestimmungen verletzt,

aus seinem Gebiet ausweisen.

Die Voraussetzung unter b) ist insbesondere als gegeben anzusehen, wenn Angehörige des einen Staates nach ihrer Einreise in das Gebiet des anderen Staates dort eine Stelle antreten wollen, ohne im Besitz einer von der zuständigen Vertretung des Aufenthaltsstaates im Ausland vor dem Grenzübertritt beschafften „Zusicherung der Bewilligung zum Stellenantritt" zu sein, insofern eine solche Zusicherung verlangt wird.

Für die im Abs. 2 erwähnte „Zusicherung" wird keine höhere Gebühr als **1 RM.** (1 Krone) erhoben.

Artikel 4. Das gegenwärtige Abkommen tritt am 1. 10. 1926 in Kraft und kann mit einmonatiger Frist gekündigt werden.

Ergänzend ist weiter vereinbart worden, daß die Angehörigen des einen Staates bei der Ausstellung von Pässen zu Reisen in das Gebiet des anderen Staates auf die Notwendigkeit der vorherigen Einholung der Zusicherung der Bewilligung zum Stellenantritt für den Fall einer etwaigen Absicht des Stellenantritts aufmerksam gemacht werden, insofern eine solche Zusicherung verlangt wird. Die Deutsche Regierung wird ihre Vertretungen im Ausland entsprechend anweisen und sich mit den Landesregierungen wegen Erlaß der gleichen Anweisung an die inneren Paßbehörden ins Benehmen setzen.

Anlage II.

Abkommen mit der Luxemburgischen Regierung über die Aufhebung des Sichtvermerkszwanges.

Artikel 1. Die Angehörigen des einen Staates können das Gebiet des anderen Staates über die amtlich zugelassenen Grenzübergangsstellen jederzeit lediglich auf Grund eines gültigen Heimatpasses, aus dem sich die Staatsangehörigkeit des Inhabers einwandfrei ergibt, ohne Sichtvermerk des Gegenstaates betreten und verlassen. Die Vergünstigung bezieht sich nur auf die Inhaber von Nationalpässen, nicht von sogenannten Fremdenpässen (Reisepässe für Ausländer). Nationalpässe werden nur an Personen ausgestellt werden, deren Zugehörigkeit zum ausstellenden Staat einwandfrei feststeht.

Für Kinder unter 15 Jahren genügt an Stelle eines Passes ein amtlicher Ausweis über Namen, Alter, Staatsangehörigkeit und Wohnsitz oder dauernden Aufenthalt des Kindes. Der Kinderausweis muß bei Kindern über zehn Jahre mit einem von der ausstellenden Behörde abgestempelten Lichtbild versehen sein.

Für die im Grenzverkehr dienstlich tätigen Beamten und Angestellten der beiden Staaten gelten die auf Grund besonderer Vereinbarungen zugelassenen Ausweise als Paßersatz.

Für den gemeinschaftlichen Grenzübertritt von Personengruppen, die aus deutschen Reichsangehörigen oder aus luxemburgischen Staatsangehörigen oder aus Angehörigen beider Staaten bestehen, gilt eine von der zuständigen Behörde ausgestellte Sammelliste als Paßersatz. Sammellisten werden für Arbeitertransporte nicht ausgestellt.

Artikel 2. Die jeweils im Gebiete der beiden Staaten geltenden Bestimmungen über die Verhängung von Grenzsperren, über die Zurückweisung nicht einwandfreier Reisender an der Grenze, über die Meldung, den Aufenthalt und die Ausweisung von Ausländern sowie über den Schutz des heimischen Arbeitsmarktes gegen die Überlastung mit ausländischen Arbeitskräften werden durch dieses Abkommen nicht berührt.

Artikel 3. Jeder der beiden Staaten kann Angehörige des anderen Staates,

a) die gegen die Vorschriften über die Meldung und den Aufenthalt von Ausländern im Inland verstoßen, oder

b) deren Tätigkeit als Arbeiter oder Angestellte die zum Schutze des heimischen Arbeitsmarktes erlassenen Bestimmungen verletzt,

aus seinem Gebiet ausweisen (wegweisen).

Die Voraussetzung unter b) ist insbesondere als gegeben anzusehen, wenn Angehörige des einen Staates nach ihrer Einreise in das Gebiet des anderen Staates dort eine Stelle antreten wollen, ohne im Besitz einer von der zuständigen Vertretung des Aufenthaltsstaates im Ausland vor dem Grenzübertritt beschafften „Zusicherung der Bewilligung zum Stellenantritt" zu sein.

Jeder der beiden Staaten wird Vorsorge dafür treffen, daß seine Angehörigen auf die Notwendigkeit der vorherigen Einholung der Zusicherung der Bewilligung zum Stellenantritt aufmerksam gemacht werden, wenn sie die Ausstellung eines Passes zur Reise in das andere Land zum Zwecke des Stellenantritts nachsuchen.

Für die im Absatz 2 erwähnte „Zusicherung" wird eine Gebühr nicht erhoben.

Artikel 4. Den beiderseitigen Staatsangehörigen, die in dem einen Grenzbezirk ihren Wohnsitz haben oder sich seit mindestens einem Monat dort aufhalten, wird der Grenzübertritt und der Aufenthalt in dem anderen Grenzbezirk auf Grund eines Ausweises nach Maßgabe besonderer Vereinbarungen gestattet werden, die von dem Regierungspräsidenten in Trier und der Luxemburgischen Regierung zu treffen sind. Diese Vereinbarungen haben vornehmlich folgende Punkte zu regeln:

a) die Festlegung des Grenzbezirks,
b) die Ausgestaltung der Grenzausweise,
c) die Bestimmung der für die Ausstellung der Grenzausweise zuständigen Behörden,
d) die Grenzübergangsstellen und Verkehrsstunden,
e) die aus den Grenzausweisen sich ergebenden Befugnisse zum Aufenthalt,
f) besondere Erleichterungen für Personen, die zur Nutzung von Grundstücken oder Bodenerzeugnissen jenseits der Grenze berechtigt sind.

Artikel 5. Die vertragschließenden Teile behalten sich vor, Änderungen dieses Abkommens, die sie auf Grund der Erfahrungen für zweckmäßig erachten sollten, im Wege des einfachen diplomatischen Notenwechsels vorzunehmen.

Artikel 6. Das Abkommen tritt am 1. 9. 1926 in Kraft und kann von jedem der vertragschließenden Teile mit einer Frist von drei Monaten gekündigt werden.

7. Übereinkommen mit Polen über die Befreiung der Kriegsbeschädigten von den Sichtvermerksgebühren.

(RdErl. d. MdJ. v. 27. 10. 1925 — IV E 530 II (MBliV. S. 1163).)

Nach einem mit der polnischen Regierung auf der Grundlage der Gegenseitigkeit getroffenen Übereinkommen bleiben Kriegsinvaliden und deren Familienangehörige, die sich in Versorgungsangelegenheiten oder zwecks Beschaffung von Kunstgliedern in ihren Heimatstaat begeben, von den Gebühren für die erforderlichen Sichtvermerke befreit. Der Reisezweck ist durch Vorlage des Vorladungsschreibens der Versorgungsbehörde oder durch ein ähnliches Schriftstück nachzuweisen, aus dem hervorgeht, daß die Reise auf amtliche Anordnung unternommen werden muß. Die von den Invaliden mitgeführten Kunstglieder bleiben von den Zollgebühren befreit, wenn der betreffende Invalide beim Überschreiten der Grenze von den Kunstgliedern Gebrauch macht.

Die Vereinbarung tritt am 1. 11. 1925 in Kraft.

8. Abkommen mit der Tschechoslowakei über gebührenfreie Sichtvermerkserteilung.

(RdErl. d. MdJ. v. 16. 11. 1925 — IV E 648 (MBliV. S. 1205).)

Mit der Tschechoslowakischen Regierung ist ein Abkommen dahin getroffen worden, daß den beider=

seitigen Staatsangehörigen, die sich auf Kosten der Krankenkassen in Bäder des Gegenstaates begeben, die erforderlichen Sichtvermerke gebührenfrei erteilt werden. Von einer besonderen Prüfung der Mittellosigkeit des Antragstellers soll abgesehen und der gebührenfreie Sichtvermerk auf Grund eines einfachen Ersuchens der zuständigen Krankenkasse gewährt werden.

Das Abkommen ist bereits am 1. 11. 1925 in Kraft getreten.

9. Sichtvermerksgebühren im Verhältnis zu den Vereinigten Staaten von Nordamerika.

(RdErl. d. MdJ. v. 14. 8. 1926 — IV E 539 (MBliV. S. 771).)

I. Auf Grund der §§ 3 u. 6 Abs. 1 der Paßvd. v. 10. 6. 1919 (RGBl. S. 516) hat der Reichsmin. d. Inn. mit Wirkung bis zum 31. 10. 1926 nachstehende Maßnahme getroffen:

Einwandfreien Angehörigen der Vereinigten Staaten von Nordamerika wird die Einreise über die deutsche Westgrenze, d. h. zunächst über Bentheim, Aachen, Kehl und Basel, auf Grund eines Passes, aus dem sich die amerikanische Staatsangehörigkeit des Inhabers zweifelsfrei ergeben muß, auch ohne Sichtvermerk einer deutschen Vertretung im Ausland gestattet, falls nach Lage des Einzelfalles anzunehmen ist, daß der Reisende den Entschluß zur Reise nach Deutschland erst nach seiner Ankunft in Europa gefaßt hat.

Die Grenzübergangsstelle hat in diesen Fällen folgenden gebührenfreien Vermerk in den Paß zu setzen:

Für die Einreise nach und die Wiederausreise aus Deutschland über die amtlich zugelassenen Grenzübergangsstellen vom Sichtvermerkszwang bis zum 31. 10. 1926 befreit.

Ort, Tagesangabe.

Unterschrift und Stempel der Grenzübergangsstelle.

II. Im Einvernehmen mit dem Auswärtigen Amt hat der Reichsmin. d. Inn. ferner unter Abänd. der durch RdErl. v. 3. 9. 1925 — IV E 479 (MBliV. S. 941) bekanntgegebenen Regelung bestimmt, daß fortan von Angehörigen der Vereinigten Staaten von Nordamerika

1. bei Erteilung von Sichtvermerken an im Inland ansässige Personen zur Aus- und Wiedereinreise oder zur Wiedereinreise nach erfolgter Ausreise,

2. bei Erteilung von Ausnahmesichtvermerken durch die hierzu ermächtigten Grenzübergangsstellen,

3. bei Sichtvermerksverlängerungen

lediglich die allgemeinen, im § 2 der Paßgebührenvd. v. 27. 6. 1924 (RGBl. I S. 657) vorgesehenen Gebühren zu erheben sind.

10. Belgische Personalausweise.

(RdErl. d. MdI. v. 11. 12. 1925 — IV E 676 (MBliV. S. 1270).)

Der Reichsmin. d. Inn. hat sich gemäß § 3 der Paßvd. v. 10. 6. 1919 (RGBl. S. 516) damit einverstanden erklärt, daß die belgischen Personalausweise als Paßersatz anerkannt werden. Nach den belgischen Bestimmungen werden diese Personalausweise, die den deutschen Personalausweisen (vgl. Anl. I zur Paßbek. v. 4. 6. 1924, RGBl. I. S. 613) nachgebildet sind, für einwandfreie, noch nicht 25 Jahre in Belgien ansässige Ausländer ausgestellt, die durch beglaubigte amtliche Urkunde den Verlust ihrer ursprünglichen Staatsangehörigkeit nachgewiesen und die Notwendigkeit einer Reise ins Ausland dargetan haben.

Die deutschen Vertretungen im Auslande werden angewiesen werden — unter Zugrundelegung der für die Sichtvermerkserteilung allgemein geltenden Bestimmungen —, an Inhaber der gedachten Ausweise Sichtvermerke zum vorübergehenden Aufenthalt im Reichsgebiet nur zu erteilen, wenn der Ausweis im Einzelfalle den ausdrücklichen Vermerk trägt, daß der Inhaber zur Rückkehr nach Belgien berechtigt ist. Dabei soll die Dauer des deutschen Sichtvermerks weder die Geltungsdauer des Ausweises noch die für die Rückkehr nach Belgien von der belgischen Behörde festgesetzte Frist überschreiten. Auf Sichtvermerksverlängerungen und Aufenthaltsbewilligungen an Inhaber belgischer Personalausweise findet die Ergänzungsbestimmung zu § 91 der Paßbekanntmachung (vgl. RdErl. v. 22. 9. 1924 — IV E 564, MBliV. S. 933) entsprechende Anwendung.

11. Verordnung über die Bestrafung von Zuwiderhandlungen gegen die Paßvorschriften. Vom 6. April 1923.

(RGBl. 1923 I, S. 249.)

Auf Grund von § 9 des Gesetzes über das Paßwesen vom 12. Oktober 1867 (Bundesgesetzbl. S. 33) in der Fassung des Artikels IV des Notgesetzes vom 24. Februar 1923 (Reichsgesetzbl. I S. 147) wird folgendes verordnet [1]) [2]):

[1]) Grundlagen und Gültigkeit: Da das Gesetz über das Paßwesen vom 12. Oktober 1867 aufrecht erhalten ist, gilt

auch heute grundsätzlich Paßfreiheit. Der heutige Zustand der Paß- und Sichtvermerkspflicht gründet sich nur auf § 9 des Paßgesetzes, ist also ausdrücklich nur als vorübergehende Maßnahme gedacht. Die frühere Fassung des § 9 des Paßgesetzes bot keine Handhabe zum Erlaß von Strafbestimmungen. Durch Artikel IV des Notgesetzes vom 24. Februar 1923 (RGBl. I. S. 147) hat § 9 des Paßgesetzes seine neue Fassung erhalten. Die hauptsächlichen Änderungen: 1. Während die alte Fassung nur die vorübergehende Einführung der „Paßpflichtigkeit" vorsah, kann nach der neuen Fassung auch der Sichtvermerkszwang eingeführt werden. 2. Nach der neuen Fassung kann der Reichspräsident Strafbestimmungen erlassen, und der Landespolizeibehörde Ausweisungsbefugnis aus dem Reichsgebiet erteilen. Die hiernach erlassene Paßstrafverordnung vom 6. April 1923 gründet sich ausschließlich auf Abs. 2 des § 9 des Paßgesetzes. Sie enthält nicht etwa die in § 9 Abs. 1 ins Auge gefaßte Einführung des Paß- und Sichtvermerkszwanges, setzt vielmehr voraus, daß der Paß- und Sichtvermerkszwang bereits eingeführt ist, daß also der Reichspräsident von der ihm im Abs. 1 des § 9 eingeräumten Befugnis Gebrauch gemacht hat. Nach § 9 Abs. 2 des Paßgesetzes kann ja der Reichspräsident Strafbestimmungen nur gegen Personen erlassen, die den „von ihm getroffenen Anordnungen und den hierzu ergehenden Ausführungsbestimmungen" zuwiderhandeln. Aus dem Zusammenhang mit Abs. 1 des § 9 ergibt sich, daß unter den im Abs. 2 Ziffer 1 ins Auge gefaßten „Anordnungen" nur diejenigen Anordnungen gemeint sein können, die der Reichspräsident auf Grund des Abs. 1 des § 9 des Paßgesetzes erlassen hat. Tatsächlich aber hat der Reichspräsident von der ihm durch § 9 Abs. 1 des Paßgesetzes eingeräumten Befugnis der Einführung des Paß- und Sichtvermerkszwanges keinen Gebrauch gemacht. Zwar gibt es eine Verordnung des Reichspräsidenten vom 10. Juni 1919 (RGBl. S. 516), durch die der Paß- und der Sichtvermerkszwang eingeführt ist. Aber diese Verordnung ist, wie schon aus ihrem früheren Datum hervorgeht, nicht auf Grund der neuen, erst auf Grund des Notgesetzes vom 24. Februar 1923 eingeführten Fassung des § 9 Abs. 1 des Paßgesetzes erlassen werden. Ob die Verordnung vom 10. Juni 1919 überhaupt noch gültig ist, kann berechtigten im folgenden erörterten Zweifeln unterliegen. —

Aber selbst wenn an ihrer vollständigen oder teilweisen Gültigkeit kein Zweifel bestände, würde diese Verordnung nicht die rechtliche Grundlage der Paßstrafverordnung bilden können. Durch ihre einleitenden Worte bringt die Paßstrafverordnung zum Ausdruck, daß sie die in Abs. 2 des § 9 des Paßgesetzes neuer Fassung vorgesehene Bestimmung des Reichspräsidenten darstellen will. Strafbestimmungen dürfen jedoch nur gegen Personen erlassen werden, die den auf Grund des Abs. 1 des § 9 des Paßgesetzes neuer Fassung erlassenen Anordnungen des Reichspräsidenten und den hierzu ergehenden Ausführungsbestimmungen zuwiderhandeln. Da auf Grund des § 9 Abs. 1 des Paßgesetzes neuer Fassung Anordnungen des Reichspräsidenten überhaupt nicht erlassen worden sind, ist auch für die zum Schutze derartiger Anordnungen des Reichspräsidenten vom Abs. 2 des § 9 des Paßgesetzes vorgesehenen Strafbestimmungen kein Raum. Die Paßstrafverordnung vom 6. 4. 1923 dient denn auch nach ihrem eigenen Eingeständnis (vgl. insbesondere § 1 Ziff. 12 der Verordnung) nicht dem Schutze der auf Grund des § 9 Abs. 1 neuer Fassung des Paßgesetzes zu erlassenden, aber tatsächlich nicht erlassenen Anordnungen des Reichspräsidenten, sondern früheren Anordnungen, nämlich dem Schutze der Paßverordnung vom 10. 6. 1919. Hierfür aber fehlt jede gesetzliche Grundlage. — Aber auch die Verordnung vom 10. 6. 1919 ist selbst recht angreifbar. Sie ist „auf Grund des Gesetzes über das Paßwesen vom 12. Oktober 1867" alter Fassung erlassen worden. Hiernach konnte die Paßpflichtigkeit angeordnet werden, wenn „die Sicherheit des Bundes oder eines einzelnen Bundesstaates oder die öffentliche Ordnung durch Krieg, innere Unruhen, oder sonstige Ereignisse bedroht erscheint". Die neue Fassung des § 9 enthält aber insofern eine Einschränkung der Verordnungsbefugnis des Reichspräsidenten, als diese nur eintritt, „wenn die Sicherheit des Reiches oder eines Landes oder die öffentliche Ordnung durch außergewöhnliche Ereignisse bedroht erscheint". Die von der neuen Fassung des § 9 geforderte Voraussetzung des Vorhandenseins „außergewöhnlicher Ereignisse" setzt dem Verordnungsrecht des Reichspräsidenten engere Grenzen, als die Voraussetzung „sonstiger Ereignisse", die von der alten Fassung des § 9 gefordert wurde. Nach der Beendigung der inneren Unruhen, des Ruhrkrieges und der Inflation dürfte schwerlich die

Behauptung aufgestellt werden können, daß „außergewöhnliche Ereignisse", die nach der neuen Fassung des § 9 des Paßgesetzes ausschließlich die Grundlage der Einführung des Paß- und Sichtvermerkszwanges sein können, vorhanden sind. — Daß die neue Fassung des § 9 des Paßgesetzes eine Einschränkung der Voraussetzungen der Verordnungen des Reichspräsidenten bedeutet, geht schon aus der Hinzufügung des Abs. 3 des § 9 hervor, wonach die Verordnungen des Reichspräsidenten dem Reichstag unverzüglich zur Kenntnis zu bringen und auf sein Verlangen außer Kraft zu setzen sind. Es ist dies eine bewußte Angleichung an den Artikel 48 Abs. 3 der Reichsverfassung. Es ist hierdurch mit aller Schärfe zum Ausdruck gebracht worden, daß die Einführung des Paß- und Sichtvermerkeszwangs dem „Ausnahmezustand" der Reichsverfassung entspricht. Bedenkt man ferner, daß die neue Fassung des § 9 auf dem Notgesetz vom 24. Februar 1923 beruht, das tatsächlich auf „außergewöhnliche Ereignisse", nämlich Ruhrbesetzung und rapide steigende Inflation, zurückzuführen ist, so ergibt sich, daß die von der neuen Fassung des § 9 des Paßgesetzes vorgesehenen Anordnungen des Reichspräsidenten für bestimmte Ereignisse zu treffende Ausnahmeverordnungen sind. Diesen Charakter aber trägt die mehrere Jahre vor dem Notgesetz ergangene Verordnung des Reichspräsidenten vom 10. Juni 1919 ganz und gar nicht. Das ergibt sich am deutlichsten aus ihrer Geschichte. Am 31. Juli 1914, bei Kriegsausbruch, erging als reine Kriegsverordnung die „Verordnung betreffend die vorübergehende Einführung der Paßpflicht" (RGBl. S. 264). § 1 dieser Verordnung setzte die Paßpflicht ausdrücklich nur „bis auf weiteres" fest. Diese Verordnung war auf Grund des Paßgesetzes von 1867 erlassen worden. Auch die „Verordnung betreffend anderweite Regelung der Paßpflicht" vom 16. 12. 1914 (RGBl. S. 521), die auf Grund desselben Paßgesetzes erlassen ist, ordnet die Paßpflicht „bis auf weiteres" an. Durch die Verordnung betreffend anderweite Regelung der Paßpflicht vom 21. 6. 1916 (RGBl. S. 599) wurde der Sichtvermerkszwang eingeführt. Diese Verordnung verzichtet bereits darauf, nur „bis auf weiteres" zu gelten, sondern mißt sich unbekümmert um § 9 des Paßgesetzes, der auch in seiner alten Fassung die Einführung der Paßpflichtigkeit nur „vorübergehend" zuläßt, unbeschränkte Gültigkeitsdauer zu. Zu dieser

Verordnung erließ der Reichskanzler die Ausführungsvorschriften vom 24. Juni 1916 (RGBl. S. 601). Auch die Verordnung vom 10. Juni 1919, die ausdrücklich die bis dahin geltende Verordnung vom 21. 6. 1916 abändert und ihr eine neue Fassung gibt, enthält nichts mehr über die Beschränkung der Gültigkeitsdauer und gibt in keiner Weise zu erkennen, daß sie nur eine vorübergehende Maßregel sein will. Die Tendenz der Paßverordnung von 1919 ist danach mit der grundsätzlichen Stellung der neuen Fassung des § 9 des Paßgesetzes nicht zu vereinbaren. — Wenn § 9 des Paßgesetzes ausdrücklich nur die vorübergehende Einführung des Paß- und Sichtvermerkszwanges gestattet, so müßte überdies schon aus dem Wortlaut der Anordnung des Reichspräsidenten die beschränkte Geltungsdauer ersichtlich sein. Hierbei könnte es sogar schon zweifelhaft sein, ob die Einführung der Paßpflicht „bis auf weiteres" genügen würde, ob nicht vielmehr die Anordnung des Reichspräsidenten sich eine bestimmte Geltungsdauer beilegen müßte. Eine Verordnung des Reichspräsidenten, die ihren provisorischen Charakter aber überhaupt nicht zum Ausdruck bringt und sich umgekehrt durch Weglassung derjenigen Stellen der früheren Verordnungen, die wenigstens die Tendenz des Provisorischen offenbarten, unbeschränkte Geltungsdauer beilegt, hält sich nicht mehr im Rahmen des § 9 des Paßgesetzes. — Wollte man aber trotz aller Bedenken die Gültigkeit der Verordnung des Reichspräsidenten vom 10. Juni 1919 bejahen, so würden doch nur diejenigen Vorschriften der Verordnung, die sich auf die „Paßpflichtigkeit" beziehen, gültig sein. Insoweit als durch die Verordnung von 1919 auch der Sichtvermerkszwang eingeführt ist, fehlt ihr die rechtliche Grundlage völlig, da in der alten Fassung des § 9 des Paßgesetzes ausschließlich die vorläufige Einführung der Paßpflichtigkeit vorgesehen ist. Die Paßpflicht und die Sichtvermerkspflicht sind aber zwei vollständig theoretisch und praktisch getrennte Gebiete. Erst auf Grund der neuen Fassung des § 9 des Paßgesetzes wäre auch die bisher nicht erfolgte Einführung des Sichtvermerkszwanges bei Vorliegen der übrigen Voraussetzungen für vorübergehende Zeit statthaft.

[2]) Straflosigkeit früherer Paßvergehen: Diese Verordnung ist, da sie am 20. 4. 1923 verkündet ist, erst an diesem Tage

§ 1. Mit Geldstrafe von 3 Goldmark bis zu 10000 Goldmark[3]), oder mit Haft oder mit Gefängnis bis zu einem Jahre[4]) wird bestraft, sofern nicht nach den allgemeinen Strafgesetzen eine schwerere Strafe verwirkt ist[5]):

---

in Kraft getreten (§ 4). Früher galt die Verordnung des Reichsministers des Innern betreffend Strafbestimmungen für Zuwiderhandlungen gegen die Paßvorschriften vom 21. Mai 1919 (RGBl. S. 470). Diese Verordnung wurde durch das Gesetz über Verlängerung der Geltungsdauer von Demobilmachungsverordnungen vom 30. 3. 1922 (RGBl. S. 285) Artikel I Ziffer 14 zuerst bis zum 31. Oktober 1922, später durch das Gesetz über Verlängerung der Geltungsdauer von Demobilmachungsverordnungen vom 26. 10. 1922 — (RGBl. S. 802) Artikel I bis zum 31. März 1923 verlängert. Paßvergehen, die zwischen dem 1. und 20. April 1923 begangen sind, sind also ohne weiteres straflos. Aber auch Paßvergehen, die sich vor dem 1. April 1923 ereignet haben, sind praktisch in fast allen Fällen straflos. Die Verordnung vom 21. Mai 1919 hatte als reine Demobilmachungsverordnung die Bundesratsverordnung vom 7. November 1918 (RGBl. S. 1292) als Grundlage, die in ihrem § 6 Strafverfolgung nur auf Antrag des Staatskommissars oder des Demobilmachungskommissars zuließ. Eine Bestrafung auf Grund der Verordnung vom 21. Mai 1919 kann also nur erfolgen, wenn in dem gerade abzuurteilenden Spezialfalle ein Strafantrag des Staatskommissars oder Demobilmachungskommissars vorliegt, der fast stets fehlen wird (so auch KG. in JurW. 1924 S. 719).

[3]) Ursprünglicher Text: 10000 Mark bis zu 2000000 Mark. Die obige Fassung ergibt sich aus § 27 Abs. 2 Ziff. 2 StGB. in der Fassung der Verordnung über Vermögensstrafen und Bußen vom 6. 2. 1924 (RGBl. I S. 44).

[4]) Es liegt also ein Vergehen vor (§ 1 StGB. in d. Fass. der VO. über Vermögensstrafen und Bußen vom 6. 2. 1924 (RGBl. I S. 44).

[5]) Paßrechtliche Strafbestimmungen gibt es außer dieser Verordnung nicht.

1[6]. wer die Reichsgrenze unbefugt[7] überschreitet[8][9], insbesondere ohne im Besitz eines nach den geltenden Bestimmungen erforderlichen[10] Ausweises[11] oder der zum Grenzübertritte berechtigenden Vermerke[12] zu sein,

2. wer die Reichsgrenze an anderen Stellen als den von den zuständigen Behörden bestimmten Grenzübergangsstellen oder außerhalb der für diese Grenzübergangsstellen festgesetzten Verkehrsstunden überschreitet[13],

3. wer sich beim Grenzübertritt oder bei der sonst stattfindenden Paßnachschau der amtlichen Prüfung entzieht[14],

4. wer vorsätzlich den zur Überwachung des Grenzverkehrs erlassenen Anordnungen der Grenzstellen zuwiderhandelt,

5. wer eigenmächtig von den Reisezielen oder Reisewegen abweicht oder die Reisefristen überschreitet, die

---

6) Ziff. 1—11 gelten formal für Inländer und Ausländer. Der materielle Inhalt aber ist ein anderer.

7) D. h. ohne behördliche Erlaubnis.

8) Da es sich um ein Vergehen handelt, ist Vorsatz oder Fahrlässigkeit erforderlich. — Eine Zuwiderhandlung gegen das Verbot liegt nicht vor, so daß die Frage, ob ein Verschulden anzunehmen ist, überhaupt nicht praktisch werden kann, wenn der Grenzübertritt nicht freiwillig, sondern zwangsweise, z. B. durch Abschub seitens eines anderen Staates erfolgt. — Mit der Überschreitung der Grenze vollendet; kein Dauerdelikt.

9) Idealkonkurrenz (§ 73 StGB.) mit Bannbruch (§ 361 Ziff 2 StGB.) möglich.

10) D. h. insoweit ein Ausweis erforderlich ist (§ 1 der PaßVO.).

11) Paß (§ 1 PaßVO.) oder Paßersatz (§§ 3, 4 PaßVO.).

12) Sichtvermerke (§ 1 Abs. 2 PaßVO.), soweit sie nach den geltenden Bestimmungen erforderlich sind.

13) Es gilt das in Anm. 8 Gesagte.

14) Vorsätzlich oder fahrlässig.

ihm im Sichtvermerk oder einem diesen ergänzenden Vermerk in einer zum Ausweis seiner Person für die Einreise über die Reichsgrenze oder zum Aufenthalt im Reichsgebiete bestimmten Urkunde vorgeschrieben sind [15]),

[15]) Ziff. 5 enthält kein „Paßvergehen", sondern „Sichtvermerksvergehen". Die strafbare Handlung besteht in der Zuwiderhandlung gegen die Gebote, die im Sichtvermerk enthalten sind. Die Zuwiderhandlungen können von dreierlei Art sein: Abweichung von den Reisezielen, Abweichung von den Reisewegen, Überschreitung der Reisefristen.

a) Voraussetzung der Straftat ist, daß ein Sichtvermerk erteilt ist. Nur wo ein Sichtvermerk vorhanden ist, kann auch ein den Sichtvermerk ergänzender Vermerk vorhanden sein. Wer gar nicht im Besitze eines Sichtvermerks gewesen ist, z. B. die Deutsche Reichsgrenze ohne Sichtvermerk überschritten hat, kann sich nicht des Vergehens aus § 1 Ziff. 5 dieser Verordnung schuldig machen. —

b) Das Reiseziel, der Reiseweg oder die Reisefrist muß entweder im Sichtvermerk selbst enthalten sein oder in einem Vermerke, der außer dem Sichtvermerk vorhanden ist und eine Ergänzung des Sichtvermerkes darstellt. Vermerke, die keinen sichtvermerksrechtlichen, sondern fremden-polizeilichen Charakter tragen, kommen nicht in Betracht. Insbesondere stellen Vermerke meldepolizeilicher Art oder Vermerke und Bescheinigungen der Fremdenpolizei über Aufenthaltsberechtigung, insbesondere sogenannte „Aufenthaltsbescheinigungen" niemals eine Ergänzung des Sichtvermerks dar. (So auch Kammergericht in ständiger Rechtsprechung, z. B. in 3 S. 295. 25.) Die Aufenthaltsbescheinigung kann auch solchen Ausländern erteilt werden, die niemals einen Sichtvermerk besessen haben. Sie wird nach der ausdrücklichen Vorschrift der Preußischen Ergänzungsbestimmungen für die Bekanntmachung zur Ausführung der Paßverordnung (MinBl. f. d. Preuß. Inn. Verw. Nr. 4 S. 933 zu § 60 III) sogar häufig gerade in den Fällen erteilt, in denen eine Verlängerung des Sichtvermerks nicht möglich ist. Sie steht zum Sichtvermerk also in gar keiner Beziehung, kann insbesondere auch keine Ergänzung des Sichtvermerks darstellen. Sie ist eine rein fremdenpolizeiliche Bescheinigung.

c) Der Sichtvermerk bzw. der den Sichtvermerk ergänzende Vermerk, in welchem Reiseziele, Reisewege oder Reisefristen vorschrieben sind, muß sich in einer Urkunde befinden, die zum Ausweise der Persönlichkeit für die Reichsgrenzüberschreitung oder zum Aufententhalt im Inlande bestimmt ist. Das ist an sich selbstverständlich, da nach § 1 der Paßverordnung vom 10. 6. 1919 i. Verb. mit § 3, § 4 und § 5 der PaßVO. und § 40 Abs. 1 der Paßbekanntmachung vom 4. 6. 1924 nur ein Paß oder ein Paßersatz Träger von Sichtvermerken sein kann. Immerhin dient der Zusatz insofern der größeren Klarheit, als aus ihm hervorgeht, daß Zuwiderhandlungen gegen Gebote, die in einer Aufenthaltsbescheinigung enthalten sind, nicht unter § 1 Ziff. 5 dieser Verordnung fallen können. Denn „Aufenthaltsbescheinigungen" sind keine Urkunden, die zum Ausweis einer Person bestimmt sind. Sie dürfen im Gegenteil nach der Vorschrift der Preußischen Ergänzungsbestimmungen für die Bekanntmachung zur Ausführung der Paßverordnung zu § 25 I (MinBl. f. d. Inn. Verw. 1924 S. 933) nur in Verbindung mit einem Paß oder Paßersatz, also den zum Ausweis einer Person bestimmten Urkunden, ausgestellt werden. Die Überschreitung der Geltungsdauer einer Aufenthaltsbescheinigung fällt nicht unter paßrechtliche oder sichtvermerksrechtliche Strafbestimmungen, ist vielmehr straflos und kann nur Folgen fremdenpolizeicher Art (z. B. Ausweisung) nach sich ziehen.

d) Die verbotene Handlung besteht im eigenmächtigen Abweichen von den Reisezielen bzw. Reisewegen oder im eigenmächtigen Überschreiten der Reisefristen. — Vorsatz oder Fahrlässigkeit erforderlich. — Ein Ausländer, insbes. ein Staatenloser, der nicht in der Lage ist, dem Ausreisegebot Folge zu leisten, weil er keinen Sichtvermerk anderer Länder erhalten kann, begeht keine Zuwiderhandlung gegen das Ausreisegebot, weil die Ausreisehandlung selbst unter den heutigen Verhältnissen die Mitwirkungshandlung eines Staates voraussetzt. Hat der Ausländer seinerseits alles getan, um dem Ausreisegebot zu folgen, so hat er das Ausreisegebot überhaupt nicht übertreten, so daß die Frage, ob die Zuwiderhandlung vorsätzlich oder fahrlässig geschehen ist, gar nicht auftauchen kann (vgl. unten Anm. 17 b). Hierbei ist zu berücksichtigen, daß die unerlaubte

6. wer eine zum Ausweis einer Person für den Aufenthalt im Reichsgebiet oder für den Übertritt über die Reichsgrenze bestimmte Urkunde[16]) oder in einer solchen Urkunde einen Sichtvermerk oder einen sonstigen Eintrag oder Stempel einer amtlichen Stelle fälschlich anfertigt oder verfälscht,

7. wer wissentlich von einer solchen[16]) falschen oder verfälschten Urkunde oder von einer solchen echten, für

---

überschreitung der Grenze eines anderen Landes dem Ausländer nicht zugemutet werden kann; das deutsche Gesetz will nicht zur Begehung einer im Einwanderungslande strafbaren Handlung anstiften. — Die verbotenen Handlungen sind Dauerdelikte (so KG. in ständiger Rechtsprechung). Hatte der Ausländer jedoch eine Aufenthaltserlaubnis nach Ablauf des Sichtvermerks erhalten, so stellt die überschreitung dieser Aufenthaltserlaubnis nicht eine perpetuierte überschreitung des früheren Sichtvermerks dar, wie das KG. in gekünstelter Konstruktion annimmt (z. B. in 3. S. 295. 25). Er liegt vielmehr dann eine straflose überschreitung der Aufenthaltserlaubnis vor (siehe oben c).

e) Die Handlung muß „eigenmächtig" geschehen. Wird eine Aufenthaltserlaubnis erteilt, so ist das Tatbestandsmerkmal der Eigenmächtigkeit ausgeschlossen (so KG. in ständiger Rechtsprechung, z. B. in 3. S. 295. 25). — Wird rechtzeitig der Antrag auf Verlängerung des Sichtvermerks erteilt und diesem einige Zeit nach Ablauf des Sichtvermerks stattgegeben bzw. Aufenthaltserlaubnis erteilt, so ist die kurze Zeitspanne zwischen Ablauf und Erneuerung des Sichtvermerks bzw. bis zur Erteilung der Aufenthaltserlaubnis nicht geeignet, das Moment der Eigenmächtigkeit zu begründen. Es soll dem Ausländer nicht die sinnlose Zumutung gestellt werden, für kurze Zeit bis zur antragsmäßigen Erledigung seines Gesuches auszureisen, um dann wiederzukehren.

[16]) Paß oder Paßersatz, dagegen nicht polizeiliche Bescheinigungen über Aufenthaltserlaubnis (vgl. Anm. 15).

einen anderen ausgestellten Urkunde, als ob sie für ihn ausgestellt wäre, Gebrauch macht,

8. wer eine zum Ausweis seiner Person für den Aufenthalt im Reichsgebiet oder für den Übertritt über die Reichsgrenze bestimmte Urkunde[16]) einem anderen zum Gebrauch überläßt,

9. wer wissentlich zur Erlangung oder Verschaffung von Urkunden, die zum Ausweis einer Person für den Aufenthalt im Reichsgebiet oder für den Übertritt über die Reichsgrenze bestimmt sind[16]), von Sichtvermerken oder von sonstigen Einträgen in diese Urkunden unwahre Angaben macht oder unrichtige oder irreführende Ausweise und Belege vorlegt, oder wer wissentlich von einer auf diese Weise erlangten oder verschafften Urkunde Gebrauch macht,

10. wer unbefugt mehrere deutsche Pässe oder andere als Paßersatz zugelassene Urkunden sich ausstellen läßt oder führt,

11. wer es unternimmt, eine der in Ziffer 1 bis 10 bezeichneten Handlungen zu begehen oder wer zu einer solchen Handlung wissentlich durch Rat oder Tat Hilfe leistet, anstiftet oder auffordert,

12. ein Ausländer, welcher der ihm durch § 2 der Paßverordnung vom 10. Juni 1919 (Reichsgesetzbl. S. 519) auferlegten Verpflichtung, sich durch einen Paß oder ein anderes, nach Maßgabe der §§ 3 oder 4 der bezeichneten Verordnung zugelassenes Ausweispapier über seine Person auszuweisen, nicht nachkommt, oder welcher es als gesetzlicher Vertreter einer Person unterläßt, trotz behördlicher Aufforderung für die von ihm vertretene Person die nach den angeführten Bestim-

mungen erforderlichen Ausweise zu beschaffen oder vorzulegen [17]).

---

17) a) Täter kann sein: „jeder Ausländer, der sich im Reichsgebiet aufhält“. (§ 2 der VO. vom 10. 6. 1919, RGBl. S. 516, vgl. oben Anm. 1).

b) Die verbotene Handlung besteht darin, daß der durch § 2 der Paßverordnung von 1919 auferlegten Verpflichtung, sich durch einen Paß oder einen Personalausweis auszuweisen, „nicht nachgekommen wird“ bzw. daß ein gesetzlicher Vertreter es unterläßt, für die von ihm vertretene paßpflichtige Person den vorgeschriebenen Paß „zu beschaffen oder vorzulegen“. Zwischen der Verpflichtung des gesetzlichen Vertreters und derjenigen der im ersten Halbsatz genannten, selbständig paßpflichtigen Person besteht kein prinzipieller Unterschied. Der Unterschied liegt trotz der für beide Personenkreise verschieden gewählten Ausdrucksweise der Verordnung nur darin, daß die Beschaffungs- bezw. Vorlegungspflicht für den gesetzlichen Vertreter erst auf Grund einer behördlichen Aufforderung eintritt, während sie für den selbständig Paßpflichtigen ohne Aufforderung unmittelbar auf Grund der Paßverordnung von 1919 besteht. Die verbotene Handlung besteht in beiden Fällen in dem Nichtbeschaffen oder der Nichtvorlegung eines Passes bzw. Paßersatzes. Es handelt sich um sog. unechte Unterlassungsdelikte, die darin bestehen, daß von der Rechtsordnung aufgestellte Gebote, eine bestimmte Tätigkeit zu entfalten, nicht erfüllt werden. Das Gesetz gebietet eine Tätigkeit. Wie jedem gesetzlichen Gebot oder Verbot liegt auch dem vorliegenden Gebot die Tatsache zugrunde, daß ein gewisser Zustand dem Willen der Rechtsordnung nicht entspricht, also „widerrechtlich“ ist. Der widerrechtliche Zustand besteht hier darin, daß ein im Reichsgebiet sich aufhaltender Ausländer sich nicht durch Paß oder Paßersatz ausweist. Durch das im § 2 der Paßverordnung von 1919 enthaltene Gebot will die Rechtsordnung durch Einwirkung auf menschliches Handeln die Entstehung des rechtswidrigen Zustandes verhindern (vgl. Komm. z. Strafges. von Ebermayer, Lobe, Rosenberg, 2. Aufl. 1922 S. 3 und S. 25). Ziel des Gebotes ist ausschließlich die Beeinflussung des menschlichen Willens, die Erzwingung einer Tätigkeit derjenigen Person, an die das Gebot gerichtet ist. Soweit der Eintritt des der Rechtsordnung genehmen Zustandes überhaupt nicht von der Tätigkeit des Adressaten, in diesem Falle des sich im Reichsgebiet aufhaltenden Ausländers, abhängig ist, liegt er außerhalb der Sphäre eines Gebotes oder Verbotes. Nun ist die von der hier fraglichen Verordnungsbestimmung verlangte „Beschaffung" oder „Vorlegung" des vorschriftsmäßigen Ausweispapieres nicht ausschließlich von dem Verhalten des Ausländers abhängig, sondern es gehört dazu eine Mitwirkung der ausländischen bzw. inländischen Paßbehörden. Nur soweit eine Mitwirkungsmöglichkeit des Ausländers an der Paßbeschaffung besteht, ist Raum für ein strafrechtliches Gebot oder Verbot. Das ergibt sich aus dem Wesen des Strafrechts. § 2 der Paßverordnung von 1919 und § 1 Ziffer 12 der Paßstrafverordnung enthalten nun keine klare und genaue Fassung des an den Ausländer gerichteten Gebotes. Das an den im Reichsgebiet befindlichen Ausländer gerichtete Gebot kann sinngemäß nur darin bestehen, seinerseits diejenige Tätigkeit zu entfalten, welche erforderlich ist, um ihn in den Besitz des vorschriftsmäßigen Ausweispapieres zu setzen. Soweit jedoch zu dem Erfolge der Paßbeschaffung eine behördliche Mitwirkung erforderlich ist, liegt sie außerhalb des Rahmens des Gebotes. Vorgeschrieben ist dem Ausländer lediglich seine eigene Mitwirkungshandlung. Soweit er diese Mitwirkungshandlung unterläßt, verstößt er gegen das Gebot. Wenn dagegen der im Reichsgebiet befindliche Ausländer seinerseits alles zur Paßbeschaffung Erforderliche getan hat, kann ein Verstoß gegen das Gebot überhaupt nicht in Frage kommen, selbst wenn aus Gründen, die außerhalb der Person des Ausländers liegen, insbesondere in Mängeln der behördlichen Mitwirkung, der Erfolg, nämlich der Besitz des vorschriftsmäßigen Ausweispapieres, nicht erreicht wird. Da in diesem Falle gar keine Verletzung des Gebotes der Rechtsordnung vorliegt, kann die Frage, ob der Täter „vorsätzlich" oder „fahrlässig" gehandelt hat, nicht gestellt werden. Die wenigen im Resultat richtigen Entscheidungen der Gerichte in denjenigen Fällen, in denen festgestelltermaßen der Ausländer alles getan hat, was in seinen Kräften stand, um sich in den Besitz des vorgeschriebenen Ausweispapieres zu setzen, ohne es wegen des Ausbleibens der behördlichen Mitwirkung erreichen zu können, sind rechtlich deshalb noch nicht in die Tiefe gedrungen, weil sie die

Freisprechung des angeklagten Ausländers damit begründen, daß zwar objektiv das Gesetz verletzt sei, subjektiv aber das bei jedem Vergehen notwendige Verschulden (Vorsatz oder Fahrlässigkeit) fehle. (So z. B. LG. I Berlin i. S. 11 N. 15. 25.) Gänzlich, auch im Resultat, abwegig ist die Praxis der meisten Amtsgerichte, insbesondere aber auch des Kammergerichts. Das Kammergericht begründet die Bestrafung auch derjenigen Ausländer, die alle Tätigkeit entfaltet haben, um der Vorschrift der Paßbeschaffung zu genügen, denen aber durch den Mangel der behördlichen Mitwirkung der Erfolg versagt blieb, damit, daß objektiv die Verordnung verletzt sei, aber auch in subjektiver Beziehung Vorsatz vorliege, weil der Vorsatz nach reichsgerichtlicher Rechtsprechung nur das Bewußtsein der gesetzlichen Tatbestandsmerkmale verlange, dieses aber vorhanden sei, schon wenn der Ausländer sich trotz Fehlens der Ausweispapiere im Inland aufhalte (z. B. Kammergericht i. S. 3. S. 218. 25). Diese Auffassung ist dadurch verursacht, daß das Kammergericht die Frage des Verschuldens geprüft hat, ohne sich vorher klarzumachen, worin eigentlich das Gebot besteht, dessen Verletzung strafbar ist. Das Kammergericht ist einem doppelten Fehler verfallen: Strafbar ist nach § 1 Ziff. 12 nicht die Tätigkeit des „Sichaufhaltens" im Inlande ohne Ausweispapier, sondern die „Nichtbeschaffung" des Ausweispapieres. Der Aufenthalt kommt in diesem Zusammenhang nur insofern in Betracht, als Täter nur der sich im Reichsgebiet aufhaltende Ausländer sein kann. Der Aufenthalt im Reichsgebiet ist nur Voraussetzung des strafrechtlichen Gebotes. Strafbar aber ist andererseits auch nicht das „Nichtbesitzen" des Ausweispapieres, sondern nur die „Nichtbeschaffung", die wie oben gezeigt, aber nur insoweit dem rechtlichen Gebot unterliegt, als sie von der Tätigkeit des Ausländers abhängig ist.

c) Nur soweit der sich im Inland aufhaltende Ausländer seine Mitwirkungshandlung bei der Paßbeschaffung unterlassen hat, ist objektiv die Vorschrift des § 1 Ziff. 12 verletzt. In subjektiver Hinsicht ist, wie bei jedem Vergehen, diese verbotene Unterlassung nur strafbar, wenn sie vorsätzlich oder fahrlässig geschieht. In objektiver Beziehung hängt es von dem einzelnen Falle ab, in welchen Handlungen die erforderliche Mitwirkung des Ausländers an der Paßbeschaffung zu bestehen hat. Grundsätzlich ist erforder-

§ 2. Die Landespolizeibehörden sind befugt, Ausländer, die sich einer Zuwiderhandlung im Sinne des § 1 Ziffer 1 bis 12 schuldig machen, aus dem Reichsgebiete zu verweisen [18].

§ 3. Die mit der Grenzüberwachung oder Paßnachschau betrauten Polizeibehörden sind befugt, nach näheren Anweisungen der Landeszentralbehörden [19]) die für Zu=

---

lich und genügend, daß der Ausländer rechtzeitig, das heißt unmittelbar nach Ablauf der Gültigkeit seines bisherigen Ausweispapieres den Antrag auf Ausstellung eines neuen Ausweispapieres oder auf Verlängerung der Gültigkeitsdauer des bisherigen Ausweispapieres bei der zuständigen Paßbehörde, grundsätzlich also bei dem Konsulate seines Heimatstaates, stellt. Hat der Ausländer Grund zu der Annahme, daß die Voraussetzungen des § 29 der Paßbekanntmachung vom 4. 6. 1924, oben S. 90, vorliegen, unter denen die deutschen Paßbehörden ihm einen Paßersatz ausstellen können, so ist der rechtzeitige Antrag bei der deutschen Paßbehörde (§ 30 der Paßbekanntmachung) erforderlich und genügend. Erst wenn feststeht, daß der Ausländer diese Verpflichtungen nicht erfüllt hat, ist zu prüfen, ob die Unterlassung vorsätzlich oder fahrlässig geschehen ist. Ob ein Verschulden vorliegt, ist Tatfrage. Doch hat das Gericht bei der Frage des Verschuldens auf die ungeheuren Schwierigkeiten Rücksicht zu nehmen, die dem Ausländer, vor allem denjenigen Personen, deren Staatsangehörigkeit nicht feststeht, oder die staatenlos sind, entgegenstehen.

[18]) vgl. Ausweisungserlaß MdJ. v. 24. 8. 1923, insbes. II III, oben S. 33 f.

[19]) Bestrafung v. Zuwiderhandlungen gegen d. Paßvorschriften. RdErl. d. MdJ. v. 27. 8. 1925 — IV E 415 (MBliV. S. 929). „... Auf Grund des § 3 der Vd. des Reichspräsidenten über die Bestrafung von Zuwiderhandlungen gegen die Paßvorschriften v. 6. 4. 1923 (RGBl. I S. 249) werden daher die Landräte der Grenzkreise in den unten bezeichneten Reg.-Bez. ermächtigt, die für Zuwiderhandlungen gegen die Paßvorschriften gemäß § 1 Ziff. 1—5 u. 12 der erwähnten Vd. angedrohten Geld- oder Haftstrafen, sowie die an die Stelle nicht beitreibbarer Geldstrafen

tretenden Freiheitsstrafen unter Anwendung der Vorschriften der §§ 413 Abs. 3 und 4, 414 bis 418 der Strafprozeßordnung (neuer Fassung) durch Verfügung festzusetzen und die festgesetzten Geldstrafen sofort zu vollstrecken. Diese Ermächtigung wird jedoch mit der Maßgabe erteilt, daß die durch Verfügung festzusetzenden und zu vollstreckenden Geldstrafen den Betrag von 300 RM. und daß die festzusetzenden Haftstrafen 2 Wochen nicht übersteigen dürfen. Erscheinen höhere Strafen angezeigt, so ist — wie bisher — die Aburteilung der Paßvergehen den Gerichten zu überlassen. Eine Übertragung der Strafbefugnis auf andere Behörden, insbesondere auch auf die Grenzkommissariate, ist unzulässig. . . .

An die Reg.-Präs. in Gumbinnen, Allenstein, Marienwerder, Königsberg i. Pr., Köslin, Schneidemühl, Frankfurt a. O., Breslau, Oppeln."

AV. d. JM. v. 6. 10. 1925 über die Bestrafung von Zuwiderhandlungen gegen die Paßvorschriften (I. 4520). (JMBl. 1925 S. 369.)

„Die in dem RdErl. v. 27. 8. 1925 den Landräten der Grenzkreise erteilte Strafbefugnis für Zuwiderhandlungen gegen die Paßvorschriften hat der MdI. nunmehr auch dem Polizeipräsidenten in Gleiwitz und der Polizeiverwaltung in Ratibor erteilt.

Der RdErl. v. 27. 8. 1925 findet auf die tschechoslovakische Grenze keine Anwendung."

AV. d. JM. v. 28. 10. 1925 über die Bestrafung von Zuwiderhandlungen gegen die Paßvorschriften (I. 4660). (JMBl. 1925 S. 383.)

„Die in dem RdErl. v. 27. 8. 1925 den Landräten der Grenzkreise erteilte Strafbefugnis für Zuwiderhandlungen gegen die Paßvorschriften hat der MdI. nunmehr auch den Polizeipräsidenten in Breslau und in Königsberg i. Pr. erteilt."

AV. d. JM. v. 16. 12. 1925 über die Bestrafung von Zuwiderhandlungen gegen die Paßvorschriften (I. 4980). (JMBl. 1925 S. 434.)

„Die in dem RdErl. v. 27. 8. 1925 den Landräten der Grenzkreise erteilte Strafbefugnis für Zuwiderhandlungen gegen die Paßvorschriften hat der MdI. nunmehr auch den Polizeipräsidenten in Stettin und dem Landrat in Swinemünde erteilt."

widerhandlungen gemäß § 1 Ziffer 1 bis 5 und 12 angedrohten Geld- oder Haftstrafen sowie die an die Stelle einer nicht beitreibbaren Geldstrafe tretende Freiheitsstrafe nach § 453 Abs. 3, 4, §§ 454 bis 458 der Strafprozeßordnung[20]) durch Verfügung festzusetzen und die festgesetzte Geldstrafe sofort zu vollstrecken.

Soweit die Grenzüberwachung oder Paßnachschau von Zollbehörden ausgeübt wird, ist für den Erlaß der etwa notwendig werdenden Anweisungen der Landeszentralbehörden die Zustimmung der Reichsfinanzverwaltung erforderlich.

§ 4. Die Verordnung tritt mit dem Tage der Verkündung in Kraft.

Berlin, den 6. April 1923.

Der Reichspräsident
Ebert
Der Reichsminister des Innern
Oeser

12. Verordnung über das Inkrafttreten des Gesetzes zur Abänderung des Gesetzes über das Paßwesen, des Gebührengesetzes für die Auslandsbehörden und des Reichs- und Staatsangehörigkeitsgesetzes. Vom 27. Juni 1924.

(RGBl. 1924 I, S. 657.)

Auf Grund von § 3 des Gesetzes zur Abänderung des Gesetzes über das Paßwesen, des Gebührengesetzes für die Auslandsbehörden und des Reichs- und Staatsangehörigkeitsgesetzes vom 5. November 1923 (Reichsgesetzbl. I S. 1077) wird verordnet:

---

[20]) Jetzt §§ 413 Abs. 3, 4, 414 bis 418 der Strafprozeßordnung in der Fassung vom 22. 3. 1924.

Das genannte Gesetz vom 5. November 1923 tritt am 1. Juli 1924 in Kraft.

Berlin, den 27. Juni 1924.

Der Reichsminister des Innern
In Vertretung
Zweigert

Der Reichsminister des Auswärtigen
In Vertretung
von Schubert

Verordnung über Gebühren für die Ausfertigung von Pässen, sonstigen Reisepapieren und Sichtvermerken. Vom 27. Juni 1924.

(RGBl. 1924 I, S. 657.)

Gemäß § 8 des Gesetzes über das Paßwesen vom 12. Oktober 1867 (Bundesgesetzbl. S. 33) in der Fassung des Gesetzes zur Abänderung des Gesetzes über das Paßwesen, des Gebührengesetzes für die Auslandsbehörden und des Reichs- und Staatsangehörigkeitsgesetzes vom 5. November 1923 (Reichsgesetzbl. I S. 1077) wird mit Zustimmung des Reichsrats folgendes verordnet:

§ 1. An Gebühren einschließlich etwaiger Stempel- oder anderer Abgaben, insbesondere sogenannter Verwaltungsgebühren, sind zu erheben:

I. für die Ausstellung

eines Passes	5 Mark,
„ Personalausweises als Paßersatz .	10 „
„ Sonderausweises für russische Flüchtlinge	10 „
„ Kinderausweises	2 „

eines Landgangsausweises für Schiffs-
reisende . . . . 1 „ ;

II. für die Verlängerung
eines Passes . . . . 3 Mark,
„ Personalausweises . . . . . 6 „
„ Sonderausweises für russische
Flüchtlinge . . . . 6 „ ;

III. für sonstige Abänderungen oder Ergänzungen eines Passes, eines Personalausweises oder eines Sonderausweises für russische Flüchtlinge . . . . 2 Mark.

Die Gebührensätze gelten für Einzel- und für Familienpässe.

Für die Ausstellung eines Einzelpasses an den Inhaber eines Familienpasses ist nur 50 vom Hundert der Gebühr zu erheben, wenn die Geltungsdauer des Einzelpasses auf die Geltungsdauer des Familienpasses beschränkt wird.

Für die Zulassung von Sammellisten als Paßersatz sind als Gebühr 0,50 Mark für jeden Teilnehmer der gemeinschaftlichen Reise, jedoch mindestens 10 Mark, zu erheben.

Gebühren sind nicht zu erheben

1. für die Ausstellung, Verlängerung oder sonstige Abänderung und Ergänzung von Dienstpässen,
2. für die Ausstellung von Ausweisen zum Verkehr
   a) zwischen Ostpreußen und dem übrigen Reichsgebiete,
   b) mit dem besetzten Gebiet [1]);

---

[1]) Auch nicht für Ausweise für den Verkehr in dem besetzten Gebiete (MBliV. 1926 S. 233).

3. für die Ausstellung von Landgangsausweisen an Seeleute und Rheinseeschiffer.

§ 2. An Gebühren einschließlich etwaiger Stempel- oder anderer Abgaben, insbesondere sogenannter Verwaltungsgebühren, sind zu erheben [2]):

I. für die Erteilung eines Sichtvermerkes

1. zur einmaligen Ein- oder Ausreise . . 5 Mark;

2. zur einmaligen Ein- und Wiederausreise, Aus- und Wiedereinreise oder Durchreise bei einer Geltungsdauer von

drei Tagen	2	"
einer Woche	5	"
einem Monat	10	"
drei Monaten	15	"
über drei Monaten	20	" ;

3. zur einmaligen Durchreise und zurück die Summe der Gebühren, die sich aus Ziff. 2 je nach der Geltungsdauer des Sichtvermerkes für jede der beiden Durchreisen ergeben;

---

[2]) Von österreichischen Bundesangehörigen sind seit 1. 6. 1925 zu erheben:

Für Sichtvermerke zur einmaligen Durchreise ohne freiwillige Fahrtunterbrechung mit regelmäßiger Höchstfrist von 3 Tagen: 1 RM.

Für Sichtvermerke zur einmaligen Einreise oder Ausreise sowie zur einmaligen Ein- und Wiederausreise oder zur einmaligen Aus- und Wiedereinreise ohne Rücksicht auf die Geltungsdauer: 5 RM.

Für Sichtvermerke zum beliebig häufigen Grenzübertritt inhalb 12 Monaten: 10 RM.

(RdErl. d. MdJ. v. 30. 5. 1925, MBliV. S. 666).

4. zur beliebig häufigen Ein- und Wiederausreise, Aus- und Wiedereinreise oder Durchreise
bei einer Geltungsdauer von
drei Monaten . . . . 25 Mark;
sechs Monaten . . . . 40 „
zwölf Monaten . . . . 60 „;

5. zur beliebig häufigen Ausreise 50 vom Hundert der Sätze in Ziffer 4;

6. Zur Wiederausreise nach erfolgter Einreise oder zur Wiedereinreise nach erfolgter Ausreise 50 vom Hundert der Sätze in Ziffer 2 bis 4;

II. für die Erteilung eines Ausnahme-Sichtvermerkes

1. zur einmaligen Einreise und zur einmaligen Ein- und Wiederausreise oder Durchreise neben der Gebühr, die von der für den Wohnsitz oder den Ort des dauernden Aufenthalts des Reisenden zuständigen deutschen Vertretung im Ausland für die Erteilung des entsprechenden ordentlichen Sichtvermerkes zu erheben wäre (Reichsgebühr), ein Zuschlag von 50 vom Hundert (Landesgebühr);

2. zur einmaligen Ausreise (Landesgebühr) 7,50 Mark;

III. für die Erteilung eines Seeschiffersichtvermerkes 50 vom Hundert der Gebühr für die Erteilung eines entsprechenden ordentlichen Sichtvermerkes;

IV. für die Erteilung eines Sichtvermerkes auf Familienpässen nur die Gebühr für die Erteilung eines entsprechenden Sichtvermerkes an eine Einzelperson;

V. für die Erteilung von Sammelsichtvermerken 10 vom Hundert des Betrags, der sich bei Zusammenrechnung der Gebühren für die Erteilung von Einzelsichtvermerken an die Teilnehmer der gemeinschaftlichen Reise ergibt, jedoch mindestens . . . . 10 Mark.

Für die Erteilung eines Ausreisesichtvermerkes an nichtdeutsche Personen, bei denen eine unbefugte Einreise in das Reichsgebiet festgestellt wird, ist neben der ordentlichen Sichtvermerksgebühr ein Zuschlag von 200 vom Hundert der Gebühr zu erheben, die von der für den Wohnsitz oder den Ort des dauernden Aufenthalts der betreffenden Person zuständigen deutschen Vertretung im Ausland für die Erteilung eines Sichtvermerkes zur Ein- und Wiederausreise zu erheben wäre.

Für die Verlängerung eines Sichtvermerkes ist die Gebühr zu erheben, die für die Erteilung eines entsprechenden Sichtvermerkes durch die für den Wohnsitz oder den Ort des dauernden Aufenthalts des Sichtvermerksinhabers zuständige Behörde zu erheben wäre.

Die Gebühr für die Umwandlung eines Durchreisesichtvermerkes in einen Sichtvermerk zur Wiederausreise nach dem Ausgangslande beträgt 1 Mark. Die gleiche Gebühr ist für die sonstige Abänderung eines Sichtvermerkes zu erheben.

Für die Erteilung und Verlängerung von Sichtvermerken zu dienstlichen Reisen sind Gebühren nicht zu erheben.

§ 3. Die Festsetzung der Gebühren für die Ausstellung von Grenzscheinen, Grenzkarten und sonstigen im Verkehr innerhalb der Grenzbezirke, insbesondere im kleinen Grenzverkehr, eingeführten Ausweispapieren wird den Landesregierungen oder den von ihnen ermächtigten Behörden mit der Maßgabe überlassen, daß die Gebühren 1 Mark und, wenn es sich um Ausweispapiere mit einer Geltungsdauer von mehr als drei Monaten handelt, 3 Mark nicht übersteigen dürfen.

Auf die Festsetzung von Gebühren für Grenzübertrittsvermerke, die im Verkehr innerhalb der Grenzbezirke, insbesondere im kleinen Grenzverkehr, erteilt werden, findet Abs. 1 entsprechende Anwendung.

Die besonderen zwischenstaatlichen Vereinbarungen über die Bemessung derartiger Gebühren bleiben unberührt.

§ 4. Die nach dieser Verordnung zu erhebenden Gebühren sind Goldmarkgebühren.

Der Goldmarkbetrag ist, soweit die Gebühren im Inland erhoben werden, nach dem für den Tag der Zahlung geltenden Goldumrechnungssatz in deutsches Währungsgeld umzurechnen. Für die Umrechnung ist der vom Reichsminister der Finanzen auf Grund des § 5 Abs. 1, § 2 Abs. 3 der Verordnung über Steueraufwertung und Vereinfachungen im Besteuerungsverfahren vom 11. und 18. Oktober 1923 (Reichsgesetzbl. I S. 939/979) für die Reichssteuern festgesetzte Umrechnungssatz maßgebend.

§ 5. Der Reichsminister des Auswärtigen kann bestimmen, daß für Amtshandlungen, die zur Zuständigkeit der deutschen Vertretungen im Ausland gehören, ein Zuschlag von 100 vom Hundert zu erheben ist.

§ 6. Die Reichsminister des Innern und des Auswärtigen können aus Gründen der Gegenseitigkeit die Gebühren im Verhältnis zu einzelnen Staaten anderweit festsetzen[1]).

---

[1]) Gegenseitigkeitsgebühren f. d. Ert. v. Sichtvermerken. MBliV. v. 17. 3. 1925 — IV E 636/24.

Im § 6 der Vd. über Gebühren für die Ausfertigung von Pässen, sonstigen Reisepapieren und Sichtvermerken vom 27. 6. 1924 (RGBl. I S. 657) ist vorgesehen, daß die Reichsmin. des Innern und des Auswärtigen aus Gründen der Gegenseitigkeit die Gebühren im Verhältnis zu einzelnen Staaten anderweit festsetzen können.

Von einer solchen Festsetzung ist mit Rücksicht auf die bei dem Auswärtigen Amt eingegangenen Anträge zahlreicher fremder Regierungen auf Einführung niedrigerer Gegenseitigkeitsgebühren bisher abgesehen worden. Die deutschen Auslandsvertretungen sind vielmehr angewiesen, lediglich die tarifmäßigen Gebührensätze der Vd. vom 27. 6. 1924 zu erheben und die bisherigen Gegenseitigkeitsgebühren nicht mehr anzuwenden. Die gleiche Anweisung ergeht nunmehr hiermit an die preußischen Sichtvermerksbehörden und die zur Erteilung von Ausnahmesichtvermerken gem. Ziff. I der Ergänzungsbestimmungen zu § 78 der Bek. zur Ausf. der Paßverordnung besonders ermächtigten Behörden (vgl. RdErl. v. 22. 9. 1924 — IV E 564, MBliV. S. 933). Ausgenommen von dieser Regelung bleiben nur die Vereinigten Staaten von Amerika, Frankreich und mit gewissen Einschränkungen auch Polen, da die Tarife dieser Länder für deutsche Reichsangehörige teilweise höhere Sätze als die unserigen vorsehen.

An Gegenseitigkeitsgebühren sind daher in den Fällen des § 2 Abs. 1 Ziff. II, 1 und des § 2 Abs. 2 und 3 der Vd. vom 27. 6. 1924 zu erheben:

a) von Angehörigen der Vereinigten Staaten von Amerika: Für Sichtvermerke zur wiederholten Ein- und Wiederaus-

§ 7. Bei Bedürftigkeit der gebührenpflichtigen Person kann die Gebühr auf 50 vom Hundert ermäßigt oder erlassen werden[2]).

---

reise mit Geltungsdauer von 6 Monaten . . . . 10,— $
mit Geltungsdauer bis zu einem Jahr . . . . . 14,40 $
zur Durchreise mit Geltungsdauer von 3 Tagen . . 1,— $
zur Durchreise mit längerer Geltungsdauer die tarifmäßigen Sätze des § 2 I 2 der Gebührenverordnung.

b) Von französischen Staatsangehörigen: Für Sichtvermerke zur einmaligen Ein- oder Durchreise sowie einmaligen Ein- oder Durchreise und zurück . . . . . . 25,— Fr. G.
für ein Dauervisum, gültig zu wiederholten Reisen
bei einer Geltungsdauer von 3 Monaten . . . 31,25 Fr. G.
bei einer Geltungsdauer von 6 Monaten . . . 50,— Fr. G.
bei einer Geltungsdauer von 12 Monaten . . . 75,— Fr. G.

c) Für polnische Staatsangehörige gelten im allgemeinen die Sätze der Vd. vom 27. 6. 1924. Jedoch ist aus Gründen der Gegenseitigkeit für einen Durchreisesichtvermerk mindestens der Gegenwert von 10 Goldfranken — RM. zu erheben.

Sichtvermerksgebühren im Verhältnis zu Rumänien. (RdErl. d. MdJ. v. 10. 3. 1926 — IV E 182 (MBliV. S. 627).)

Aus Gründen der Gegenseitigkeit sind bis auf weiteres rumänischen Staatsangehörigen Sichtvermerke nur als einfache Sichtvermerke (Ausreisesichtvermerke, Aus- und Wiedereinreisesichtvermerke und Sichtvermerke zur Wiedereinreise nach erfolgter Ausreise), und zwar mit höchstens 30tägiger Geltungsdauer unter Erhebung einer Gebühr von 21 RM. zu erteilen.

[2]) Paß- und Sichtvermerksgebühren. (RdErl. d. MdJ. v. 16. 2. 1925 — IV E 722 (MBliV. S. 208).)

I. Bei erholungsbedürftigen Kindern, die vom Verein „Landaufenthalt für Stadtkinder" in ausländische Erholungsfürsorge geschickt werden, ist Bedürftigkeit im Sinne des § 7 Abs. 1 der Vd. v. 27. 6. 1924 (RGBl. I S. 657) regelmäßig anzunehmen. Für die Ausfertigung der für diese Kindertransporte etwa notwendigen Reiseausweise (Kinderausweise, Einzelpässe, Sammellisten, Einzel- und Sammelsichtvermerke usw.) sind daher Gebühren nicht zu erheben.

II. Einwandfreien ausländischen Studierenden, die ihre Zu-

Soweit es zur Wahrung kultureller, volkswirtschaftlicher oder sonstiger wichtiger deutscher Belange erforderlich erscheint, können die Reichsminister des Innern und des Auswärtigen auch in anderen Fällen eine Ermäßigung oder den Erlaß der Gebühren allgemein vorsehen.

§ 8. Diese Verordnung tritt am 1. Juli 1924 in Kraft.

Berlin, den 27. Juni 1924.

Der Reichsminister des Innern
In Vertretung
Zweigert

Der Reichsminister des Auswärtigen
In Vertretung
von Schubert

C. Berufsrecht.

I. Gewerberecht.

1. Gewerbebetrieb ausländischer juristischer Personen.

GO. § 12 Abs. 1. Hinsichtlich des Gewerbebetriebs der juristischen Personen des Auslandes bewendet es bei den Landesgesetzen.

---

lassung zu einer deutschen Hochschule nachweisen, kann bei einer etwaigen Sichtvermerksverlängerung die Sichtvermerksgebühr um die Hälfte ermäßigt werden. Liegen besondere Gründe vor (wie bei deutschstämmigen Studenten, bei Bedürftigkeit usw.), so können die Gebühren erlassen werden.

2. Gewerbebetrieb ausländischer Ehefrauen.

GO. § 11a[1]). Betreibt eine Ehefrau, für deren güterrechtliche Verhältnisse ausländische Gesetze maßgebend sind, im Inlande selbständig ein Gewerbe, so ist es auf ihre Geschäftsfähigkeit in Angelegenheiten des Gewerbes ohne Einfluß, daß sie Ehefrau ist.

Soweit die Frau in Folge des Güterstandes in der Verfügung über ihr Vermögen beschränkt ist, finden die Vorschriften des § 1405 des Bürgerlichen Gesetzbuchs Anwendung[2]). Hat die Frau ihren Wohnsitz nicht im Inlande, so ist der Einspruch des Mannes gegen den Betrieb des Gewerbes und der Widerruf der erteilten Einwilligung in das Güterrechtsregister des Bezirkes einzutragen, in welchem das Gewerbe betrieben wird.

Betreibt die Frau das Gewerbe mit Einwilligung des Mannes oder gilt die Einwilligung nach § 1405 Abs. 2 des Bürgerlichen Gesetzbuchs als erteilt, so haftet für die Verbindlichkeiten der Frau aus dem Gewerbebetrieb ihr Vermögen ohne Rücksicht auf die dem Manne kraft des Güterstandes zustehenden Rechte; im

---

1) § 11a ist durch Art. 36 des EG. zum BGB. eingefügt. —

2) § 1405 BGB.: Erteilt der Mann der Frau die Einwilligung zum selbständigen Betrieb eines Erwerbsgeschäfts, so ist seine Zustimmung zu solchen Rechtsgeschäften und Rechtsstreitigkeiten nicht erforderlich, die der Geschäftsbetrieb mit sich bringt. Einseitige Rechtsgeschäfte, die sich auf das Erwerbsgeschäft beziehen, sind der Frau gegenüber vorzunehmen.

Der Einwilligung des Mannes in den Geschäftsbetrieb steht es gleich, wenn die Frau mit Wissen und ohne Einspruch des Mannes das Erwerbsgeschäft betreibt.

Dritten gegenüber ist ein Einspruch und der Widerruf der Einwilligung nur nach Maßgabe des § 1435 wirksam. — § 1435 BGB. schreibt zum Schutz gutgläubiger Dritter die Eintragung in das Güterrechtsregister vor.

Falle des Bestehens einer ehelichen Gütergemeinschaft haftet auch das gemeinschaftliche Vermögen.

3. Gewerbebetrieb im Umherziehen.

GO. § 56 d. Ausländern kann der Gewerbebetrieb im Umherziehen gestattet werden. Der Bundesrat ist befugt, die deshalb nötigen Bestimmungen zu treffen[1] [2] [3] [4].

4. Ambulanter Gewerbebetrieb im Orte.

GO. § 42 b Abs. 4. Die höhere Verwaltungsbehörde ist befugt, die vom Bundesrate gemäß § 56 d getroffenen Bestimmungen auf diejenigen Ausländer entsprechend anzuwenden, welche innerhalb des Gemeindebezirkes ihres Wohnorts oder ihrer[5] gewerblichen Niederlassung auf öffentlichen Wegen, Straßen, Plätzen oder an anderen öffentlichen Orten, oder ohne vorgängige Bestellung von Haus zu Haus eins der unter Ziffer 1 bis 3 bezeichneten Gewerbe betreiben wollen[6].

---

[1] Unten S. 219 ff.

[2] Ausländer haben keinen Rechtsanspruch auf Erteilung des Wandergewerbescheins. Insbesondere sind die Rechtsbehelfe des § 63 Gewerbeordnung nicht anwendbar. Dienstaufsichtsbeschwerde zulässig.

[3] Strafbestimmung § 148 Ziff. 7 e GewO.

[4] Ausländer haben keinen Rechtsanspruch auf die Gestattung des Wandergewerbes ohne Wandergewerbeschein im Sinne des § 59 GewO.

[5] Oder ihres Arbeitgebers, so Kammergericht vom 10. 11. 1910 (Gew. Arch. 11, 101).

[6] Wo derartige Bestimmungen ergangen sind, bedarf der Ausländer keines Wandergewerbescheins, sondern eines Legitimationsscheins (Erlaubnisscheins), so auch die herrschende Theorie und die Praxis der Behörden und Gerichte (vgl. Landmann, Kommentar zur Gewerbeordnung I Anm. 17 zu § 42 b). Strafbarkeit nach § 148 Ziff. 5, nicht nach § 148 Ziff. 7 e.

5. Meß- und Marktverkehr.

GO. § 64. Der Besuch der Messen, Jahr- und Wochenmärkte, sowie der Kauf und Verkauf auf denselben steht einem jeden mit gleichen Befugnissen frei.

Wo jedoch nach der bisherigen Ortsgewohnheit gewisse Handwerkerwaren, welche nicht zu den im § 66 bezeichneten Gegenständen gehören, nur von Bewohnern des Marktorts auf dem Wochenmarkte verkauft werden durften, kann die höhere Verwaltungsbehörde auf Antrag der Gemeindebehörde, den einheimischen Verkäufern die Fortsetzung des herkömmlichen Wochenmarktverkehrs mit jenen Handwerkerwaren gestatten, ohne auswärtige Verkäufer derselben Waren auf dem Wochenmarkte zuzulassen.

Beschränkungen des Marktverkehrs der Ausländer als Erwiderung der im Auslande gegen Reichsangehörige angeordneten Beschränkungen bleiben dem Bundesrate vorbehalten [1]).

6. Gewerbliche Strafbestimmungen.

GO. § 148. Mit Geldstrafe bis zu 150 Mark und im Unvermögensfalle mit Haft bis zu 4 Wochen wird bestraft:

. . . .

5. wer dem § 33 b oder außer den im § 149 Ziff. 1 vorgesehenen Fällen den §§ 42a bis 44a [2]) zuwiderhandelt, oder seine Legitimationskarte (§ 44a)

---

[1]) Vgl. hierzu § 68 Satz 3 GewO.: Ein Unterschied zwischen Einheimischen und Fremden bezüglich der Zahlung der Abgaben darf nicht stattfinden.

[2]) Hierunter fällt also auch Zuwiderhandlung gegen § 42 b GewO., siehe oben S. 217.

oder seinen Wandergewerbeschein (§ 55) einem anderen zur Benutzung überläßt:

7 e) ein Ausländer, welcher bei dem Gewerbebetrieb im Umherziehen den in Gemäßheit des § 56d vom Bundesrate getroffenen Bestimmungen zuwiderhandelt[1]).

In allen diesen Fällen bleibt die Strafe ausgeschlossen, wenn die strafbare Handlung zugleich eine Zuwiderhandlung gegen die Steuergesetze enthält.

7. Bekanntmachung betr. Ausführungsbestimmungen zur Gewerbeordnung für das Deutsche Reich.

Vom 27. November 1896, RGBl. 1896, S. 745. Mit den Abänderungen der Bekanntmachung vom 4. März 1912. (RGBl. S. 189.)

Auf Grund der §§ 44 Abs. 2 und 3, 56d und 60 Abs. 4 der Gewerbeordnung hat der Bundesrat nachstehende

Ausführungsbestimmungen zur Gewerbeordnung für das Deutsche Reich

beschlossen.

I. Geschäftsbetrieb der Handlungsreisenden.

1. Gold- und Silberwarenfabrikanten und -Großhändler sind befugt, auf Grund der nach § 44a erteilten Legitimationskarte auch außerhalb des Gemeindebezirks ihrer gewerblichen Niederlassung, sofern diese im Inlande liegt, persönlich oder durch in ihrem Dienst stehende Reisende Gold- und Silberwaren an Personen, die damit Handel treiben, feilzubieten und zu diesem Zweck mit sich zu

[1]) Stimmen diese mit den für Reichsangehörige erlassenen Bestimmungen überein, so richtet sich die Strafbarkeit dennoch nach § 148 Ziff. 7 e.

führen, vorausgesetzt, daß die Waren, welche sie feilbieten, übungsgemäß an die Wiederverkäufer im Stück abgesetzt werden. Dasselbe gilt von Taschenuhren-, Bijouterie- und Schildpattwarenfabrikanten und -Großhändlern, sowie von Gewerbetreibenden, welche mit Edelsteinen, Perlen, Kameen und Korallen Großhandel treiben.

2. Weinhändler sind befugt, auf Grund der nach § 44a erteilten Legitimationskarte auch außerhalb des Gemeindebezirks ihrer gewerblichen Niederlassung, sofern diese im Inlande liegt, persönlich oder durch in ihrem Dienste stehende Reisende ohne vorgängige ausdrückliche Aufforderung Bestellungen auf Wein (Traubenwein, einschließlich Schaumwein) bei anderen Personen zu suchen, als bei Kaufleuten oder solchen Personen, in deren Geschäftsbetrieb Waren der angebotenen Art Verwendung finden, sowie bei Kaufleuten an anderen Orten als in deren Geschäftsräumen. Das gleiche gilt für den Handel mit Erzeugnissen der Leinen- und Wäschefabrikation und mit Nähmaschinen.

3. Die Bestimmungen unter Ziffer 1 und 2 finden auf Handlungsagenten, die ein stehendes Gewerbe betreiben, in Ansehung der Befugnis, als Vermittler oder Vertreter des Geschäftsherrn den Ankauf von Waren vorzunehmen oder Bestellungen auf Waren zu suchen (§ 44 Abs. 1), Anwendung.

II. Gewerbebetrieb der Ausländer im Umherziehen.

A. Im allgemeinen.

1. Ausländer, welche ein Gewerbe im Umherziehen betreiben wollen, bedürfen eines Wandergewerbescheines.

2. Ausgenommen von der Vorschrift in Ziffer 1 sind solche Ausländer, welche ausschließlich den Verkauf roher Erzeugnisse der Land- und Forstwirtschaft, des Garten- und Obstbaues, der Geflügel- und Bienenzucht im gewöhnlichen Grenzverkehr betreiben wollen; der Gewerbebetrieb kann jedoch untersagt werden, wenn eine der Voraussetzungen der §§ 57 Ziffer 1 bis 4, 57a oder 57b Ziffer 2 bis 4 der Gewerbeordnung vorliegt.

3. Auf die Ausübung des Gewerbebetriebes im Umherziehen, ferner auf die Erteilung, Versagung und Zurücknahme des Wandergewerbescheines finden die Bestimmungen des Titels III der Gewerbeordnung Anwendung, soweit nachstehend nicht etwas anderes bestimmt ist.

4. Die Erteilung eines Wandergewerbescheines ist zu versagen, wenn ein Bedürfnis zur Ausstellung von Wandergewerbescheinen für Ausübung des betreffenden Gewerbes im Bezirke der Behörde nicht besteht, oder sobald für das Gewerbe, für welches der Schein nachgesucht wird, die den Verhältnissen des Verwaltungsbezirks der Behörde entsprechende Anzahl von Wandergewerbescheinen erteilt oder ausgedehnt worden ist (vgl. Ziff. 6).

Für das Gewerbe der Topfbinder, der Kesselflicker, der Händler mit Blech- und Drahtwaren und ähnlichen Gegenständen, der Drehorgelspieler und Dudelsackpfeifer darf ein Wandergewerbeschein außerdem nur solchen Personen erteilt werden, welche nachweislich in dem nächst vorangegangenen Kalenderjahre einen Wandergewerbeschein für dasselbe Gewerbe erhalten haben.

Zigeunern ist der Wandergewerbeschein stets zu versagen.

5. Ausländer, welche entweder das 25. Lebensjahr noch nicht überschritten haben, oder durch ihre Persönlichkeit zu erheblichen polizeilichen Bedenken Anlaß geben, sind zum Gewerbebetriebe im Umherziehen nicht zuzulassen.

Von dem Erfordernis der Vollendung des 25. Lebensjahres darf ausnahmsweise gegenüber solchen Ausländern abgesehen werden, welche nachweislich in dem nächst vorangegangenen Kalenderjahre einen Wandergewerbeschein für dasselbe Gewerbe erhalten haben.

Der erteilte Wandergewerbeschein kann zurückgenommen werden, wenn erhebliche polizeiliche Bedenken gegen die Persönlichkeit nachträglich sich ergeben.

6. Der Wandergewerbeschein berechtigt den Inhaber, nach Entrichtung der Landessteuern sein Gewerbe im Umherziehen in dem Bezirke derjenigen Behörde zu betreiben, welche den Wandergewerbeschein erteilt hat. Zu dem Gewerbebetriebe in einem anderen Bezirke ist die Ausdehnung des Wandergewerbescheins durch die zuständige Behörde dieses Bezirks erforderlich. Die Ausdehnung wird versagt, wenn ein Bedürfnis zur Ausübung des betreffenden Gewerbes in dem Bezirk der Behörde nicht besteht, oder sobald für die den Verhältnissen des Bezirks entsprechende Anzahl von Personen Wandergewerbescheine bereits erteilt oder auf den betreffenden Bezirk ausgedehnt sind.

Auf die Zurücknahme der Ausdehnung findet der § 58 der Gewerbeordnung sowie vorstehende Ziffer 5 Abs. 3 entsprechende Anwendung.

Das Recht, einen Ausländer aus dem Reichsgebiet auszuweisen, wird durch diese Bestimmungen nicht berührt.

7. Der Mangel eines festen Wohnsitzes im Inlande (§ 57b Ziffer 1 der Gewerbeordnung) ist Ausländern gegenüber als ein Grund zur Versagung des Wandergewerbescheins oder zur Versagung der Ausdehnung desselben nicht anzusehen.

8. Sowohl die Ausstellung als auch die Ausdehnung eines Wandergewerbescheins kann für eine kürzere Dauer, als das Kalenderjahr, oder für bestimmte Tage während des Kalenderjahrs erfolgen.

9. Die Wandergewerbescheine werden nach den unter III nachstehend bezeichneten Formularen ausgestellt.

Wenn einer der in Ziffer 4 Abs. 2 oder Ziffer 5 Abs. 2 bezeichneten Personen ein Wandergewerbeschein erteilt wird, so ist entweder der bisherige Schein zurückzufordern und zu vernichten, oder in demselben zu vermerken, daß für das neue Kalenderjahr ein neuer Schein ausgefertigt worden ist.

10. Wer beim Gewerbebetrieb im Umherziehen andere Personen von Ort zu Ort mit sich führen will, bedarf der Erlaubnis derjenigen Behörde, welche den Wandergewerbeschein erteilt oder ausgedehnt hat. Die Erlaubnis wird in dem Wandergewerbescheine unter näherer Bezeichnung der Personen vermerkt.

Personen, welche den an die selbständigen Gewerbetreibenden zu stellenden Anforderungen nicht entsprechen, dürfen nicht mitgeführt werden. Diese Bestimmung findet auch auf die Mitführung eines Inländers durch einen ausländischen Gewerbetreibenden und eines Ausländers durch einen inländischen Gewerbetreibenden Anwendung.

Die Erlaubnis zur Mitführung von Personen anderen Geschlechts, mit Ausnahme der Ehegatten und der über 21 Jahre alten eigenen Kinder und Enkel, kann auch dann versagt werden, wenn keiner der aus Ziff. 3 bis 5 sich ergebenden Versagungsgründe vorliegt.

11. Die auf Grund der vorstehenden Bestimmungen getroffenen Verfügungen einschließlich der Versagung der Genehmigung des Druckschriftenverzeichnisses (§ 56 Absatz 4 der Gewerbeordnung) können nur im Wege der Beschwerde an die unmittelbar vorgesetzte Aufsichtsbehörde angefochten werden.

B. Der Geschäftsbetrieb der ausländischen Handlungsreisenden im besonderen.

1. Auf Handlungsreisende, welche durch die in den Staatsverträgen vorgesehene Gewerbelegitimationskarte legitimiert sind, finden die Bestimmungen der Staatsverträge Anwendung. Insoweit diese Handlungsreisenden Waren feilbieten, oder Waren bei anderen Personen als bei Kaufleuten oder solchen Personen, welche die Waren produzieren, oder an anderen Orten, als in offenen Verkaufsstellen aufkaufen, finden die vorstehenden Bestimmungen unter A auf sie Anwendung. Das gleiche gilt, wenn die Handlungsreisenden Bestellungen auf Waren ohne vorgängige ausdrückliche Aufforderung bei anderen Personen als bei Kaufleuten in deren Geschäftsräumen oder solchen Personen, in deren Geschäftsbetriebe Waren der angebotenen Art Verwendung finden, aufsuchen wollen, soweit es sich nicht um das Aufsuchen von Bestellungen auf Druckschriften, andere Schriften und Bildwerke oder auf die unter I 2 bezeichneten Waren handelt.

2. Handlungsreisende, welche Staaten angehören, mit denen ein Abkommen wegen der Gewerbelegitimationskarten zwar nicht abgeschlossen, denen jedoch das Recht

der Meistbegünstigung hinsichtlich des Gewerbebetriebes eingeräumt ist, bedürfen zum Geschäftsbetriebe im Inlande einer Gewerbelegitimationskarte nach dem unter I anliegenden Muster.

Die Gewerbelegitimationskarte berechtigt den Inhaber in dem ganzen Gebiete des Reichs, nach Entrichtung der Landessteuern, sofern in letzterer Hinsicht nicht ein anderes im Wege des Vertrages festgesetzt ist, zum Geschäftsbetriebe in demselben Umfange wie die unter Ziff. 1 genannten Handlungsreisenden.

Auf die Erteilung, Versagung und Zurücknahme der Gewerbelegitimationskarte finden die Bestimmungen des Titels III der Gewerbeordnung mit der Maßgabe entsprechende Anwendung, daß der Mangel eines festen Wohnsitzes im Inlande (§ 57 b der Gewerbeordnung) einen Grund zur Versagung der Gewerbelegitimationskarte nicht bildet, und daß die auf Grund dieser Bestimmungen getroffenen Verfügungen nur im Wege der Beschwerde an die unmittelbar vorgesetzte Aufsichtsbehörde angefochten werden können.

3. Die aufgekauften Waren dürfen nur behufs deren Beförderung nach dem Bestimmungsorte mitgeführt werden; von den Waren, auf welche Bestellungen gesucht werden, dürfen nur Proben und Muster mitgeführt werden.

Auf die Ausübung des Geschäftsbetriebs der ausländischen Handlungsreisenden (Ziffer 1 und 2) finden die Bestimmungen des Titels III der Gewerbeordnung entsprechende Anwendung.

III. Formulare für Wandergewerbescheine.

Die Wandergewerbescheine sind nach den unter II anliegenden Formularen auszustellen, von welchen Formular A für Inländer und Ausländer in den Fällen des § 55 Ziffer 4 der Gewerbeordnung und Formular B für Inländer, Formular C für Ausländer in den übrigen Fällen des Gewerbebetriebes im Umherziehen bestimmt sind. Die für Seite 3 der Formulare A, B, C erforderliche Photographie ist in Visitenkartenformat unaufgezogen bei Stellung des Antrags auf Ausstellung eines Wandergewerbescheins beizubringen. Sie muß ähnlich und gut erkennbar sein, eine Kopfgröße von mindestens 1,5 cm haben und darf in der Regel nicht älter als fünf Jahre sein. Sie ist zu erneuern, wenn in dem Aussehn des Gewerbetreibenden eine wesentliche Veränderung eingetreten ist.

Bei gemeinsamen Wandergewerbescheinen (§ 60d Abs. 3) genügt die Photographie des Unternehmers, wenn ein Unternehmer nicht vorhanden ist, die eines Mitglieds.

IV. Schlußbestimmung.

Vorstehende Bestimmungen treten mit dem 1. Januar 1897 in Kraft und an Stelle der durch die Bekanntmachungen vom 31. Oktober 1883 und 8. November 1889 (Zentralblatt für das Deutsche Reich 1883, S. 305 und 1889, S. 559) verkündeten Bestimmungen.

Berlin, den 27. November 1896.

Der Reichskanzler.
In Vertretung: gez. von Bötticher.

7a. Bekanntmachung vom 25. März 1897 betreffend Ausführungsbestimmungen zur Gewerbeordnung.

(RGBl. S. 96).

Im Anschluß an die Bestimmungen in I, 2 der Bekanntmachung vom 27. November 1896 (RGBl. S. 745) hat der Bundesrat beschlossen: den Fabrikanten überwebter Holzrouleaux gemäß § 44 Abs. 3 der Gewerbeordnung die Erlaubnis zu erteilen, auch außerhalb des Gemeindebezirks ihrer gewerblichen Niederlassung, sofern diese im Inlande liegt, persönlich oder durch in ihrem Dienste stehende Reisende ohne vorgängige ausdrückliche Aufforderung Bestellungen auf überwebte Holzrouleaux bei anderen Personen zu suchen, als bei Kaufleuten oder solchen Personen, in deren Geschäftsbetriebe Waren der angebotenen Art Verwendung finden, sowie bei Kaufleuten an anderen Orten als in deren Geschäftsräumen.

8. Preußische Ausführungsanweisung zur Gewerbeordnung Ziffer 76.

(Ministerialblatt der Handels- und Gewerbe-Verwaltung 1904 S. 144).

Für den Gewerbebetrieb der Ausländer im Umherziehen gelten die Vorschriften des Abschnitt II der Bekanntmachung des Reichskanzlers vom 27. November 1896 (RGBl. 745). Hiernach ist ein Gewerbeschein an Ausländer nicht zu erteilen:

a) wenn ein Bedürfnis zur Ausübung des betreffenden Gewerbes in dem Bezirke der Behörde nicht besteht oder der Bedarf schon anderweit, insbesondere durch Erteilung einer entsprechenden Anzahl von Wandergewerbescheinen an Inländer, gedeckt ist,

b) wenn der Antragsteller Zigeuner ist,

c) wenn der Antragsteller das 25. Lebensjahr noch nicht überschritten hat und nicht bereits für das abgelaufene Jahr einen Wandergewerbeschein für das gleiche Gewerbe erhalten hat,

d) wenn die Persönlichkeit des Antragstellers zu erheblichen polizeilichen Bedenken Anlaß gibt.

Neben diesen besonderen Versagungsgründen greifen mit Ausnahme des § 57b Ziffer 1 alle diejenigen Bestimmungen Platz, nach welchen Inländern der Wandergewerbeschein zu versagen ist oder versagt werden kann.

Zum Gewerbe der Topfbinder, Kesselflicker, Drehorgelspieler, Dudelsackpfeifer, der Händler mit Blech- und Drahtwaren und ähnlichen Gegenständen dürfen außerdem nur solche Ausländer zugelassen werden, welche nachweislich in dem vorangegangenen Kalenderjahr einen Wandergewerbeschein für das gleiche Gewerbe erhalten haben.

Über Anträge von Ausländern auf Erteilung von Wandergewerbescheinen, auf Genehmigung des Druckschriftenverzeichnisses, auf Erteilung der Erlaubnis zum Mitführen von Personen befindet der Regierungspräsident (im LPB. Berlin der Polizeipräsident), gegen dessen versagenden Bescheid nur die Beschwerde an den Oberpräsidenten zulässig ist. Entstehen Zweifel, ob die Angaben über die Bestrafungen des Antragsstellers oder seiner Begleiter zutreffend sind, so sind die Strafregisterbehörden um Auskunft zu ersuchen. Im übrigen finden die Ziffern 1—10 der Bekanntmachung vom 27. November 1896 entsprechende Anwendung. Die Kasse hat vor Aushändigung des Scheins zu prüfen, ob der Schein auf Seite 3 die mit vorschriftsmäßigen Stempelabdruck versehene Photographie des Gewerbetreibenden enthält; sie hat ferner darauf zu achten, daß der Gewerbetreibende seinen Namen eigenhändig auf den Wandergewerbeschein schreibt, und auf dem Scheine zu vermerken, daß dies geschehen ist. Eine unmittelbare Übersendung des Scheins an den Gewerbetreibenden soll in der Regel auch dann unterbleiben, wenn die Gewerbesteuer durch die Post eingezahlt worden ist.

9. Wahlrecht zu den gewerblichen Körperschaften.

a) Innungsschiedsgerichte.

GO. § 91. Die auf Grund des § 81b Ziffer 4 errichteten Innungsschiedsgerichte müssen mindestens aus einem Vorsitzenden und zwei Beisitzern bestehen.

Die Beisitzer und deren Stellvertreter sind zur Hälfte aus den Innungsmitgliedern, zur Hälfte aus den bei ihnen beschäftigten Gesellen (Gehilfen) und Arbeitern zu entnehmen. Die ersteren sind von der Innungsversammlung, die letzteren von den Gesellen (Gehilfen) und Arbeitern zu wählen. Auf das Wahlrecht finden die Vorschriften der §§ 10, 13 Abs. 1, 14 Abs. 1 des Gewerbegerichtsgesetzes Anwendung.

b) Innungsversammlung.

GO. § 93a. Berechtigt zur Wahl der Vertreter zur Innungsversammlung und stimmberechtigt in der Innungsversammlung sind nur die volljährigen Innungsmitglieder mit Ausnahme derjenigen, welche sich nicht im Besitze der bürgerlichen Ehrenrechte befinden oder durch gerichtliche Anordnung in der Verfügung über ihr Vermögen beschränkt sind.

Wählbar zu Mitgliedern des Vorstandes und der Ausschüsse sowie zu Mitgliedern des im § 83 Abs. 2

Ziff. 11 bezeichneten Organs sind nur solche wahlberechtigte Innungsmitglieder, welche zum Amte eines Schöffen fähig sind (§§ 31, 32 des Gerichtsverfassungsgesetzes).

c) **Gesellenausschuß.**

GO. § 95a. Zur Teilnahme an der Wahl des Gesellenausschusses sind die bei einem Innungsmitgliede beschäftigten volljährigen Gesellen (Gehilfen) berechtigt, welche sich im Besitze der bürgerlichen Ehrenrechte befinden.

Wählbar ist jeder wahlberechtigte Geselle, welcher zum Amte eines Schöffen fähig ist (§§ 31, 32 des Gerichtsverfassungsgesetzes).

d) **Handwerkskammer.**

GO. § 103b. Wählbar sind nur solche Personen, welche

1. zum Amte eines Schöffen fähig sind (§§ 31, 32 des Gerichtsverfassungsgesetzes);

10. Ausländische Versicherungsunternehmungen.

Gesetz über die privaten Versicherungsunternehmungen. Vom 12. 5. 1901 (RGBl. S. 164).

§ 85. Ausländische Versicherungsunternehmungen, die im Inlande durch Vertreter, Bevollmächtigte, Agenten oder sonstige Vermittler das Versicherungsgeschäft betreiben wollen, bedürfen hierzu der Erlaubnis.

§ 87. Zum Geschäftsbetriebe im Inlande zugelassene ausländische Versicherungsunternehmungen dürfen die Versicherungsverträge mit Versicherungsnehmern, die im Inland ihren gewöhnlichen Aufenthalt haben, sowie Versicherungsverträge über inländische Grundstücke nur durch

Bevollmächtigte abschließen, die im Inland ihren Wohnsitz haben.

11. Gesetz über das Auswanderungswesen.

Vom 9. 6. 1897 (RGBl. S. 463).

§ 1. Wer die Beförderung von Auswanderern nach außerdeutschen Ländern betreiben will (Unternehmer), bedarf hierzu der Erlaubnis.

§ 3. Die Erlaubnis ist in der Regel nur zu erteilen:

a) an Reichsangehörige, welche ihre gewerbliche Niederlassung im Reichsgebiete haben;

b) an Handelsgesellschaften, eingetragene Genossenschaften und juristische Personen, welche im Reichsgebiet ihren Sitz haben; an offene Handelsgesellschaften, Kommanditgesellschaften und Kommanditgesellschaften auf Aktien jedoch nur, wenn ihre persönlich haftenden Gesellschafter sämtlich Reichsangehörige sind.

§ 4. Ausländischen Personen oder Gesellschaften, sowie solchen Reichsangehörigen, welche ihre gewerbliche Niederlassung nicht im Reichsgebiete haben, darf die Erlaubnis nur erteilt werden, wenn sie

a) einen im Reichsgebiete wohnhaften Reichsangehörigen zu ihrem Bevollmächtigten bestellen, welcher sie in den auf die Beförderung der Auswanderer bezüglichen Angelegenheiten Behörden und Privaten gegenüber rechtsverbindlich zu vertreten hat,

b) wegen der aus der Annahme und Beförderung der Auswanderer erwachsenden Rechtsstreitigkeiten dem deutschen Rechte und den deutschen Gerichten sich unterwerfen.

§ 11. Wer bei einem Betriebe der in § 1 bezeichneten Art durch Vorbereitung, Vermittlung oder Abschluß des Beförderungsvertrags gewerbsmäßig mitwirken will (Agent), bedarf hierzu der Erlaubnis.

§ 13. Die Erlaubnis darf nur erteilt werden an Reichsangehörige, welche im Bezirke der höheren Verwaltungsbehörde ihre gewerbliche Niederlassung oder ihren Wohnsitz haben und von einem zugelassenen Unternehmer (§ 1) bevollmächtigt sind.

II. Arbeiter- und Angestelltenrecht.

1. Bekanntmachung des Wortlauts der Verordnung über Einstellung und Beschäftigung ausländischer Arbeiter. Vom 2. Januar 1926.

(RGBl. 1926. I, S. 5.)

Auf Grund von § 26 Abs. 2[1]) des Arbeitsnachweisgesetzes vom 22. Juli 1922 (Reichsgesetzbl. I S. 657)

---

[1]) § 26, Abs. 2 besagt: „Das Reichsamt für Arbeitsvermittlung hat den Arbeitsmarkt zu beobachten und den Ausgleich für Angebot und Nachfrage zwischen den verschiedenen Gebieten zu regeln. Ihm steht im Einvernehmen mit seinem Verwaltungsrat und nach Anhörung der öffentlichen Berufsvertretungen und wirtschaftlichen Vereinigungen die Aufstellung allgemeiner Grundsätze für die Berufsberatung und Lehrstellenvermittlung und im Einvernehmen mit den obersten Landesbehörden die fachliche Aufsicht über die der Berufsberatung und Lehrstellenvermittlung dienenden Einrichtungen zu. Nur falls durch beharrliches Zuwiderhandeln gegen diese allgemeinen Grundsätze der Zweck der Berufsberatung oder Lehrstellenvermittlung gefährdet wird, kann das Reichsamt mit Zustimmung seines Verwaltungsrates die Schließung solcher Einrichtungen verlangen; diese ist dann von der obersten Landesbehörden durchzuführen. Ferner liegt es ihm ob, im Einvernehmen mit den obersten Landesbehörden die Anwerbung, Vermittlung und Beschäftigung ausländischer Arbeitnehmer zu regeln und zu überwachen.

wird der Wortlaut der Verordnung über die Einstellung und Beschäftigung ausländischer Arbeiter vom 2. Januar 1923 (Reichsanzeiger Nr. 3 vom 4. Januar 1923) in der durch die Abänderungsverordnung vom 16. März 1925 (Reichsgesetzbl. I S. 25) gegebenen Fassung und unter Berücksichtigung der Bestimmungen von Artikel VIII der Verordnung über Vermögensstrafen und Bußen vom 6. Februar 1924 [2]) (Reichsgesetzbl. I S. 44) in Verbindung mit § 55 des Arbeitsnachweisgesetzes bekanntgemacht.

Berlin, den 2. Januar 1926.

Der Präsident
der Reichsarbeitsverwaltung
(Reichsamt für Arbeitsvermittlung)
Dr. Syrup.

Verordnung über die Einstellung und Beschäftigung ausländischer Arbeiter.

Auf Grund von § 26 des Arbeitsnachweisgesetzes vom 22. Juli 1922 (Reichsgesetzbl. I S. 657) wird im Einvernehmen mit den obersten Landesbehörden folgendes verordnet:

(Vgl. Kaskel-Syrup, Arbeitsnachweisgesetz, Berlin 1922; Berger-Donan, Arbeitsnachweisgesetz II. Aufl. Berlin 1924, S. 124ff.)

[2]) Die Verordnung vom 6. 2. 1924 regelt im wesentlichen die Vermögensstrafen und Bußen in ihrer Umrechnung von der Papier- zur Goldmark. Artikel VIII stellt den reichsrechtlichen Charakter dieser Verordnung fest; gleichzeitig wird gesagt: „Hinsichtlich der landesrechtlichen Geldstrafen, Ermächtigungen und Bußen kann durch das Landesrecht Abweichendes bestimmt werden".

I. Abschnitt.

Einstellung und Beschäftigung.

A. Allgemeine Bestimmungen.

Genehmigungspflicht.

§ 1. Ausländische Arbeiter dürfen nur in Arbeitsstellen eingestellt und beschäftigt werden, für die das Landesamt für Arbeitsvermittlung oder die von ihm beauftragte Stelle (§ 14) die Beschäftigung ausländischer Arbeiter genehmigt hat.

Ausländische Arbeiter.

§ 2. (1) Ausländische Arbeiter im Sinne dieser Verordnung sind alle Arbeiter im Sinne des § 11[3]) des Betriebsrätegesetzes, die nicht deutsche Reichsangehörige sind.

---

[3]) Betriebsrätegesetz vom 4. 2. 1920 (RGBl. 147) § 11: „Arbeiter im Sinne dieses Gesetzes sind die im Dienste anderer gegen Entgelt oder als Lehrlinge beschäftigten Personen mit Ausschluß der Angestellten. Arbeiter im Sinne dieses Gesetzes sind ferner die in der Gemeinde des Betriebs oder in wirtschaftlich mit ihr zusammenhängenden, nahe bei ihr liegenden Gemeinden wohnenden Hausgewerbetreibenden (s. § 3), welche in der Hauptsache für denselben Betrieb arbeiten und selbst keine Arbeitnehmer beschäftigen." Genehmigungspflichtig sind demnach alle Arbeiter und Lehrlinge. Es ist unerheblich, ob ein Lehrling in Deutschland geboren ist oder nicht; sofern er nicht die deutsche Staatsangehörigkeit besitzt, ist er genehmigungspflichtig. „Als Lehrling ist anzusehen, wer zu Zwecken seiner Fachausbildung in ein Beschäftigungsverhältnis getreten ist. Ein Lehrvertrag ist ebensowenig wesentlich, wie die Verabredung eines Lehrgeldes." (Amtl. Anl. zur RVO. Z. 39.) Doch unterscheidet das BRG. nach § 12 Lehrlinge, die zu Arbeitern, und Lehrlinge, die zu Angestellten ausgebildet werden. Die letzteren brauchen keine Genehmigung (so z. B. Lehrlinge, die zu Betriebsbeamten, Werkmeistern ausgebildet werden; Bureaulehrlinge, Werkstattschreiber, Handlungslehrlinge, Apothekerlehrlinge; Lehrlinge in

(2) Nicht als ausländische Arbeiter im Sinne dieser Verordnung gelten solche Ausländer, die

a) in der See- und Binnenschiffahrt beschäftigt sind oder

b) sich im Besitz eines Befreiungsscheins befinden.

(3) Den Befreiungsschein [3a]) erhalten

1. ausländische landwirtschaftliche[4]) Arbeiter, die mindestens vom 1. Januar 1913 ab im Inland in der Landwirtschaft nicht nur vorübergehend beschäftigt sind,

2. ausländische nichtlandwirtschaftliche Arbeiter, die mindestens vom 1. Januar 1919 ab im Inland

---

Berufen der Erziehung, der Musik, des Unterrichts, der Fürsorge, der Kranken- und Wohlfahrtspflege). — Volontäre unterliegen nicht der Genehmigungspflicht; ein Volontär befindet sich nur ohne Anspruch auf Vergütung zur weiteren Vervollkommnung seiner Fähigkeiten im Betrieb. Ein etwaiges Taschengeld, das er bezieht, ändert nichts an der Sachlage. — Unter Hausgewerbetreibenden sind nach § 3 BRG. und § 119 b GO. diejenigen Personen zu verstehen, die „für bestimmte Gewerbetreibende außerhalb der Arbeitsstätten der letzteren mit der Anfertigung gewerblicher Erzeugnisse beschäftigt sind, und zwar auch dann, wenn sie die Roh- und Hilfsstoffe selbst beschaffen." (Vgl. Flatow, Kommentar zum Betriebsrätegesetz, Berlin 1923.)

[3a]) Die Gültigkeit eines Befreiungsscheins wird durch die Ableistung der Militärpflicht im Auslande nicht aufgehoben, wenn der ausländische Arbeiter unmittelbar nach Beendigung seiner Militärdienstzeit nach Deutschland zurückkehrt. (Bescheid des Präs. der Reichsarbeitsverw. vom 28. 2. 1925, RABl. 1925 S. 128.)

[4]) Gärtnereiarbeiter sind keine landwirtschaftlichen Arbeiter, sofern der Gärtnereibetrieb vorwiegend Kunst- und Handelsgärtnerei und nicht feldmäßig betriebene Gemüse- und Pflanzengärtnerei ist. Diese Unterscheidung stützt sich auf § 154, 4 GO., wonach „unter Gärtnereien alle Gärtnereien verstanden werden, die keinen rein landwirtschaftlichen Betrieb darstellen" (s. Hiller-Luppe, Gewerbeordnung, S. 438).

in nichtlandwirtschaftlichen Betrieben nicht nur vorübergehend beschäftigt sind,

3. ausländische nichtlandwirtschaftliche Arbeiter, die am 1. Juli 1914 seit mindestens einem Jahre im Inland in einem nichtlandwirtschaftlichen Betriebe beschäftigt waren und unverzüglich an ihre alte Arbeitsstelle zurückgekehrt sind, sobald die durch den Krieg geschaffenen Hinderungsgründe in Fortfall gekommen waren,
4. ausländische Arbeiter, die am 1. Januar 1919 bereits im Inland ansässig, aber noch nicht 14 Jahre alt waren,
5. Arbeiterinnen, die durch die Verheiratung mit einem Ausländer die deutsche Reichsangehörigkeit verloren haben,
6. ausländische Arbeiter, die das zuständige Landesamt für Arbeitsvermittlung im Einzelfalle mit Zustimmung der höheren Landesverwaltungsbehörde von den Bestimmungen dieser Verordnung befreit hat, weil ihre Anwendung eine besondere Härte[1]) gegen sie bedeuten würde.

---

[1]) Eine besondere Härte würde z. B. vorliegen, bei einem Ausländer, der in Deutschland geboren, aber erst in den späteren Nachkriegsjahren eine Beschäftigung als Arbeiter oder niederer Hausangestellter aufnahm oder bei den zahlreichen Kriegsgefangenen, die bisher in der Landwirtschaft beschäftigt waren, nunmehr in die Industrie übergehen wollen.

Um eine besondere Härte zu vermeiden, hat der MdJ. in bezug auf russische Flüchtlinge folgende Verordnungen erlassen (MBliV. 1926 v. 5. 5. 1926 u. MBliV. 1926 v. 21. 1. 1926):

a) Durch den RdErl. v. 10. 4. 1926 — IV c 5050 (nicht veröffentl.) ist die Auflösung des sogen. Interniertenlagers Wünsdorf bei Zehrensdorf (Kreis Teltow) angeordnet und die

(4) Den Befreiungsschein stellt die Deutsche Arbeiterzentrale [2]) oder eine andere von der obersten Landes-

---

Verteilung der Flüchtlinge auf die einzelnen Regierungsbezirke dem Oberpräs. in Charlottenburg übertragen worden.

Zur Vermeidung von Unterbringungsschwierigkeiten habe ich im Einverständnis mit dem Präs. der Reichsarbeitsverw. nichts dagegen einzuwenden, daß die Bestimmungen des RdErl. v. 21. 1. 1926 — IV c 5323 III (MBliV. S. 75), betr. Befreiungsscheine für russische Flüchtlinge, auch auf die bisherigen Insassen des Interniertenlagers Wünsdorf sinngemäße Anwendung finden.

b) Durch den RdErl. v. 4. 8. 1925 — IV c 5156 (nicht veröffentl.) ist die Auflösung des sogen. Russenlagers Scheuen bei Celle angeordnet und die Verteilung der Flüchtlinge auf die einzelnen Regierungsbezirke dem Oberpräs. in Hannover übertragen worden. Ihre Unterbringung stößt jedoch auf Schwierigkeiten, weil sie sowohl von den Ortspol.-Behörden, als auch von den Landesarbeitsämtern als Ausländer behandelt werden.

Um zu verhindern, daß diese Flüchtlinge mangels ordnungsmäßiger Legitimationspapiere nicht in Arbeitsstellen untergebracht werden können und demzufolge den Zuweisungsgemeinden finanziell zur Last fallen, habe ich im Einverständnis mit dem Präs. der Reichsarbeitsverw. nichts dagegen einzuwenden, daß ihnen auf Antrag ein Befreiungsschein gemäß § 2 Abs. 3 Nr. 6 der Vd. des Präs. der Reichsarbeitsverw. v. 2. 1. 1923 über die Einstellung und Beschäftigung ausländ. Arbeiter (MBliV. S. 29) in der Fass. v. 2. 1. 1926 (RGBl. I S. 5) und RABl. 1926 Nr. 1/2 S. 2), sowie den Bestimmungen der Ziff. XI, Abs. 1—3 des Legitimierungserl. v. 14. 12. 1923 — IV c 676 (MBliV. S. 1259) in der Fass. v. 16. 12. 1924 — IV c 381 (MBliV. S. 1209) und v. 28. 12. 1925 — IV c 377 II (MBliV. 1926 S. 15) erteilt wird.

Über die Dauer des Aufenthalts der Flüchtlinge im Russenlager Scheuen wird der Landrat in Celle Auskunft erteilen können.

[2]) Die Deutsche Arbeiterzentrale (DAZ.) besteht seit 1902. Sie hatte ursprünglich nur privaten Charakter, hat aber im Laufe der Zeit durch Beteiligung der preuß. Landwirtschaftskammer und ähnlicher außerpreuß. Organisationen, durch satzungsgemäßen

behörde beauftragte Stelle aus, und zwar in den Fällen des Abs. 3 Nr. 1 bis 5 auf Grund der Feststellungen der Ortspolizeibehörde, im Falle des Abs. 3 Nr. 6 nach Zustimmung der höheren Landesverwaltungsbehörde und des Landesamts für Arbeitsvermittlung[3]).

(5) Die Reichsarbeitsverwaltung (Reichsamt für Arbeitsvermittlung) ist berechtigt, die Bestimmungen dieser Verordnung auch auf andere Gruppen von ausländischen Arbeitnehmern auszudehnen.

Reiseausweis; Paß.

§ 3. (1) Ausländische Arbeiter, die vom Ausland neu zureisen, dürfen in eine nach § 1 für ausländische Arbeiter freigegebene Arbeitsstelle nur eingestellt werden, wenn sie sich im Besitz

a) eines in einem Grenzamt der Deutschen Arbeiterzentrale ausgestellten, auf die Arbeitsstelle lautenden Reiseausweises oder

b) eines mit einem Einreisesichtvermerke versehenen Passes befinden.

(2) Reiseausweis und Paß gelten nur für die erste Einstellung nach der Einreise.

---

starken Einfluß des preußischen Staates und der Reichsarbeitsverwaltung einen behördlichen Charakter angenommen. Adresse: Berlin SW. 11 Hafenplatz 4. Telephon Nollendorf 2107.

[3]) Österreich hat neuerdings eine ähnliche Verordnung erlassen (BGBl. v. 19. 12. 1925 Nr. 457). Diese Verordnung ist wesentlich günstiger als die deutsche. Die Karenzzeit beträgt nicht 7 bzw. 14 Jahre, sondern als Stichtag ist der 1. Januar 1923 gewählt. Alle vor diesem Termin eingewanderten Ausländer besitzen unbedingte Freizügigkeit. Landwirtschaftliche Arbeiter (§ 15 b), also auch Saisonarbeiter, unterliegen keinerlei Beschränkungen. (Vgl. Montel, Inlandarbeiterschutzgesetz, Arbeit und Beruf, 1926 Nr. 3.)

Legitimationskarte

§ 4. (1) Die Beschäftigung ausländischer Arbeiter auf einer nach § 1 für ausländische Arbeiter freigegebenen Arbeitsstelle ist nur zulässig, wenn sich die Arbeiter im Besitz einer ordnungsmäßigen Legitimationskarte der Deutschen Arbeiterzentrale befinden. Für die erste Beschäftigung nach der Einreise bis zur Beendigung des Legitimierungsverfahrens genügt Reiseausweis oder Paß (§ 3).

(2) Beim Wechsel der Arbeitsstelle darf der ausländische Arbeiter in eine neue Arbeitsstelle nur eingestellt werden, wenn die Legitimationskarte die im § 6 vorgesehene Bestätigung des letzten Arbeitgebers oder die in den §§ 6 und 7 vorgesehene Bescheinigung des öffentlichen Arbeitsnachweises trägt.

(3) Hat der ausländische Arbeiter seine Legitimationskarte verloren, so darf er nur eingestellt werden, wenn er eine Bescheinigung der für die letzte Arbeitsstelle zuständigen Polizeibehörde beibringt, daß er für die letzte Arbeitsstelle ordnungsmäßig legitimiert war. Diese Bescheinigung muß einen der in den §§ 6 und 7 vorgesehenen Vermerke tragen.

Sonderfälle

§ 5. (1) Kann sich ein ausländischer Arbeiter nicht ordnungsmäßig nach den Bestimmungen der §§ 3 und 4 ausweisen, so darf er nur eingestellt oder beschäftigt werden, wenn das für die Arbeitsstelle zuständige Landesamt für Arbeitsvermittlung die Einstellung und Beschäftigung dieses ausländischen Arbeiters genehmigt hat. Das gleiche gilt für Ausländer, die noch nicht ausländische Arbeiter (§ 2) waren. Der Antrag ist an den öffentlichen Arbeitsnachweis zu richten, in dessen Bezirk die Arbeitsstelle liegt.

(2) Der für die Arbeitsstelle zuständige öffentliche Arbeitsnachweis oder die Deutsche Arbeiterzentrale sind berechtigt, ausländische Arbeiter, die sich nicht im Besitze der nach den §§ 3 und 4 vorgeschriebenen Ausweise befinden, bis zur Entscheidung des Landesamts oder bis zur nachträglichen Beibringung der Ausweise, längstens jedoch für drei Monate, auf einer nach § 1 für ausländische Arbeiter freigegebenen Arbeitsstelle vorläufig unterzubringen. Die Deutsche Arbeiterzentrale hat den für die Arbeitsstelle zuständigen öffentlichen Arbeitsnachweis von der vorläufigen Unterbringung unverzüglich zu benachrichtigen.

Bestätigung der Beendigung des Arbeitsverhältnisses

§ 6. (1) Der Arbeitgeber ist verpflichtet, dem ausländischen Arbeiter bei Beendigung des Arbeitsverhältnisses zu bestätigen, daß gegen die Einstellung des Arbeiters in eine andere Arbeitsstelle nichts eingewendet wird. An die Stelle dieser Bestätigung tritt auf Wunsch des Arbeiters die entsprechende Bescheinigung des für die letzte Arbeitsstelle zuständigen öffentlichen Arbeitsnachweises. Dieser darf die Bescheinigung nur mit Zustimmung des Arbeitgebers erteilen, soweit nicht die Bestimmungen des § 7 Anwendung finden.

(2) Angaben über die Gründe für die Beendigung des Arbeitsverhältnisses oder sonstige Vermerke des Arbeitgebers oder Arbeitsnachweises dürfen auf der Legitimationskarte nicht gemacht werden. Die Bestätigung des Arbeitgebers muß von der zuständigen

Polizeibehörde, die Bescheinigung des öffentlichen Arbeitsnachweises von diesem abgestempelt werden.

Verweigerung der Bestätigung

§ 7. Die Bestätigung des Arbeitgebers (§ 6 Abs. 1 Satz 1) oder seine Zustimmung (§ 6 Abs. 1 Satz 3) darf nur verweigert werden, wenn der Arbeiter seine Arbeitsstelle unter Vertragsbruch verläßt oder verlassen hat. In diesem Falle kann der Prüfungsausschuß (§ 12) oder ein von ihm gebildeter Unterausschuß nach Anhörung des Arbeitgebers und Arbeitnehmers trotzdem gestatten, daß der ausländische Arbeiter in eine andere Arbeitsstelle eingestellt wird, wenn die Versagung der Erlaubnis sich als unbillige Härte darstellen würde oder die Bestätigung oder Zustimmung von dem Arbeitgeber offenbar zu Unrecht verweigert worden ist. Der öffentliche Arbeitsnachweis hat dann die im § 6 vorgesehene Bescheinigung auszustellen.

Gebühren und Kosten

§ 8. Die von den Landesämtern für Arbeitsvermittlung nach den Landesgesetzen erhobenen Gebühren für die Genehmigung zur Beschäftigung ausländischer Arbeiter und die Kosten für das Legitimierungsverfahren trägt der Arbeitgeber. Er darf ihre Erstattung von dem ausländischen Arbeiter nicht verlangen. Bei Zuwiderhandlung kann die Genehmigung zurückgezogen werden.

B. Besondere Bestimmungen für landwirtschaftliche Arbeiter.

Wechsel von der Landwirtschaft in die Industrie

§ 9. Ausländische landwirtschaftliche Arbeiter dürfen in nichtlandwirtschaftliche Betriebe unbeschadet der Bestimmungen der §§ 1 bis 7 nur mit besonderer Zustimmung des für die neue Arbeitsstelle zuständigen Landesamts für Arbeitsvermittlung eingestellt werden.

Arbeitsvertrag für landwirtschaftliche Wanderarbeiter

§ 10. (1) Ausländische landwirtschaftliche Wanderarbeiter dürfen nur auf Grund des vom landwirtschaftlichen Fachausschusse der Reichsarbeitsverwaltung (Reichsamt für Arbeitsvermittlung) aufgestellten Arbeitsvertrags für ausländische Wanderarbeiter beschäftigt werden.

(2) Andere Arbeitsverträge mit ausländischen landwirtschaftlichen Wanderarbeitern sind insoweit unwirksam, als sie von dem im Abs. 1 genannten Arbeitsvertrage zuungunsten der Arbeiter abweichen. An die Stelle unwirksamer Vereinbarungen treten die entsprechenden Bestimmungen des im Abs. 1 genannten Arbeitsvertrags.

(3) Die Bestimmungen der Vorläufigen Landarbeitsordnung vom 24. Januar 1919 (Reichsgesetzbl. S. 111) werden hierdurch nicht berührt.

II. Abschnitt.

Genehmigungsverfahren

Antrag

§ 11. Wer ausländische Arbeiter beschäftigen will, hat die Genehmigung hierzu bei dem öffentlichen Arbeitsnachweise zu beantragen, in dessen Bezirk die Arbeitsstelle liegt.

Vorprüfung

§ 12. (1) Die Anträge werden durch einen vom Verwaltungsausschusse des öffentlichen Arbeitsnachweises (§ 7 des Arbeitsnachweisgesetzes) aus seinen Beisitzern und

Stellvertretern gebildeten Prüfungsausschuß vorgeprüft, dem außer dem Vorsitzenden des öffentlichen Arbeitsnachweises höchstens je drei Arbeitgeber und Arbeitnehmer als Beisitzer angehören. Besteht für den in Frage kommenden Berufszweig ein Fachausschuß (§ 33 des Arbeitsnachweisgesetzes), so erfolgt die Vorprüfung durch einen von ihm entsprechend gebildeten Prüfungsausschuß. Das Ergebnis ist auf den Anträgen zu vermerken; wurde bei dem Gutachten Einstimmigkeit erzielt, so ist dies besonders hervorzuheben.

(2) Befindet sich unter den Beisitzern des Verwaltungsausschusses nicht mindestens je ein Arbeitgeber und Arbeitnehmer des in Frage kommenden Faches, so sind zu der Vorprüfung der Anträge ein Arbeitgeber und ein Arbeitnehmer dieses Faches mit beratender Stimme hinzuzuziehen. Sie sind zu diesem Zwecke von den für das Fach zuständigen wirtschaftlichen Vereinigungen der Arbeitgeber und Arbeitnehmer vorzuschlagen. Schließen sie sich der Stellungnahme des Prüfungsausschusses nicht an, so ist dies unter Angabe der Gründe auf den Anträgen zu vermerken.

(3) Der Prüfungsausschuß kann mit Zustimmung des Landesamts für Arbeitsvermittlung dem Vorsitzenden des öffentlichen Arbeitsnachweises die jederzeit widerrufliche Befugnis erteilen, die Vorprüfung der Anträge in seinem Auftrag durchzuführen.

(4) Das Landesamt für Arbeitsvermittlung kann mit Zustimmung seines Verwaltungsausschusses (Fachausschusses) bestimmen, daß ihm die Anträge nur mit einem Gutachten des Vorsitzenden des öffentlichen Arbeitsnachweises zur Entscheidung vorgelegt werden, wenn

für alle oder einzelne Berufsgruppen eines Bezirkes ein Bedürfnis für eine Vorprüfung der Anträge durch den Prüfungsausschuß des öffentlichen Arbeitsnachweises nicht vorliegt.

Genehmigung durch das Landesamt

§ 13. (1) Über die Genehmigung entscheidet der Vorsitzende des Landesamts für Arbeitsvermittlung. Ist bei der Vorprüfung (§ 12) keine Einstimmigkeit erzielt worden oder schließt sich der Vorsitzende dem Gutachten nicht an, so erfolgt die Entscheidung durch den Prüfungsausschuß des Landesamts, der endgültig entscheidet. § 12 Abs. 1 und 2 finden für die Bildung und Zusammensetzung des Prüfungsausschusses entsprechende Anwendung.

(2) Der Prüfungsausschuß kann durch einstimmigen Beschluß dem Vorsitzenden des Landesamts die Befugnis erteilen, in seinem Auftrag zu entscheiden. Die Befugnis kann auf Fälle oder Entscheidungen bestimmter Art beschränkt werden. Sie ist auf Verlangen von einem Drittel der Beisitzer des Prüfungsausschusses jederzeit zurückzuziehen.

Übertragung der Entscheidung auf den Vorsitzenden des öffentlichen Arbeitsnachweises

§ 14. (1) Der Vorsitzende des Landesamts kann unbeschadet der Bestimmungen im § 13 Abs. 1 Satz 2 und 3 mit Zustimmung der obersten Landesbehörde oder der von ihr bestimmten Stelle den Vorsitzenden einzelner oder sämtlicher öffentlicher Arbeitsnachweise des Bezirkes die von ihm jederzeit widerrufliche Befugnis erteilen, in seinem Auftrag über die Genehmigung zu entscheiden. Diese Ermächtigung kann von dem Vorsitzenden des Landesamts an Bedingungen geknüpft werden.

(2) Abs. 1 findet auf die Bestimmungen des § 13 Abs. 2 keine Anwendung.

Dauer der Genehmigung; Bedingungen

§ 15. (1) Die Genehmigung zur Beschäftigung ausländischer Arbeiter kann für die Arbeitsstelle bis zur Dauer von 12 Monaten erteilt werden. Für landwirtschaftliche Arbeitsstellen ist die Genehmigung, soweit die Beschäftigung ausländischer Wanderarbeiter in Frage kommt,, nur bis zum 15. Dezember eines jeden Jahres zu erteilen.

(2) Die Genehmigung kann an Bedingungen geknüpft werden.

Einspruch

§ 16. (1) Gegen die Entscheidung des Vorsitzenden des Landesamts [1]) (§ 13 Abs. 1 Satz 1) oder des Vorsitzenden des öffentlichen Arbeitsnachweises (§ 14) über die Zulassung ausländischer Arbeiter ist binnen vier Wochen Einspruch des Antragstellers bei dem Prüfungsausschusse des Landesamts zulässig, der endgültig entscheidet.

(2) Der Einspruch ist von dem Antragsteller bei dem für die Arbeitsstelle zuständigen öffentlichen Arbeits-

---

[1]) Ein Einspruch gegen die Entscheidung des Vorsitzenden des Landesarbeitsamtes ist nur dann möglich, wenn der Prüfungsausschuß des Landesarbeitsamtes seine Rechte an den Vorsitzenden des Landesarbeitsamtes nicht abgetreten hat. Hat der Prüfungsausschuß dies auf Grund § 13, 2 getan, so ist der Vorsitzende des Landesarbeitsamtes letzte Instanz und ein Einspruch gegen seine Entscheidung nicht möglich.

nachweis einzureichen und hat, soweit die ausländischen Arbeiter bereits auf der Arbeitsstelle beschäftigt sind, aufschiebende Wirkung [2]).

III. Abschnitt.

Sondervorschriften und Ausnahmen

Gewerbebetriebe im Umherziehen

§ 17 (1) Für die Beschäftigung ausländischer Arbeiter in Gewerbebetrieben im Umherziehen [3]) ist die Genehmigung bei dem Landesamte zu beantragen, in dessen Bezirk der Gewerbebetrieb zunächst seine Tätigkeit ausüben will. Die Prüfung und Entscheidung über die Anträge erfolgt durch den Vorsitzenden des Landesamts für Arbeitsvermittlung. Gegen die Entscheidung steht dem Antragsteller Einspruch bei einem vom Verwaltungsausschusse gebildeten Prüfungsausschusse zu, dem außer dem Vorsitzenden höchstens je drei Ar-

---

[2]) Nach einer Entscheidung der RArbVerw. v. 19. 11. 1925 — I A 4769 — hat Abs. 2 nur dann Geltung, wenn ein ausländischer Arbeiter bisher auf der Arbeitsstelle mit Genehmigung des LArbA. beschäftigt, es sich also nur um die Erneuerung einer in nächster Zeit ablaufenden Genehmigung handelt. Hat dagegen ein Arbeitgeber einen ausländischen Arbeiter bisher ohne die Genehmigung des LArbA. beschäftigt, so hat der Einspruch keine aufschiebende Wirkung. Dieser Arbeitgeber hat sich wegen unerlaubter Beschäftigung ausländischer Arbeiter bereits strafbar gemacht und es besteht keine Möglichkeit, etwa durch Einlegung des Einspruchs die Entlassung des ausländischen Arbeiters hinauszuzögern. Zur Entfernung der zu Unrecht beschäftigten Ausländer ist im Bedarfsfalle beschleunigt die Unterstützung der zuständigen unteren Verwaltungsbehörde anzurufen (veröffentl. „Arbeit und Beruf", 1926 Nr. 7).

[3]) Vgl. hierzu GO. § 55.

beitgeber und Arbeitnehmer als Beisitzer angehören. Die Entscheidung des Prüfungsausschusses ist endgültig.

(2) Wird der Betrieb während der Gültigkeitsdauer der Genehmigung in den Bezirk eines andern Landesamt verlegt, so ist die Ausdehnung der Genehmigung auf diesen Bezirk bei dem andern Landesamt unter Vorlage der laufenden Genehmigung oder ihrer beglaubigten Abschrift zu beantragen. Der Antrag kann auch bereits vor der Verlegung des Betriebs bei dem andern Landesamte gestellt werden. Abs. 1 Satz 2 bis 4 finden Anwendung.

Ausnahmen

§ 18. Die Reichsarbeitsverwaltung (Reichsamt für Arbeitsvermittlung) kann mit Zustimmung der beteiligten Länder für bestimmte Bezirke oder bestimmte Gruppen ausländischer Arbeiter oder für bestimmte Arten von Arbeitsstellen Ausnahmen von den vorstehenden Bestimmungen zulassen[1]). In gleicher Weise kann sie diese Befugnisse auf einzelne Landesämter für Arbeitsvermittlung übertragen, die bei der Zulassung von Ausnahmen an die Zustimmung der obersten Landesbehörde oder der von ihr bestimmten Stelle und des Verwaltungsausschusses (Fachausschusses) gebunden sind. Die Reichsarbeitsverwaltung (Reichsamt für Arbeitsvermittlung) kann nach Benehmen mit den Ländern die Ermächtigung zurücknehmen.

---

[1]) Solche Sonderverordnungen sind zahlreich ergangen. Die wichtigsten (z. B. für Oberschlesien, rechtsrheinisches Bayern usw.) sind abgedruckt unten II Nr. 5 bis 11.

IV. Abschnitt.

Straf- und Schlußbestimmungen

§ 19. (1) Mit Geldstrafe bis zu 10000 Goldmark oder mit Gefängnis bis zu sechs Monaten wird bestraft, wer den Bestimmungen dieser Verordnung zuwiderhandelt[2]).

(2) Abs. 1 findet auf Handlungen keine Anwendung, die im Betrieb einer Körperschaft des öffentlichen Rechtes begangen werden. Die Durchführung dieser Verordnung gegenüber den Körperschaften des öffentlichen Rechtes liegt den Dienstaufsichtsbehörden ob.

§ 20. Sonstige Vorschriften über Einreise und Aufenthalt von ausländischen Arbeitern im Inland, insbesondere die landesrechtlichen Vorschriften über die Legitimierung, werden durch diese Verordnung nicht berührt.

---

[2]) „Zwangsbefugnisse zur Durchführung der Bestimmungen dieser Verordnung, insbesondere zur Entfernung von ausländischen Arbeitern, die entgegen den gesetzlichen Bestimmungen von den Arbeitgebern beschäftigt werden, stehen den Landesarbeitsämtern nicht zu. Diese haben nur die Möglichkeit, gegen Arbeitgeber, die ausländische Arbeiter ohne Genehmigung beschäftigen, Strafanzeige auf Grund § 19 der VO. zu erstatten. Die Entfernung derartiger zu Unrecht beschäftigter ausländischer Arbeiter ist dagegen nur im Wege polizeilicher Zwangsmaßnahmen möglich. Die gesetzliche Grundlage für das Vorgehen der Polizeibehörden bietet § 132 des preuß. Landesverwaltungsges. in Verbindung mit den Bestimmungen der auf Grund von § 26 ANG. erlassenen obigen VO. Ferner kommen in Frage Ziff. B I 7 meines Ausweisungserlasses v. 24. 8. 1923 Nr. IV b 5671 (MBliV. S. 833), sowie insbesondere auch die Bestimmungen unter Ziff. IV Abs. 1 u. 2 meines Legitimierungserlasses v. 14. 12. 1923 Nr. IV c 676 (MBliV. S. 1259) in der Fassung v. 16. 12. 1924 Nr. IV c 381 (MBliV. 1209). Die Voraussetzungen für die Anwendung der Bestimmungen dieser beiden letztgenannten Erlasse sind dadurch gegeben, daß ausländische Arbeiter, die auf nichtgenehmigten Arbeitsstellen beschäftigt werden, nicht ordnungs-

2. Verordnung des Reichsamts für Arbeitsvermittlung über die Anwerbung und Vermittlung ausländischer Landarbeiter. Vom 19. Oktober 1922 in der Fassung der Verordnung vom 2. Januar 1923 (Deutscher Reichsanzeiger Nr. 238 vom 21. Oktober 1922 und Reichsanzeiger Nr. 3 vom 4. Januar 1923).

Auf Grund des § 26 Abs. 2 [1]) des Arbeitsnachweisgesetzes vom 22. Juli 1922 (RGBl. I S. 657) wird zur Regelung der Anwerbung und Vermittlung von ausländischen Arbeitern für die Landwirtschaft im Einvernehmen mit den obersten Landesbehörden folgendes verordnet:

§ 1. Die Anwerbung und Vermittlung von ausländischen Arbeitern für die Landwirtschaft sowie jede darauf hinzielende Tätigkeit darf nur durch die Deutsche Arbeiterzentrale erfolgen, soweit nicht in den §§ 2, 3 und 9 Ausnahmen zugelassen sind.

§ 2. Arbeitgeber oder deren Beauftragte, wie Aufseher, Vorschnitter, Vorarbeiter, dürfen mit Zustimmung der Deutschen Arbeiterzentrale ausländische Arbeiter für die Landwirtschaft anwerben oder dafür tätig sein. Sie sind mit einem besonderen auf die Person lautenden und nicht übertragbaren Ausweis der Deutschen Arbeiterzentrale zu versehen, aus welchem die Zahl der anzuwerbenden Arbeiter und die Arbeitsstelle, für die sie angeworben

---

mäßig legitimiert werden können. Bevor jedoch die Ausweisung verfügt wird, ist im Sinne der Ziff. IV Abs. 3 meiner vorerwähnten Legitimierungserlasse vom 14. 12. 1924 und 16. 12. 1924 zu verfahren." (Preuß. MdJ. vom 20. 8. 1925 Nr. IV c 211, RArbBl. S. 469.)

[1]) S. Anmerkung 1 S. 232.

werden sollen, ersichtlich sind, und haben nach den Anweisungen der Deutschen Arbeiterzentrale zu handeln.

Eine Zustimmung der Deutschen Arbeiterzentrale ist nicht erforderlich für Verabredungen, die von Arbeitgebern mit den bei ihnen beschäftigten ausländischen Landarbeitern vor der Rückkehr in das Heimatland zwecks Vorbereitung des Vertragsverhältnisses für das nächste Jahr getroffen werden, sofern die Verabredung unter Vorlage der schriftlichen Unterlagen und der Namen der verpflichteten Leute bis zum 1. Januar des nächsten Jahres der Deutschen Arbeiterzentrale zwecks Zuführung mitgeteilt wird.

§ 3. Die Arbeitsnachweisämter können solche im Inland befindlichen ausländischen Arbeiter für die Landwirtschaft vermitteln, die ihre Dienste in Anspruch nehmen und sich im Besitz ordnungsgemäßer Ausweise gemäß § 7 befinden.

§ 4. Ausländische landwirtschaftliche Wanderarbeiter dürfen nur auf Grund des vom landwirtschaftlichen Fachausschuß der Reichsarbeitsverwaltung (Reichsamt für Arbeitsvermittlung) aufgestellten Arbeitsvertrages für ausländische Wanderarbeiter angeworben und vermittelt werden.

Andere Arbeitsverträge mit ausländischen landwirtschaftlichen Wanderarbeitern sind insoweit unwirksam, als sie von dem in Abs. 1 genannten Arbeitsvertrage zuungunsten der Arbeitnehmer abweichen. An die Stelle unwirksamer Vereinbarungen treten die entsprechenden Bestimmungen des in Absatz 1 genannten Arbeitsvertrags.

Die Bestimmungen der vorläufigen Landarbeitsordnung vom 24. Januar 1919 (RGBl. S. 111) werden hierdurch nicht berührt.

§ 5. Die Anwerbung oder Vermittlung ausländischer Arbeiter für die Landwirtschaft ist nur für solche Betriebe gestattet, für die eine Genehmigung des für die Arbeitsstelle zuständigen Landesamts für Arbeitsvermittlung zur Beschäftigung ausländischer Landarbeiter vorliegt, und zwar nur in der durch die Genehmigung festgesetzten Zahl.

§ 6. Ausländische Arbeiter, die für die Arbeit in der Landwirtschaft legitimiert sind, dürfen nur dann angeworben und vermittelt werden, wenn für sie die Voraussetzungen zur Einstellung in eine neue Arbeitsstelle nach den §§ 4 bis 7 der Verordnung über die Einstellung und Beschäftigung ausländischer Arbeiter vom 2. Januar 1923 [1]) gegeben sind.

§ 7. Ausländische Landarbeiter, die sich bereits im Inland befinden, dürfen nur dann angeworben und vermittelt werden, wenn für sie die Voraussetzungen zur Einstellung in eine neue Arbeitsstelle nach den §§ 4 bis 7 der Verordnung über die Einstellung und Beschäftigung ausländischer Arbeiter vom 2. Januar 1923[1]) gegeben sind.

§ 8. Die Bestimmungen des § 7 finden auf die Anwerbung und Vermittlung ausländischer Landarbeiter durch die Grenzämter der Deutschen Arbeiterzentrale keine Anwendung.

§ 9. Die Reichsarbeitsverwaltung (Reichsamt für Arbeitsvermittlung) kann nach Anhörung ihres landwirtschaftlichen Fachausschusses im Einvernehmen mit den beteiligten obersten Landesbehörden Ausnahmen von den

---

[1]) Jetzt Verordnung vom 2. Januar 1926, s. S. 232 ff.

vorstehenden Bestimmungen für bestimmte Bezirke oder Gruppen ausländischer Arbeiter zulassen.

§ 10. Mit Geldstrafe bis zu einhunderttausend Mark oder mit Gefängnis bis zu sechs Monaten wird bestraft, wer den Bestimmungen dieser Verordnung zuwiderhandelt.

Absatz 1 findet auf Handlungen keine Anwendung, die im Betrieb einer Körperschaft des öffentlichen Rechts begangen werden. Die Durchführung dieser Verordnung gegenüber Körperschaften des öffentlichen Rechts liegt den Dienstaufsichtsbehörden ob.

3. Deutsch-polnisches Abkommen über polnische Wanderarbeiter für das Jahr 1926. RdErl. d. MdJ. v. 13. 3. 1926—IV c 69. (MBliV. S. 299).

Die bisherigen deutsch-polnischen Verhandlungen über die Frage der polnischen Wanderarbeiter sind noch nicht zum Abschluß gelangt; jedoch haben sich die Deutsche und die Polnische Regierung für das Jahr 1926 über eine vorläufige Regelung der Angelegenheit geeinigt. Aus dem darüber aufgenommenen Protokoll wird folgendes bekanntgegeben:

Die Polnische Regierung wird im Jahre 1926 den polnischen Wanderarbeitern, die sich zur Arbeit nach Deutschland begeben wollen und glaubhaft machen, daß sie Arbeit in Deutschland bekommen werden, unentgeltliche Pässe ausstellen, die den Inhabern zur Ausreise nach Deutschland und zur Rückkehr nach Polen bis zum 31. 12. 1926 berechtigen. Sie wird wirksame Maßnahmen treffen, um diesen Arbeitern die Beschaffung der Pässe möglichst zu erleichtern.

Sie wird ferner die polnischen Konsularämter in Deutschland anweisen, denjenigen polnischen Wanderarbeitern, die im Jahre 1926 ausnahmsweise ohne Pässe nach Deutschland kommen, in einem beschleunigten Verfahren Pässe zu ermäßigten Gebühren auszustellen.

Die Deutsche Regierung wird ihren Einfluß auf die Deutsche Arbeiterzentrale dahin ausüben, daß diese ihrerseits dazu beitrage, daß diejenigen polnischen Wanderarbeiter, die im Jahre 1926 in Deutschland Arbeit bekommen wollen, für Beschaffung der Pässe Sorge tragen. Die Deutsche Regierung wird diejenigen polnischen Wanderarbeiter, die im Jahre 1926 ausnahmsweise ohne Pässe nach Deutschland kommen, auf die Notwendigkeit der nachträglichen Beschaffung der Pässe bei dem zuständigen polnischen Konsulat rechtzeitig verweisen. Die Deutsche Regierung stellt fest, daß die oben erwähnten polnischen Wanderarbeiter von dem deutschen Sichtvermerkszwang nach Maßgabe der geltenden deutschen Paßvorschriften befreit sind.

Mit Rücksicht auf die hiernach getroffene Regelung werden die Bestimmungen der §§ 122 u. 123 der Paßbek. v. 4. 6. 1924 (RGBl. I S. 613), soweit sie eine Befreiung ausländischer Arbeiter vom Paßzwang und eine Anerkennung der Arbeiterlegitimationskarte als Paßersatz vorsehen, für polnische Arbeiter, die im Besitze polnischer Pässe sind, bis auf weiteres gegenstandslos. Derartige Arbeiter, die gemäß § 122 Abs. 1 a. a. O. unter Befreiung vom Sichtvermerkszwang in das Reichsgebiet gekommen sind, weisen dies durch Vorlage des Reiseausweises in Verbindung mit dem Arbeitsvertrag (§ 122 Abs. 2) oder durch Vorlage einer Arbeiterlegitimationskarte (§ 122 Abs. 3) nach.

Durch das getroffene Abkommen werden die Bestimmungen des RdErl. v. 28. 12. 1925 — IV c 377 II (MBliV. 1926 S. 15) über Inlandslegitimierung ausländischer Arbeiter für das Jahr 1926 nicht berührt.

Ich ersuche die Landräte, diesen RdErl. beschleunigt zur öffentlichen Kenntnis zu bringen. Die Landwirtschaftskommern und die Landesarbeitsämter sind durch die Oberpräs. zu benachrichtigen.

Preußen:
Inlandslegitimierung ausländischer Arbeiter.

RdErl. d. MdI. vom 28. 12. 1925 — IV c 377 II (MBliV. 1926 S. 15) in Verbindung mit dem RdErl. vom 14. 12. 1923 — IV c 676 (MBliV. S. 1259) und vom 16. 12. 1924 — IV c 381 (MBliV. S. 1209).

Über die Inlandslegitimierung ausländischer Arbeiter für das Jahr 1926 bestimme ich folgendes:

I. 1. Dem Legitimierungszwange unterliegen alle im Inlande in öffentlichen oder privaten Betrieben beschäftigten Arbeiter im Sinne des Betriebsrätegesetzes v. 4. 2. 1920 (RGBl. S. 147)[1]), einschl. der niederen Hausangestellten, die nicht deutsche Reichsangehörige sind.

Durch die Stellung eines Antrages auf Einbürgerung wird die Verpflichtung zur Beschaffung einer Legitimationskarte nicht berührt.

2. Von dem Legitimierungszwange befreit sind die ausländischen Arbeiter, für deren Beschäftigung eine Genehmigung des Landesamts für Arbeitsvermittlung nach der Vd. des Präs. der Reichsarbeitsverwalt. v. 2. 1. 1923 (MBliV. S. 29)[1]) nicht erforderlich ist, falls sie sich durch Vorlage eines Passes oder Paßersatzes oder anderer amtlicher Papiere über ihre Person ausweisen können und einen Befreiungsschein gem. Ziff. XI, 1[2]) erhalten haben.

---

[1]) Vgl. Vd. d. RAV. v. 2. 1. 1926, s. S. 234 Anm. 3.

[2]) S. § 2 (3) a. a. O.

3. Im erleichterten Verfahren können ausländische Arbeiter, die im Auslande wohnen und täglich über die Grenze zur Arbeitsstelle kommen, sich auch im Besitze eines Passes, eines Ausweises im kleinen Grenzverkehr oder eines sonst vorhandenen Paßersatzes befinden, durch Ausstellung einer Grenzläuferkarte gem. Ziff. XI, 2 sich legitimieren lassen.

II. Grundsätzlich findet die Legitimierung gem. Ziff. I, 1 an der Grenze in den Grenzämtern der Deutschen Arbeiterzentrale statt.

Für bereits im Inlande befindliche legitimierungspflichtige ausländische Arbeiter und in allen Fällen, in denen sie an der Grenze undurchführbar war, muß die Legitimierung an der Arbeitsstelle vorgenommen werden, und zwar:

1. In der Provinz Ostpreußen:

a) für die Regierungsbezirke Königsberg, Gumbinnen und Marienwerder durch die Deutsche Arbeiterzentrale, Landesstelle in Königsberg i. Pr., Beethovenstr. 24—26; Postscheckkonto Königsberg Nr. 18495;

b) für den Regierungsbezirk Allenstein durch das Grenzamt in Ortelsburg; Postscheckkonto Königsberg Nr. 5000.

2. In der Provinz Pommern: für sämtliche Kreise durch die Deutsche Arbeiterzentrale, Landesstelle in Stettin, Charlottenstr. 3; Postscheckkonto Stettin Nr. 3772. Mit Ausnahme der Kreise Lauenburg, Bütow, Schlawe, Stolp Stadt und Land, Rummelsburg, Neustettin, Bublitz, Köslin sowie in der Provinz Grenzmark Posen-Westpreußen für den Kreis Schlochau-Konitz, durch das Grenzamt in Schlochau; Postscheckkonto Breslau Nr. 76700.

3. In der Provinz Grenzmark Posen-Westpreußen:

a) für die Kreise Flatow, Schneidemühl, Dt. Krone, den Netzekreis, den Kreis Schwerin a. W. sowie in der Provinz Brandenburg für den Kreis Friedeberg durch das Grenzamt in Kreuz-Ostbahn; Postscheckkonto Berlin Nr. 4423;

b) für die Kreise Meseritz, Bomst und Fraustadt sowie in der Provinz Brandenburg für den Kreis Züllichau-Schwiebus durch das Grenzamt in Stentsch; Postscheckkonto Berlin Nr. 4423.

4. In der Provinz Niederschlesien: für sämtliche Kreise durch die Deutsche Arbeiterzentrale, Landesstelle in Breslau, Bahnhofstr. 19; Postscheckkonto Breslau Nr. 71661, mit Ausnahme der Kreise Gr. Wartenberg, Militsch, Oels und Namslau durch das Grenzamt in Gr.-Wartenberg; Postscheckamt Breslau Nr. 79500.

5. In der Provinz Oberschlesien: für sämtliche Kreise durch das Grenzamt in Kandrzin: Postscheckkonto Breslau Nr. 72443, mit Ausnahme der Kreise Kreuzburg, Rosenberg und Lublinitz durch das Grenzamt in Kreuzberg; Postscheckkonto Breslau Nr. 76700.

6. In Groß-Berlin und in der Prov. Brandenburg, ausschließl. des unter Ziff. 3a genannten Kreises Friedeberg und des unter 3b genannten Kreises Züllichau-Schwiebus sowie in den Hohenzollernschen Landen: für sämtliche Kreise durch die Deutsche Arbeiterzentrale, Landesstelle Berlin O.17, Koppenstr. 93, Postscheckkonto Berlin Nr. 114181.

7. In der Provinz Sachsen: für sämtliche Kreise durch die Deutsche Arbeiterzentrale, Landesstelle in Halle a. S., Magdeburgerstr. 67, Postscheckkonto Leipzig 40528.

8. In den Provinzen Hessen-Nassau, Schleswig-Holstein sowie in der Provinz Hannover, ausschließlich der unter Ziff. II, 9 genannten Kreise Lüneburg, Uelzen, Bleckede, Winsen a. d. L., Isenhagen, Lüchow und Dannenberg, für sämtliche Kreise durch die Deutsche Arbeiterzentrale, Landesstelle in Hannover, Ferdinandstr. 52, Postscheckkonto Hannover Nr. 36560.

9. Für die unter Ziff. 8 genannten Kreise Lüneburg, Uelzen, Bleckede, Winsen a. d. L., Isenhagen, Lüchow und Dannenberg durch die Deutsche Arbeiterzentrale, Landesnebenstelle in Uelzen; Postscheckkonto Hannover Nr. 58950.

10. In der Provinz Westfalen sowie in der Rheinprovinz: für sämtliche Kreise durch die Deutsche Arbeiter-

zentrale, Landesstelle in Essen a. d. Ruhr, Feuerbachstr. 12, Postscheckkonto Essen Nr. 7090.

III. Anträge auf Legitimierung an der Arbeitsstelle sind an die für den Ort der Beschäftigung zuständige Ortspolizeibehörde zu richten. Die Legitimierung der bereits im Inlande in Arbeitsstellen befindlichen Arbeiter muß spätestens bis zum 28. 2. 1926 beantragt sein, Antragsvordrucke können von den zu II bezeichneten Legitimierungsstellen angefordert werden.

Mit den Anträgen sind der Ortspolizeibehörde vorzulegen:

1. die vorjährige Arbeiterlegitimationskarte,

2. falls eine solche nicht vorhanden ist, eines der im Besitz des Arbeiters befindlichen amtlichen Ausweispapiere,

3. bei den neu in das Inland gelangten Arbeitern, die nicht durch ein Grenzamt der Deutschen Arbeiterzentrale gegangen sind, die Zeugnisse über die ärztliche Untersuchung und Impfung innerhalb der ersten 5 Tage nach Eintreffen auf der Arbeitsstelle.

Die Ortspolizeibehörde hat die Anträge sowie die zu 1 oder 2 genannten Papiere unverzüglich, spätestens binnen 8 Tagen (diese nunmehr verlängerte Frist ist unter allen Umständen innezuhalten), an die zu II genannten zuständigen Landesstellen oder Grenzämter der Deutschen Arbeiterzentrale weiterzugeben und auf dem Antrag zu vermerken:

a) den Eingangstag des Antrages,

b) den Grund, aus welchem die Legitimierung der neuzugezogenen Arbeiter an der Grenze unterblieben ist,

c) die Einzahlung der Kosten des Legitimationsverfahrens durch den Arbeitgeber und die erfolgte Überweisung des eingezogenen Betrags auf das Postscheckkonto der zuständigen Landesstelle bzw. des zuständigen Grenzamtes der Deutschen Arbeiterzentrale unter Angabe des eingesandten Betrages und des Zahlungstages (vgl. Ziff. VIII).

Die andern Urkunden sind dem Antragsteller sofort zurückzugeben.

IV. Die Legitimierung erfolgt nur für die Zeit, für die das Landesamt für Arbeitsvermittlung die Beschäftigung genehmigt hat, und zwar diejenige der ausländischen Landarbeiter längstens bis zum 15. 12. 1926, die der andern Arbeiter nicht über das Kalenderjahr 1926 hinaus.

Wird die Beschäftigungsgenehmigung innerhalb des Kalenderjahres durch das Landesamt für Arbeitsvermittlung verlängert, so hat die für den Ort der Beschäftigung zuständige Polizeibehörde auch die Gültigkeitsdauer der Legitimationskarte entsprechend abzuändern und hiervon der Deutschen Arbeiterzentrale in Berlin SW. 11, Hafenplatz 4, unter Angabe der Nummer der Legitimationskarte und des Namens des Arbeiters zwecks Berichtigung der Zentralkartothek Mitteilung zu machen. Die Legitimationskarte hat sowohl für landwirtschaftliche als auch für nichtlandwirtschaftliche Arbeiter in jedem Falle nur für dasjenige Jahr Gültigkeit, in welchem sie ausgestellt wurde. Es ist daher auch in denjenigen Fällen, in denen von den Landesarbeitsämtern die Beschäftigungsgenehmigung über das laufende Kalenderjahr hinaus verlängert wird, bei Beginn des neuen Jahres stets eine neue Karte zu beantragen.

Legitimationspflichtige ausländische Arbeiter, die sich ohne gültige Arbeiterlegitimation im Inlande aufhalten, können gemäß meinem Erlaß v. 24. 8. 1923 — IV b 5671 (MBliV. S. 883)[1]) ausgewiesen werden. Das gleiche gilt von solchen

[1]) Diese Verordnung regelt die Ausweisung von Ausländern aus Preußen. In diesem Zusammenhang sind insbesondere wichtig Abschnitt B I, 5, der die Ausweisung eines Ausländers vorsieht, der „vor dem Inkrafttreten der Verordnung des Herrn Reichspräsidenten über die Bestrafung von Zuwiderhandlungen gegen die Paßvorschriften v. 6. 4. 1923 (RGBl. I, S. 249) die Landesgrenzen unbefugt überschritten hat, insbesondere ohne im Besitz eines nach den geltenden Bestimmungen erforderlichen Ausweises (Reisepaß, Einreisesichtvermerk, Reiseausweis der Grenzämter der Deutschen Arbeiterzentrale) zu sein"; des weiteren Abschnitt B 7 a und b, wonach die Ausweisung möglich ist „bei

ausländischen Arbeitern, die zwar von dem Legitimationszwang befreit werden oder sich im erleichterten Verfahren legitimieren lassen können, sich aber nicht im Besitz der nach Ziff. I, 2 u. 3 vorgeschriebenen besonderen Papiere befinden.

Bevor in diesen Fällen die Ausweisung verfügt wird, ist den unter II genannten zuständigen Landesstellen bzw. Grenzämtern Gelegenheit zu geben, den betreffenden ausländischen Arbeiter in einem landwirtschaftlichen Betriebe, der die erforderliche Genehmigung des Landesamts für Arbeitsvermittlung zur Beschäftigung ausländischer Arbeiter besitzt, vorläufig unterzubringen. Von dieser vorläufigen Unterbringung haben die genannten Landesstellen oder Grenzämter dem für die Arbeitsstelle zuständigen öffentlichen Arbeitsnachweis unverzüglich Mitteilung zu machen. Bis zur vorläufigen Unterbringung hat die Ortspolizeibehörde für die Unterkunft solcher Arbeiter Sorge zu tragen. Ebenso ist zu verfahren, wenn ausländische Landarbeiter, die die Deutsche Arbeiterzentrale angeworben hat, vorübergehend beschäftigungs- oder wohnungslos geworden sind oder sich lediglich Verstöße gegen die Paß- oder Meldepolizeiverordnungen haben zuschulden kommen lassen.

V. Für Landarbeiter werden grüne und für alle übrigen Arbeiter weiße Legitimationskarten ausgestellt. Auf jeder Karte ist von der Ortspolizeibehörde das Lichtbild des Inhabers zu befestigen und kostenfrei derart abzustempeln, daß der Stempel je zur Hälfte auf dem Lichtbild und auf der

---

Zuwiderhandlungen gegen die Verordnungen der Reichsarbeitsverwaltung über Anwerbung und Beschäftigung ausländischer Landarbeiter v. 19. 10. 1922. IV c 507 MBliV. S. 1057 (s S. 33)" und gegenüber der hier vorliegenden Verordnung. Der Ausweisungserlaß sagt ausdrücklich, daß die Ausweisung „zulässig" ist, schreibt sie also nicht bei Vergehen gegen die hier vorliegenden Bestimmungen als zwingend vor, sondern stellt sie in das Belieben der nachgeordneten Behörde, die auf Grund der spezifischen Lagerung des Einzelfalles die Ausweisung in die Wege leiten kann.

Karte sichtbar wird. Ferner muß die Karte bei Grenzlegitimierungen mit einem Vermerk über die erfolgte ärztliche Untersuchung versehen werden.

VI. Die Aushändigung der Legitimationskarten, Befreiungsscheine (Ziff. XI, 1) und Grenzläuferkarten (XI, 2) erfolgt ausschließlich durch die Ortspolizeibehörden.

Legitimationskarten, die nicht mit dem Lichtbild des Inhabers versehen sind, dürfen nicht ausgehändigt werden.

VII. Wird innerhalb der Gültigkeitsdauer der Legitimationskarte das Arbeitsverhältnis gelöst, so kommt die Verordnung des Präsidenten der Reichsarbeitsverwaltung über die Einstellung und Beschäftigung ausländischer Arbeiter vom 2. 1. 1923[1]) zur Anwendung. Erst wenn die danach erforderliche Bestätigung oder Bescheinigung vorliegt, kann die Umschreibung der Arbeiterlegitimationskarte auf eine andere Arbeitsstelle erfolgen. Bei Streitigkeiten zwischen Arbeitgebern und Arbeitnehmern sollen die örtlichen Polizeibehörden nur im Notfall, d. h. nur zur Aufrechterhaltung der öffentlichen Ordnung, Ruhe und Sicherheit eingreifen; bei rein privatrechtlichen Streitigkeiten, z. B. über Vertrags-, Lohn- oder Tariffragen, sollen zunächst die schnell erreichbaren Angestellten der Landesstellen der Deutschen Arbeiterzentrale versuchen, eine von den beiden Parteien angenommene Einigung herbeizuführen; gelingt dies nicht, so findet Ziff. IX, Abs. 3 des „Arbeitsvertrages für ausländische landwirtschaftliche Wanderarbeiter" Anwendung.

Die endgültige Entlassung des ausländischen Arbeiters oder sein eigenmächtiges Verlassen der Arbeitsstelle ist der Ortspolizeibehörde, unter Angabe der Nummer der Legitimationskarte, vom Arbeitgeber binnen 3 Tagen schriftlich anzuzeigen; die gleiche Anzeige hat gleichzeitig, und zwar unter Beifügung der Legitimationskarte des vertragsbrüchigen Arbeiters, an die unter Ziff. II aufgeführten, jeweils zuständigen Landesstellen bzw. Grenzämter der Deutschen Ar-

[1]) Jetzt 2. 1. 1926, s. S. 232 ff.

beiterzentrale zu erfolgen; nur auf Grund dieser Anzeige ist die Deutsche Arbeiterzentrale in der Lage, das Legitimationsgesetz sachgemäß durchzuführen.

VIII. 1. Die Kosten des Legitimationsverfahrens hat der Arbeitgeber zu tragen und gleichzeitig mit dem Antrage bei der Ortspolizeibehörde einzuzahlen (vgl. Ziff. III).

Die Kosten der Beschaffung des Lichtbildes für die Arbeiterlegitimationskarten sind von dem Arbeitnehmer zu tragen.

Die Polizeibehörden haben die bei ihnen eingezahlten Gelder nicht mehr bis zum Eingang der Legitimationskarten aufzubewahren, sondern unverzüglich, spätestens aber bei Weitergabe der Anträge an die zuständigen Legitimierungsstellen der Deutschen Arbeiterzentrale auf Postscheckkonto (vgl. Ziff. II) postgeldfrei mittels Zahlkarte zu überweisen; auf dem Zahlkartenabschnitt ist stets genau anzugeben, von welchen Arbeitgebern und für wieviel zu legitimierende Arbeiter die Beträge gezahlt werden. Bares Geld oder Briefmarken sind den Anträgen nicht beizufügen.

Zahlkartenvordrucke können von den zuständigen Legitimierungsstellen der Deutschen Arbeiterzentrale angefordert werden.

Ohne vorangegangene Einsendung der Kosten werden in Zukunft Legitimationskarten nicht mehr ausgestellt. Die von der Deutschen Arbeiterzentrale in Rechnung gestellten Beträge sind ihr in jedem Falle voll zu überweisen. Wird ein gegen die Berechnung erhobener Einspruch als begründet anerkannt, so erfolgt Rückzahlung des zuviel gezahlten Betrages.

2. Die Kosten betragen sowohl bei der Legitimierung an der Grenze, als auch an der Arbeitsstelle grundsätzlich 2,50 Reichsmark.

3. Eine Erhöhung auf 6 Reichsmark tritt ein:

a) wenn die Grenzlegitimierung umgangen wird, für die dann notwendig werdende Legitimierung an der Arbeitsstelle (ausgenommen an der Westgrenze, sofern die Legitimierung innerhalb einer Woche, vom Tage des Grenzübertritts an gerechnet, bei der zuständigen Ortspolizeibehörde beantragt wird),

b) wenn die Legitimierung an der Arbeitstelle nicht innerhalb der vorgeschriebenen Frist beantragt wird,

c) wenn die vorgeschriebene Legitimierung im Vorjahre unterblieben ist.

4. Für das Umschreiben einer Legitimationskarte beim Stellenwechsel (vgl. Ziff. VII) werden 0,50 Reichsmark erhoben, die der Polizeikasse zufließen.

5. Bei dem Übertritt bereits legitimierter Arbeiter aus einem landwirtschaftlichen in ein industrielles oder gewerbliches Arbeitsverhältnis und umgekehrt ist die Ausstellung einer neuen Legitimationskarte unter Beifügung der alten zu beantragen. Die Ausstellung der neuen Karte erfolgt zu dem ermäßigten Satz von 0,50 Reichsmark.

6. Für abhanden gekommene Karten werden gegen Zahlung von 0,50 Reichsmark Ersatzkarten ausgegeben.

IX. Die Legitimationskarten sind, ebenso wie die Heimatpapiere, als persönliche Ausweispapiere Eigentum der Arbeiter und dürfen ihnen von den Arbeitgebern nicht vorenthalten werden. Die Polizeibehörden haben alle Legitimationskarten, die aus irgendeinem Grunde eingezogen worden sind oder den Arbeitern nicht ausgehändigt werden können, sowie die alten Legitimationskarten, die sich noch im Besitze der Arbeiter oder ihrer Arbeitgeber befinden, der Deutschen Arbeiterzentrale in Berlin zu übersenden.

X. Wegen der in paßtechnischer Beziehung zugelassenen Erleichterungen für ausländische Arbeiter wird auf die §§ 122 und 123 der Bekanntmachung zur Ausführung der Paßverordnung vom 4. 6. 1924 (RGBl. I, S. 613)[1]) verwiesen;

---

[1]) S. S. 127 f.

vgl. auch meinen Erl. v. 13. 10. 1924 — IV c 331 (MBliV. S. 1013).

Im übrigen werden die reichsrechtlichen Vorschriften, nach denen sich jeder Ausländer im Inlande durch einen Paß oder Paßersatz auszuweisen hat, nicht berührt; insbesondere gelten weder der Befreiungsschein (Ziff. I, 2) noch die Grenzläuferkarte (Ziff. I, 3) als Paßersatz.

Wegen der Behandlung derjenigen ausländischen Arbeiter, die beim unerlaubten Grenzübertritt betroffen werden, bei ihrer Festnahme aber glaubhaft machen, sie seien landwirtschaftliche Arbeitskräfte für die deutsche Landwirtschaft, behält es bei meinem Erl. v. 21. 7. 1923 — II F 267 II/22 LKr. — (nicht veröffentl.) sein Bewenden.

XI. 1. Die Erteilung des Befreiungsscheines (Ziff. I, 2) ist von dem ausländischen Arbeitnehmer bei derjenigen Ortspolizeibehörde zu beantragen, die für seinen Wohnsitz zuständig ist; mit dem Antrage sind der Paß oder Paßersatz oder die nach Ziff. I, 2 zugelassenen Papiere des Arbeitnehmers vorzulegen; gleichzeitig sind die Kosten in Höhe von 1,50 Reichsmark beizufügen. Vordrucke für die Beantragung von Befreiungsscheinen können von den zu II bezeichneten Legitimierungsstellen angefordert werden.

Die Ortspolizeibehörde hat die vorgelegten Ausweispapiere des Antragstellers nach Art und Nummer sowie unter Angabe der ausstellenden Behörde und des Ausstellungsdatums genau zu bezeichnen, ferner das Geburtsdatum, den Geburtsort, die Staatsangehörigkeit und die Nationalität des Arbeitnehmers, den nachweisbaren Tag seiner Einreise nach Deutschland, die Betriebe, in denen er beschäftigt war, die Dauer der jeweiligen Beschäftigung, sowie die Art seiner letzten Beschäftigung auf dem Antrage zu vermerken und diesen Antrag umgehend an die zu II angegebenen zuständigen Legitimierungsstellen der Deutschen Arbeiterzentrale weiterzugeben. Für die Weiterleitung der eingezahlten Kosten gelten die oben zu VIII, Abs 2 gegebenen Vorschriften. Die Ortspolizeibehörde hat die Ausweispapiere dem Antragsteller nach Aufnahme seines Antrags sofort zurückzugeben, mit Ausnahme der etwa vorhandenen alten Legitimationskarte und der fremsprachigen Ausweispapiere, die bei dem Antrage zu belassen sind.

Die Deutsche Arbeiterzentrale hat den antragsgemäß auszustellenden Befreiungsschein der Ortspolizeibehörde zur Aushändigung an den Antragsteller alsbald zurückzusenden.

Arbeiter, die sich im Besitze eines Befreiungsscheines (Ziff. XI, 1) befinden, gelten nicht als ausländische Arbeiter im Sinne dieses Erlasses.

Die in den Jahren 1923, 1924 und 1925 ausgestellten Befreiungsscheine verlieren mit Ablauf des Jahres 1925 ihre Gültigkeit. Die Inhaber solcher Scheine haben bis zum 28. 2. 1926 den Umtausch in neue Befreiungsscheine für das Jahr 1926 bei der für ihren Wohnsitz zuständigen Ortspolizeibehörde zu beantragen. Das Verfahren für den Umtausch, die Höhe der Kosten und ihre Weiterleitung richten sich nach den für die Neuausstellung von Befreiungsscheinen geltenden Vorschriften der Abs. 1—3.

Dem Antrag auf Umtausch ist stattzugeben, sofern die Voraussetzungen für die Erteilung des Befreiungsscheines zur Zeit der Antragstellung noch vorliegen. Ist dies nicht der Fall, so ist der Antrag in das ordentliche Legitimierungsverfahren überzuleiten.

Der Befreiungsschein gilt nicht als Paßersatz.

2. Die Erteilung der Grenzläuferkarte (Ziff. I, 3) ist von dem ausländischen Arbeitnehmer bei der Ortspolizeibehörde zu beantragen, die für seine Beschäftigungsstelle zuständig ist; mit dem Antrage sind Paß oder Ausweis im kleinen Grenzverkehr oder ein sonst vorhandener Paßersatz vorzulegen; gleichzeitig sind die Kosten in Höhe von 1 Reichsmark beizufügen.

Die Ortspolizeibehörde hat das Ausweispapier des Antragstellers nach Art und Nummer, sowie unter Angabe der ausstellenden Behörde und des Ausstellungsdatums genau zu bezeichnen sowie Betrieb und Art der Beschäftigung des Grenzläufers auf dem Antrage zu vermerken und diesen Antrag umgehend an die zuständige Legitimierungsstelle der Deutschen Arbeiterzentrale (s. oben Ziff. II) weiterzuzureichen, die die Grenzläuferkarte ausstellt und der Ortspolizeibehörde alsbald zurücksendet. Für die Weiterleitung der eingezahlten Kosten gelten die zu VIII, Abs. 2 gegebenen Vorschriften.

Der rechtmäßige Inhaber der Grenzläuferkarte gilt als für solche Betriebe legitimiert, für die das zuständige Landesamt für Arbeitsvermittlung im Einvernehmen mit dem Regierungspräsidenten die Genehmigung zur Beschäftigung ausländischer Grenzläufer erteilt hat.

Die Grenzläuferkarten dürfen höchstens auf die Dauer des Jahres 1926 ausgestellt und können bei Mißbrauch eingezogen werden.

XII. Die beiden letzten Nachprüfungen der landwirtschaftlichen und nichtlandwirtschaftlichen Betriebe haben teilweise wiederum unbefriedigende Ergebnisse gezeitigt. Dies zeigt, daß das Legitimationsgeschäft immer noch nicht so sorgfältig durchgeführt wird, wie es aus sicherheitspolizeilichen, sanitären und sozialen Gründen unbedingt erforderlich ist. Die Ortspolizeibehörden haben sich deshalb auch fernerhin durch wiederholte und nicht vorher angesagte Überprüfungen der Betriebe über die in ihrem Bezirk beschäftigten ausländischen Arbeiter genaue Kenntnis zu verschaffen und zu vergewissern, daß die Legitimierung, auch diejenige der Grenzläufer im erleichterten Verfahren (Ziff. XI, 2) ordnungsmäßig durchgeführt ist. Sie haben auch darüber zu wachen, daß für eine Arbeitsstelle nicht mehr ausländische Arbeiter legitimiert sind, als das Landesamt für Arbeitsvermittlung zugelassen hat, und schließlich darauf zu achten, daß die Sondervorschriften genau innegehalten werden, die für die vom Legitimationszwang befreiten Arbeiter gegeben sind. Bei solcher Überprüfung der Arbeitsstellen sollen sich die Ortspolizeibehörden der Mitwirkung der sprach- und sachkundigen Angestellten der Landesstellen der Deutschen Arbeiterzentrale bedienen.

Hierbei ist auch, soweit landwirtschaftliche Betriebe in Frage stehen, besonderes Augenmerk auf die Wohn- und Unterkunftsverhältnisse der ausländischen Landarbeiter zu richten; zu der Besichtigung von Unterkunftsräumen sind, wenn irgend möglich, Beamte der örtlichen Arbeitsnachweise, der zuständigen Landesstellen der Deutschen Arbeiterzentrale und auch die zuständigen Wohnungsbeamten zuzuziehen. Über etwaige Mängel ist ein Vermerk in den den Landräten zu erstattenden Bericht aufzunehmen. Im übrigen weise ich auf den einschlägigen Erl. des Ministers für Volkswohlfahrt v. 12. 12. 1923 — II. 11 Nr. 1357 — hin.

Den Landräten mache ich es zur Pflicht, mit Nachdruck und Umsicht darauf hinzuwirken, daß sich das Legitimationsgeschäft schnell, vollständig und reibungslos abwickelt und auch sonst die Vorschriften dieses Erlasses auf das genaueste beachtet werden. Gegen solche ausländische Arbeiter, die der Aufforderung zur Vorlegung ihres Lichtbildes innerhalb einer angemessenen Frist nach Eingang der Karten nicht nachkommen, ist erforderlichenfalls mit Ordnungsstrafen vorzugehen; die Arbeitgeber sind durch die Ortspolizeibehörden in geeigneter Weise zu veranlassen, ihren ausländischen Arbeitern zur möglichst beschleunigten Beschaffung eines Lichtbildes behilflich zu sein.

Auch gegen Arbeitgeber, die die Legitimierungsvorschriften umgehen, ist einzuschreiten; eine Handhabe hierzu bietet § 19 der Vd. des Präs. der Reichsarbeitsverw. v. 2. 1. 1923[1]) über die Einstellung und Beschäftigung ausländischer Arbeiter (MBliV. S. 29), nach welchem Arbeitgeber, die unter

[1]) Jetzt 2. 1. 1926, s. S. 232ff.

Zuwiderhandlung gegen die Bestimmungen jenes Erlasses unlegitimierte Arbeiter beschäftigen, mit Geldstrafe oder mit Gefängnis bis zu 6 Monaten bestraft werden können. Es werden daher solche Arbeitgeber bei der Staatsanwaltschaft zur Anzeige zu bringen und Abschrift der Anzeige gleichzeitig dem zuständigen Landesamt für Arbeitsvermittlung zuzuleiten sein, das in der Lage ist, die Genehmigung für die Beschäftigung ausländischer Arbeiter zurückzuziehen oder im folgenden Jahre zu versagen.

XIII. Es bleibt vorbehalten, erleichterte Legitimierungsvorschriften für solche ausländischen landwirtschaftlichen Arbeiter zu treffen oder zuzulassen, die nur auf kurze Zeit und für bestimmte Arbeiten über die Grenze kommen.

XIV. Ich ersuche die Landräte (Oberamtmänner), die Ortspolizeibehörden entsprechend anzuweisen, ihnen, unter besonderem Hinweis auf die gespannte Arbeitsmarktlage sowie die zu nehmenden politischen Rücksichten, die genaue Beachtung der vorstehenden Bestimmungen zur Pflicht zu machen und für beschleunigte inhaltliche Bekanntgabe der die Arbeiter und Arbeitgeber betreffenden Vorschriften Sorge zu tragen. Die Landwirtschaftskammern werden durch die Oberpräsidenten benachrichtigt.

5a. Verordnung über die Einstellung und Beschäftigung ausländischer Arbeiter in Sachsen. Vom 26. Februar 1924.

(RABl. 1924 S. 87.)

Auf Grund von § 18 der Verordnung über die Einstellung und Beschäftigung ausländischer Arbeiter vom 2. Januar 1923 (Reichsarbeitsblatt S. 43) wird im Einverständnis mit der Sächsischen Regierung bestimmt:

Die Verordnung über die Einstellung und Beschäftigung ausländischer Arbeiter vom 2. Januar 1923 gilt in Sachsen mit folgenden Besonderheiten:

Die Sächsische Regierung kann im Einvernehmen mit der Reichsarbeitsverwaltung (Reichsamt für Arbeitsvermittlung) bestimmen, daß

in den Fällen der §§ 4 und 6 Abs. 2 für die gewerblichen ausländischen Arbeiter und Hausangestellten, die sich im Besitz eines Passes, Paßersatzes oder eines Ausweises im kleinen Grenzverkehr befinden, an die Stelle der Legitimationskarte der Deutschen Arbeiterzentrale der Paß (Paßersatz, Ausweis) und die in § 6 vorgesehene Bestätigung des letzten Arbeitgebers oder an ihre Stelle die in den §§ 6 und 7 vorgesehene Bescheinigung des öffentlichen Arbeitsnachweises tritt.

Berlin, den 26. Februar 1924.

Der Präsident der Reichsarbeitsverwaltung
(Reichsamt für Arbeitsvermittlung)
Dr. Syrup

5b. Verordnung über die Einstellung und Beschäftigung ausländischer Arbeiter in Sachsen. Vom 20. August 1924.

(RABl. 1924 S. 346.)

Auf Grund von § 18 der Verordnung über die Einstellung und Beschäftigung ausländischer Arbeiter vom 2. Januar 1923 (Reichsarbeitsbl. S. 43) bestimme ich mit Zustimmung des Sächsischen Arbeits- und Wohlfahrtsministeriums folgendes:

Die Vorprüfung der Anträge auf Erteilung der Genehmigung zur Einstellung und Beschäftigung ausländischer Arbeiter erfolgt für die Bezirke der öffentlichen Arbeitsnachweise Borna, Rötha, Pegau, Geithain und Frohburg durch den Prüfungsausschuß des öffentlichen Arbeitsnachweises in Borna. Für die Vorprüfung der Anträge gelten die Bestimmungen des § 12 der Verordnung über die Einstellung und Beschäftigung ausländischer Arbeiter vom 2. Januar 1923.

Berlin, den 20. August 1924.

Der Präsident der Reichsarbeitsverwaltung
(Reichsamt für Arbeitsvermittlung)
Dr. Syrup

6. Verordnung über die Einstellung und Beschäftigung ausländischer Arbeiter in Württemberg. Vom 12. Oktober 1923.

(RABl. 1923 S. 678.)

Auf Grund von § 18 der Verordnung über die Einstellung und Beschäftigung ausländischer Arbeiter vom 2. Januar 1923 (Reichsarbeitsblatt S. 43) wird im Einverständnis mit der württembergischen Regierung bestimmt:

Die Verordnung über die Einstellung und Beschäftigung ausländischer Arbeiter vom 2. Januar 1923 gilt in Württemberg mit folgenden Besonderheiten:

Die württembergische Regierung kann im Einvernehmen mit der Reichsarbeitsverwaltung (Reichsamt für Arbeitsvermittlung) bestimmen, daß

a) in den Fällen des § 2 Abs. 2 an die Stelle des Ausweises der Deutschen Arbeiterzentrale eine Bescheinigung der Ortspolizeibehörde tritt;

b) in den Fällen der §§ 4 und 6 Abs. 2 für die gewerblichen ausländischen Arbeiter und Hausangestellten an die Stelle der Legitimationskarte der Deutschen Arbeiterzentrale der Paß und die in § 6 vorgesehene Bestätigung des letzten Arbeitgebers oder die in den §§ 6 und 7 vorgesehene Bescheinigung des öffentlichen Arbeitsnachweises tritt.

Berlin, den 12. Oktober 1923.

Der Präsident der Reichsarbeitsverwaltung
(Reichsamt für Arbeitsvermittlung)
Dr. Syrup

7. Verordnung über die Einstellung und Beschäftigung ausländischer Arbeiter in Baden. Vom 22. Oktober 1923.

(RABl. 1923 S. 678.)

Auf Grund von § 18 der Verordnung über die Einstellung und Beschäftigung ausländischer Arbeiter vom 2. Januar 1923 (Reichsarbeitsblatt S. 43) wird im Einverständnis mit der badischen Regierung bestimmt:

Die Verordnung über die Einstellung und Beschäftigung ausländischer Arbeiter vom 2. Januar 1923 gilt in Baden mit folgenden Besonderheiten:

Die badische Regierung kann im Einvernehmen mit der Reichsarbeitsverwaltung (Reichsamt für Arbeitsvermittlung) bestimmen, daß

a) in den Fällen des § 2 Abs. 2 an die Stelle des Ausweises der Deutschen Arbeiterzentrale eine Bescheinigung des Bezirksamts tritt,

b) in den Fällen der §§ 4 und 6 Abs. 2 an die Stelle der Legitimationskarte der Deutschen Arbeiterzentrale andere Urkunden treten, die nach den in Baden geltenden Bestimmungen für Einreise (Zuzug) und Aufenthalt ausländischer Arbeiter vorgeschrieben sind.

Berlin, den 12. Oktober 1923.

Der Präsident der Reichsarbeitsverwaltung
(Reichsamt für Arbeitsvermittlung)
Dr. Syrup

8. Verordnung über die Einstellung und Beschäftigung ausländischer Arbeiter im rechtsrheinischen Bayern. Vom 15. September 1923.

(RABl. 1923 S. 654.)

Auf Grund von § 18 der Verordnung über die Einstellung und Beschäftigung ausländischer Arbeiter vom 2. Januar 1923 (Reichsarbeitsblatt S. 43) wird im Einverständnis mit der bayrischen Regierung bestimmt:

Die Verordnung über die Einstellung und Beschäftigung ausländischen Arbeiter vom 2. Januar 1923 gilt im rechtsrheinischen Bayern mit folgenden Besonderheiten:

Die bayrische Regierung kann im Einvernehmen mit der Reichsarbeitsverwaltung (Reichsamt für Arbeitsvermittlung) bestimmen, daß

a) in den Fällen des § 2 Abs. 2 an die Stelle des Ausweises der Deutschen Arbeiterzentrale eine Bescheinigung der Ortspolizeibehörde tritt,

b) außer den nach § 3 für die Einstellung ausländischer Arbeiter nötigen Urkunden weitere Urkunden beizubringen sind, die nach den in Bayern geltenden Bestimmungen für Einreise (Zuzug) und Aufenthalt ausländischer Arbeiter vorgeschrieben sind,

c) in den Fällen der §§ 4 und 6 Abs. 2 an die Stelle der Legitimationskarte der Deutschen Arbeiterzentrale andere Urkunden treten, die nach den in Bayern geltenden Bestimmungen für Einreise (Zuzug) und Aufenthalt ausländischer Arbeiter vorgeschrieben sind.

Berlin, den 15. September 1923.

Der Präsident der Reichsarbeitsverwaltung
(Reichsamt für Arbeitsvermittlung)
Dr. Syrup

9. Verordnung über die Einstellung und Beschäftigung ausländischer Arbeiter in Hamburg. Vom 27. November 1923.

(RABl. 1923 S. 735.)

Auf Grund von § 18 der Verordnung über die Einstellung und Beschäftigung ausländischer Arbeiter vom 2. Januar 1923 (Reichsarbeitsblatt S. 43) wird im Einverständnis mit dem Senat der freien und Hansestadt Hamburg bestimmt:

Die Verordnung über die Einstellung und Beschäftigung ausländischer Arbeiter vom 2. Januar 1923 gilt in Hamburg mit folgenden Besonderheiten:

Der Senat der freien und Hansestadt Hamburg kann im Einvernehmen mit der Reichsarbeitsverwaltung (Reichsamt für Arbeitsvermittlung) bestimmen, daß

a) in den Fällen des § 2 Abs. 2 an die Stelle des Ausweises der Deutschen Arbeiterzentrale eine Bescheinigung der für das Paßwesen zuständigen hamburgischen Behörde tritt,

b) in den Fällen der §§ 4 und 6 Abs. 2 an die Stelle der Legitimationskarte der Deutschen Arbeiterzentrale andere Urkunden treten, die nach den in Hamburg geltenden Bestimmungen für Einreise (Zuzug) und Aufenthalt ausländischer Arbeiter vorgeschrieben sind.

Berlin, den 27. November 1923.

Der Präsident der Reichsarbeitsverwaltung
(Reichsamt für Arbeitsvermittlung)
In Vertretung
Dr. von Valta

10. Einstellung und Beschäftigung ausländischer Arbeiter in Berlin.

(RABl. 1923 I. S. 150.)

An den Herrn Vorsitzenden des Berliner Landesamtes für Arbeitsvermittlung, Berlin C.

Betrifft: Einstellung und Beschäftigung ausländischer Arbeiter.

Auf Grund von § 18 der Verordnung über die Einstellung und Beschäftigung ausländischer Arbeiter vom 2. Januar 1923 (Reichsarbeitsbl. S. 43) bestimme ich im Einvernehmen mit dem Preußischen Herrn Minister für Handel und Gewerbe für den Bezirk des Berliner Landesamtes für Arbeitsvermittlung folgendes:

1. Die Anträge auf Einstellung und Beschäftigung ausländischer Arbeiter sind unmittelbar beim Landesamt einzureichen.

2. Über die Erteilung der Genehmigung entscheidet der Prüfungsausschuß des Landesamtes. Die Entscheidung ist endgültig.

Der Prüfungsausschuß kann durch einstimmigen Beschluß den Vorsitzenden des Landesamts die Befugnis erteilen, in seinem Auftrage eine Vorentscheidung über die Anträge zu treffen. Die Befugnis kann auf Fälle oder Entscheidungen bestimmter Art beschränkt werden. Sie ist auf Verlangen von einem Drittel der Beisitzer des Prüfungsausschusses jederzeit zurückzuziehen.

Die Vorentscheidung des Vorsitzenden ist endgültig, wenn der Antragsteller nicht binnen 4 Wochen nach Empfang der Vorentscheidung die Entscheidung des Prüfungsausschusses selbst beantragt hat. Die Stellung dieses Antrages hat, soweit die ausländischen Arbeiter bereits auf der Arbeitsstelle beschäftigt sind, aufschiebende Wirkung.

3. In den Fällen der §§ 6 und 7 tritt an die Stelle des öffentlichen Arbeitsnachweises das Berliner Landesamt für Arbeitsvermittlung.

Berlin, den 17. Februar 1923.

Der Präsident der Reichsarbeitsverwaltung
(Reichsamt für Arbeitsvermittlung)
In Vertretung
Rötger

11. Verordnung über die Einstellung und Beschäftigung der ausländischen Arbeiter im ehemaligen oberschlesischen Abstimmungsgebiet, die sich im Besitz einer Verkehrskarte nach Artikel 259 ff. des deutsch-polnischen Abkommens vom 15. Mai 1922 befinden. Vom 18. Juni 1923.

(RABl. 1923 S. 418.)

Auf Grund von § 18 der Verordnung über die Einstellung und Beschäftigung ausländischer Arbeiter vom 2. Januar

1923 (Reichsarbeitsblatt S. 43) wird im Einverständnis mit der Preußischen Regierung folgendes bestimmt:

Für die Einstellung und Beschäftigung in Betrieben des ehemaligen oberschlesischen Abstimmungsgebietes gelten als ausländische Arbeiter im Sinne der Verordnung über die Einstellung und Beschäftigung ausländischer Arbeiter vom 2. Januar 1923 (Reichsarbeitsblatt S. 43) nicht diejenigen ausländischen Arbeiter, die sich im berechtigten Besitz einer Verkehrskarte nach Art. 259 ff. des deutsch-polnischen Abkommens über Oberschlesien vom 15. Mai 1922 (Reichsgesetzbl. II S. 238) befinden.

Berlin, den 18. Juni 1923.

Der Präsident der Reichsarbeitsverwaltung
(Reichsamt für Arbeitsvermittlung)
In Vertretung
Rötger

III. Sonstige Sonderbestimmungen für ausländische Arbeitnehmer, bezw. Arbeitgeber.

1. Beisitzer des Verwaltungsausschusses des Arbeitsnachweises. Beisitzer der Fachausschüsse des Arbeitsnachweises. Beisitzer des Verwaltungsrates des Reichsamtes für Arbeitsvermittlung.

Auf Grund § 10 des ANG. können als Beisitzer nur Reichsangehörige bestellt werden, die mindestens 24 Jahre alt und im Besitz der bürgerlichen Ehrenrechte sind. Danach haben ausländische Arbeitnehmer kein passives Wahlrecht:

1. für die Beisitzer des Verwaltungsausschusses des Arbeitsnachweises (ANG. § 10).
2. für die Beisitzer der Fachausschüsse des Arbeitsnachweises (ANG. § 33).

3. für die Beisitzer des Verwaltungsrates des Reichsamtes für Arbeitsvermittlung (ANG. § 29).

2. Wahlrecht zu den Betriebsvertretungen.

Das Wahlrecht zu den Betriebsvertretungen regelt § 20 des BRG. v. 4. 2. 1920 (RGBl. S. 147):

Wahlberechtigt sind alle mindestens 18 Jahre alten männlichen und weiblichen Arbeitnehmer, die sich im Besitze der bürgerlichen Ehrenrechte befinden.

Wählbar sind die mindestens 24 Jahre alten reichsangehörigen Wahlberechtigten, die nicht mehr in Berufsausbildung sind und am Wahltag mindestens sechs Monate dem Betrieb oder dem Unternehmen sowie mindestens drei Jahre dem Gewerbezweig oder dem Berufszweig angehören, in dem sie tätig sind.

Kein Arbeitnehmer ist in mehr als einem Betriebe wählbar.

3. Wahlrecht für die Gewerbe- und Kaufmannsgerichte.

Das Wahlrecht regelt § 11 des GGG. in der Fassung vom 6. Juni 1924 (RGBl. 645) Abs. 2:

Personen, die zum Amte eines Schöffen unfähig sind (GVG. § 31)[1] können zum Mitglied des Gewerbegerichtes nicht berufen werden".

4. Wahlrecht für die Schlichtungsausschüsse und -Kammern.

Das Wahlrecht regelt § 1 u. § 2 der 2. VO. zur Ausf. der VO. über das Schlichtungswesen vom 10. 12.

[1] § 31 GVG.: „Das Amt eines Schöffen ist ein Ehrenamt. Es kann nur von Deutschen versehen werden".

1923 (RGBl. 1191). Darnach gelten für die Wählbarkeit in bezug auf die Staatsangehörigkeit die gleichen Vorschriften, wie bei den Gewerbe- und Kaufmannsgerichten.

D. Verschiedene Rechtsgebiete.

I. Strafrechtliche Bestimmungen.

1. Verordnung über Handelsbeschränkungen vom 13. Juli 1923. (RGBl. S. 706.)

§ 33: Wird ein Ausländer wegen unzulässigen Handels verurteilt, so kann die Landespolizeibehörde ihn aus dem Reichsgebiete verweisen. In den Fällen des § 28 Abs. 2 [1]) und des § 31 [2]) muß dies geschehen.

2. Verordnung über den Verkehr mit Vieh und Fleisch vom 13. Juli 1923. (RGBl. S. 715.)

§ 19: Soweit nach § 2 eine Erlaubnis erforderlich ist, finden die Vorschriften der §§ 28 bis 33 der Verordnung über Handelsbeschränkungen entsprechende Anwendung.

3. Verordnung gegen verbotene Ausfuhr vom 13. Juli 1923. (RGBl. S. 705.)

§ 7: Wird ein Ausländer wegen verbotener Ausfuhr lebenswichtiger Gegenstände zu Freiheitsstrafe verurteilt, so kann ihn die Landespolizeibehörde aus dem Reichsgebiete verweisen. Die Verweisung muß geschehen, wenn der Ausländer zu Zuchthaus verurteilt worden ist.

---

[1]) Besonders schwere, mit Zuchthausstrafe bedrohte Fälle.
[2]) Unzulässiger Handel im strafverschärfenden Rückfalle.

4. Preistreibereiverordnung vom 13. Juli 1923.
(RGBl. I S. 700.)

§ 28: Wird ein Ausländer wegen Preistreiberei verurteilt, so kann ihn die Landespolizeibehörde aus dem Reichsgebiete verweisen. Die Verweisung muß geschehen, wenn der Ausländer zu Zuchthaus verurteilt worden ist.

5. Gesetz zum Schutze der Republik vom 21. Juli 1922 (RGBl. S. 585.) in der Fassung des Gesetzes vom 8. Juli 1926 (RGBl I S. 397).

§ 9: Neben jeder Verurteilung wegen Hochverrats oder wegen eines Verbrechens gegen die §§ 1 bis 6 ist auf Geldstrafe zu erkennen; die Höhe der Geldstrafe ist nicht beschränkt.

Dem Verurteilten kann im Urteil der Aufenthalt in bestimmten Teilen oder an bestimmten Orten des Reichs auf die Dauer bis zu fünf Jahren angewiesen werden; gegen Ausländer kann auf Ausweisung aus dem Reichsgebiete erkannt werden[1]). Zuwiderhandlungen[2]) gegen diese Anordnungen[3]) werden mit Gefängnis bestraft.

6. Gesetz gegen die Steuerflucht vom 26. Juli 1918.
(RGBl. S. 951.)

§ 1. Angehörige des Deutschen Reichs bleiben, wenn sie ihren dauernden Aufenthalt im Inland aufgeben, für die

---

[1]) Einziger Fall der Ausweisung unmittelbar durch richterliches Urteil.

[2]) Schuldhafte; Vorsatz oder Fahrlässigkeit erforderlich.

[3]) Im Gegensatz zum Bannbruch ist hier ein vorgängiges Verlassen des verbotenen Gebietes nicht erforderlich. Strafbar ist hier, wer dem Ausweisungsbefehl schuldhaft nicht Folge leistet.

Geltungsdauer dieses Gesetzes der inländischen Steuerpflicht in Beziehung auf die Personalsteuern sowohl des Reichs wie der Bundesstaaten unterworfen. Die bundesstaatlichen Steuern sind im zweieinhalbfachen Betrage zu erheben; drei Fünftel dieses Betrags sind nach näherer Bestimmung der Landesregierung für die Gemeinden (Gemeindeverbände) und Schulgemeinden zu verwenden; soweit in Gebietsteilen einzelner Bundesstaaten eine besondere Gemeindeverfassung nicht vorhanden ist, werden die bundesstaatlichen Steuern nur zum einfachen Betrag erhoben. Bisherige weitergehende und künftige landesgesetzliche Vorschriften jeder Art bleiben unberührt.

Die Vorschrift des Abs. 1 gilt auch für

1. ehemalige Angehörige des Deutschen Reichs, die nach dem 1. August 1914 eine fremde Staatsangehörigkeit erworben haben,
2. nicht reichsangehörige Personen, die auch eine fremde Staatsangehörigkeit nicht besitzen, wenn sie seit dem 1. August 1914 in einem deutschen Bundesstaat ihren Wohnsitz oder gewöhnlichen Aufenthalt gehabt haben.

§ 4. Der Steuerpflichtige hat mindestens einen Monat vor der Aufgabe des dauernden Aufenthalts im Inland dem für den Ort seines Wohnsitzes oder gewöhnlichen Aufenthalts zuständigen Besitzsteueramt als Steuerbehörde von der beabsichtigten Aufgabe des Aufenthalts Anzeige zu erstatten. . . . . .

§ 5. Der Steuerpflichtige hat vor der Aufgabe seines dauernden Aufenthalts im Inlande für die Erfüllung der sich aus der Vorschrift des § 1 ergebenden Verpflichtung in Höhe von 20 vom Hundert seines Vermögens (§ 6) Sicherheit zu leisten......

§ 22. Wer als Steuerpflichtiger seinen dauernden Aufenthalt im Inland aufgibt, ohne die im § 4 vorgeschriebene Anzeige zu erstatten oder die ihm nach § 5 obliegende Verpflichtung zur Sicherheitsleistung zu erfüllen, wird wegen Steuerflucht mit Gefängnis nicht unter drei Monaten und mit Verlust der bürgerlichen Ehrenrechte bestraft; daneben ist auf eine Geldstrafe bis zu einhunderttausend Mark zu erkennen....

§ 23. Angehörige des Deutschen Reichs, die nach Maßgabe des § 22 rechtskräftig verurteilt sind, können ihrer Staatsangehörigkeit durch Beschluß der Zentralbehörde des Bundesstaates, in dem sie die Staatsangehörigkeit besitzen, verlustig erklärt werden. Gehören sie mehreren Bundesstaaten an, so verlieren sie durch den Beschluß die Staatsangehörigkeit in allen Bundesstaaten.

Der Verlust der Staatsangehörigkeit erstreckt sich, sofern nicht in der Erklärung nach Abs. 1 Satz 1 ein Vorbehalt gemacht ist, zugleich auf die Ehefrau, sofern sie nicht dauernd von ihrem Ehemanne getrennt lebt, und auf diejenigen Kinder, deren gesetzliche Vertretung dem Ausgeschiedenen kraft elterlicher Gewalt zusteht. Ausgenommen sind die Töchter, die verheiratet sind oder verheiratet gewesen sind.

§ 24. Die Landespolizeibehörden sind befugt, Personen, welche gemäß § 23 die deutsche Staatsangehörigkeit verloren haben, sowie die im § 1 Abs. 2 genannten Personen, welche rechtskräftig wegen Steuerflucht verurteilt sind, aus dem Reichsgebiete zu verweisen.

7. Gesetz gegen den Verrat militärischer Geheimnisse vom 3. Juni 1914. (RGBl. S. 195.)

§ 14 Absatz 2:

Ein Ausländer, der wegen eines Verbrechens oder eines vorsätzlichen Vergehens gegen dieses Gesetz zu einer Freiheitsstrafe verurteilt worden ist, kann nach Verbüßung der Strafe von der Landespolizeibehörde aus dem Reichsgebiet ausgewiesen werden.

8. Gesetz über die Verschärfung der Strafen gegen Schleichhandel, Preistreiberei und verbotene Ausfuhr lebenswichtiger Gegenstände vom 18. Dezember 1920. (RGBl. S. 2107.)

§ 5. Wird ein Ausländer wegen Schleichhandels, Preistreiberei oder verbotener Ausfuhr lebenswichtiger Gegenstände verurteilt, so kann die Landespolizeibehörde ihn nach Vollstreckung der Strafe aus dem Reichsgebiete verweisen. Die Verweisung muß geschehen, wenn der Ausländer auf Grund der §§ 1, 2 dieses Gesetzes oder auf Grund des § 2 der Verordnung gegen den Schleichhandel oder des § 5 der Verordnung gegen Preistreiberei zu Zuchthaus verurteilt worden ist.

9. § 361 StGB. (Bannbruch).

Mit Haft wird bestraft:

1. .....
2. wer [1]), nachdem er des Bundesgebietes oder des Gebietes eines Bundesstaats verwiesen ist [2]), ohne Erlaubnis zurückkehrt.

---

[1]) Jeder Ausgewiesene, auch Inländer, die ausgewiesen sind.

[2]) Es muß eine rechtskräftige Ausweisung vorliegen. Sie muß rechtmäßig sein in dem Sinne, daß eine hierzu berufene Behörde innerhalb ihrer Zuständigkeit die Ausweisungsverfügung

10a. § 285a StGB. (Polizeiaufsicht).

In den Fällen der §§ 284[1]), 284a[2]) und 285[3]) kann neben Gefängnis auf Verlust der bürgerlichen Ehrenrechte, auf die Zulässigkeit von Polizeiaufsicht und auf Überweisung an die Landespolizeibehörde mit den im § 362 Abs. 3, 4 vorgesehenen Folgen erkannt werden.

Einen Ausländer kann die Landespolizeibehörde nach Vollstreckung der Freiheitsstrafe aus dem Reichsgebiete verweisen[4]).

Neben der Strafe kann angeordnet werden, daß die

---

erlassen hat (RGStr. 6 S. 378). Sie muß aber auch rechtskräftig in dem Sinne sein, daß keine Rechtsmittel gegen sie zulässig sind (z. B. Beschwerde). Die Rechtmäßigkeit der Ausweisung unterliegt der richterlichen Nachprüfung (RGStr. 6 S. 378), aber auch die Rechtskraft.

1) § 284 StGB.: Wer ohne behördliche Erlaubnis öffentlich ein Glücksspiel veranstaltet oder hält oder die Einrichtungen hierzu bereitstellt, wird mit Gefängnis bis zu 2 Jahren und mit Geldstrafe oder mit Geldstrafe (bis zu dem gleichen Betrage) bestraft.

Als öffentlich veranstaltet gelten auch Glücksspiele in Vereinen oder geschlossenen Gesellschaften, in denen Glücksspiele gewohnheitsmäßig veranstaltet werden. (Fassung des Reichsgesetzes gegen das Glücksspiel vom 23. 12. 1919 (RGBl. S. 2145).)

2) § 284a StGB.: Wer sich an einem öffentlichen Glücksspiel (§ 284) beteiligt, wird mit Gefängnis bis zu 6 Monaten und mit Geldstrafe oder mit Geldstrafe (bis zu dem gleichen Betrage) bestraft. (Eingefügt durch das Glücksspielgesetz (RGBl. 1919 S. 2145).)

3) § 285 StGB.: Wer aus dem Glücksspiel ein Gewerbe macht, wird mit Gefängnis und mit Geldstrafe, bei mildernden Umständen mit Gefängnis bis zu einem Jahre und mit Geldstrafe oder mit Geldstrafe (bis zu dem gleichen Betrage) bestraft. (Fassung des Glücksspielgesetzes (RGBl. 1919 S. 2145).)

4) Ausweisung auch ohne Polizeiaufsicht zulässig. Dauernde Ausweisung zulässig.

Verurteilung auf Kosten des Schuldigen öffentlich bekannt zu machen ist.

10b. § 362 StGB. (Polizeiaufsicht).

Die nach Vorschrift des § 361 Nr. 3 bis 8 Verurteilten können zu Arbeiten, welche ihren Fähigkeiten und Verhältnissen angemessen sind, innerhalb und, sofern sie von anderen freien Arbeitern getrennt gehalten werden, auch außerhalb der Strafanstalt angehalten werden.

Bei der Verurteilung zur Haft kann zugleich erkannt werden, daß die verurteilte Person nach verbüßter Strafe der Landespolizeibehörde zu überweisen sei. Im Falle des § 361 Nr. 4 ist dieses jedoch nur dann zulässig, wenn der Verurteilte in den letzten drei Jahren wegen dieser Übertretung mehrmals rechtskräftig verurteilt worden ist, oder wenn derselbe unter Drohungen oder mit Waffen gebettelt hat.

Durch die Überweisung erhält die Landespolizeibehörde die Befugnis, die verurteilte Person bis zu zwei Jahren entweder in ein Arbeitshaus unterzubringen oder zu gemeinnützigen Arbeiten zu verwenden. Im Falle des § 361 Nr. 6 kann die Landespolizeibehörde die verurteilte Person statt in ein Arbeitshaus in eine Besserungs- oder Erziehungsanstalt oder in ein Asyl unterbringen; die Unterbringung in ein Arbeitshaus ist unzulässig, falls die verurteilte Person zur Zeit der Verurteilung das 18. Lebensjahr noch nicht vollendet hat.

Ist gegen einen Ausländer auf Überweisung an die Landespolizeibehörde erkannt, so kann neben oder an

Stelle der Unterbringung Verweisung [1]) aus dem Bundesgebiet eintreten [2]).

---

[1]) Dauernde Ausweisung zulässig (herrschende Meinung, anderer Meinung z. B. Oppenhoff-Delius: Strafgesetzbuch 15).

[2]) Unterbringung oder Ausweisung alternativ. Charakteristisch für eine rein fiskalische Beurteilung bedeutsamer menschlicher und kriminalpolitischer Probleme sind folgende Erlasse:

a) Erlaß vom 29. Oktober 1880 (MinBl. Inn. Verw. 1881 S. 10).

Auf den Bericht vom 6. August d. J. eröffne ich der Königl. Regierung, daß ich der von ihr dargelegten Auffassung über die Anwendung des § 362 des Reichsstrafgesetzbuches auf Ausländer nicht beizupflichten und die gegen die bezügliche Anordnung des Herrn Oberpräsidenten der Provinz erhobene Beschwerde nicht für begründet zu erachten vermag. Zunächst geht die Annahme der usw., daß es dem Sinne und Wortlaute der gedachten Gesetzesvorschrift entspreche, die Überweisung der Ausländer an die inländischen Korrektions-Anstalten zum Zwecke der Vollstreckung der Korrektionsnachhaft als Regel, die Ausweisung aus dem Reichsgebiete dagegen als Ausnahme eintreten zu lassen, offenbar zu weit. Beide Maßregeln sind vielmehr als alternativ anwendbar hingestellt; es soll dem pflichtmäßigen Ermessen der Landes-Polizeibehörde überlassen bleiben, von welcher derselben sie nach den Umständen des einzelnen Falles Gebrauch machen zu müssen glauben. Bei dieser in das Ermessen der Landes-Polizeibehörde gestellten Auswahl kommt es hiernach vorzugsweise auf Gesichtspunkte der Zweckmäßigkeit an.

Es läßt sich nun keineswegs anerkennen, daß aus Zweckmäßigkeitsgründen der Regel nach der Überweisung des verurteilten Ausländers an die Korrektionsanstalt, vor der Ausweisung desselben aus dem Reichsgebiete der Vorzug zu geben sei. Allerdings mag die Ausweisung mittels Zwangspasses in manchen Fällen ohne Wirkung bleiben, sowie die Ausführung des Transportes zuweilen mit Schwierigkeiten und mit nicht unerheblichen Kosten für die Staatskasse verbunden sein, letzteres namentlich dann, wenn der Bezirk, aus welchem die Ausweisung mittels Transportes durchgeführt werden soll, nicht unmittelbar an den Staat grenzt, welchem der Auszuweisende angehört.

Demgegenüber darf jedoch nicht außer Betracht bleiben, daß die Vollstreckung der Korrektions-Nachhaft fast durchgehends mit größeren Kosten, wenn auch nicht unmittelbar für den Staat verknüpft ist, und daß es an sich nicht angemessen erscheint, der Provinzialverwaltung diese größeren Kosten unnötig aufzubürden, um die geringeren dem Staate zu ersparen. Dazu kommt ferner, daß durch die Vollstreckung der Korrektionsnachhaft an dem Ausländer die Frage seiner Ausweisung und Heimschaffung nach seinem Heimatsstaate in vielen Fällen nicht einmal beseitigt wird. Erwägt man endlich, daß es im allgemeinem dem Interesse des Staates mehr entspricht, sich eines lästig gewordenen und bestraften Ausländers sofort zu entledigen, als den Versuch seiner Besserung zu machen, so ergibt sich hieraus, daß die Maßregel der Verhängung der Korrektionsnachhaft über die auf Grund des § 362 der Landespolizeibehörde überwiesenen Ausländer nicht zur Regel zu machen, sondern auf besonders dazu geeignete Fälle zu beschränken ist.

Der Minister des Innern.

b) Allgemeine Verfügung vom 4. Februar 1899, betr. die Ausweisung bestrafter Reichsausländer (MinBl. Inn. Verw. S. 28).

Nach § 362 des Reichs-Strafgesetzbuchs können Reichsausländer, gegen die auf Überweisung an die Landespolizeibehörde erkannt ist, an Stelle der Unterbringung in einem Arbeitshause aus dem Reichsgebiete ausgewiesen werden.

Da es im allgemeinen dem Interesse des Staates mehr ententspricht, sich eines derartigen Reichsausländers sofort zu entledigen, als den Versuch seiner Besserung zu machen, so ist in dem Erlasse vom 29. Oktober 1880 (MinBl. 1881 S. 10) angeordnet worden, daß die Verhängung der Korrektionsnachhaft über die Reichsausländer, die auf Grund des § 362 RStGB. der Landespolizeibehörde überwiesen worden sind, auf besonders dazu geeignete Fälle zu beschränken, in der Regel dagegen die Ausweisung aus dem Reichsgebiete einzuleiten ist.

Es hat sich nun herausgestellt, daß bisher in manchen Fällen anstatt einer derartigen Ausweisung die Besserungshaft lediglich aus dem Grunde verfügt worden ist, weil die Aufklärung der Staatsangehörigkeitsverhältnisse des Bestraften Schwierigkeiten bot.

11. § 296 a StGB. (Fischfangverbot).

Ausländer, welche in Deutschen Küstengewässern unbefugt fischen[1]), werden mit Geldstrafe oder mit Gefängnis bis zu sechs Monaten bestraft.

Neben der Geld- oder Gefängnisstrafe ist auf Einziehung der Fanggeräte, welcher der Täter bei dem unbefugten Fischen bei sich geführt hat, ingleichen der in dem Fahrzeuge enthaltenen Fische zu erkennen, ohne Unterschied, ob die Fanggeräte und Fische dem Verurteilten gehören oder nicht.

Um diese Schwierigkeiten zu verringern, erscheint es wünschenswert, das Material, das eine etwaige spätere Ausweisung zu erleichtern oder zu ermöglichen geeignet ist, an passender Stelle zu sammeln. Die geeignetste Stelle hierfür sind die Strafregister, die nach den Bundesratsbeschlüssen vom 16. Juni 1882 und 9. Juli 1896 (MinBl. 1882 S. 211 und 1896 S. 167) bei der Staatsanwaltschaft des Geburtsorts des Bestraften bzw. — wenn der Geburtsort im Reichsauslande liegt oder nicht zu ermitteln ist — bei dem Reichs-Justizamt geführt werden.

Es empfiehlt sich, daß die Landespolizeibehörden in allen Fällen, wo sie gemäß § 362 RStGB. gegen Reichsausländer eine Besserungsnachhaft festsetzen, ihre Tätigkeit nicht auf die Unterbringung in einem Arbeitshause usw. beschränken, sondern zugleich einer etwaigen späteren Ausweisung in der Weise vorarbeiten, daß sie die Staatsangehörigkeit des Bestraften aufklären, und sodann die zuständige Strafregisterbehörde ersuchen, über das Ergebnis einen Vermerk zum Register zu nehmen und den Behörden, die um Auskunft über die persönlichen Verhältnisse des betreffenden Reichsausländers bitten, auch von diesem Vermerke Nachricht zu geben.

[1]) Ausländer, die zum wirtschaftlichen Nutzen, besonders als Helfer inländischer Unternehmer fischen, fallen nicht unter diese Bestimmung.

12 a. § 38 StGB. (Verweisung).

Neben einer Freiheitsstrafe kann in den durch das Gesetz vorgesehenen Fällen auf die Zulässigkeit von Polizeiaufsicht erkannt werden.

Die höhere Landespolizeibehörde erhält durch ein solches Erkenntnis die Befugnis, nach Anhörung der Gefängnisverwaltung den Verurteilten auf die Zeit von höchstens fünf Jahren unter Polizeiaufsicht zu stellen. Diese Zeit wird von dem Tage berechnet, an welchem die Freiheitsstrafe verbüßt, verjährt oder erlassen ist[1]).

12 b. § 39 StGB. (Verweisung).

Die Polizeiaufsicht[2]) hat folgende Wirkungen:

1. .....
2. die höhere Landespolizeibehörde ist befugt, den Ausländer aus dem Bundesgebiet zu verweisen[3])[4]).
3. ......

13. § 112 StPO. (Untersuchungshaft).

Der Angeschuldigte darf nur dann in Untersuchungshaft genommen werden, wenn dringende Verdachtsgründe gegen ihn vorhanden sind und entweder er der Flucht

---

[1]) Vgl. hierzu oben S. 283—285.

[2]) Und zwar nur die erfolgte Stellung unter Polizeiaufsicht, nicht die bloße Erklärung der Zulässigkeit (so auch Ebermeyer). Es muß dem Verurteilten eröffnet sein, daß er unter Polizeiaufsicht gestellt sei.

[3]) Soweit jedoch die Ausweisung auf § 39 StGB. gestützt wird, ist sie nur für die in § 38 StGB. vorgesehene Dauer zulässig.

[4]) Vgl. hierzu oben S. 283—285.

verdächtig ist, oder Tatsachen vorliegen, aus denen zu schließen ist, daß er Spuren der Tat vernichten oder daß er Zeugen oder Mitschuldige zu einer falschen Aussage oder Zeugen dazu verleiten werde, sich der Zeugnispflicht zu entziehen. Diese Tatsachen sind aktenkundig zu machen.

Der Verdacht der Flucht bedarf keiner weiteren Begründung:

1. ......
2. ....
3. wenn der Angeschuldigte ein Ausländer ist und begründeter Zweifel besteht, daß er sich auf Ladung vor Gericht stellen und dem Urteil Folge leisten werde.

14. § 379 StPO. (Sicherheitsleistung für Prozeßkosten im Privatklageverfahren).

Der Privatkläger hat für die der Staatskasse und dem Beschuldigten voraussichtlich erwachsenden Kosten unter denselben Voraussetzungen Sicherheit zu leisten, unter welchen in bürgerlichen Rechtsstreitigkeiten der Kläger auf Verlangen des Beklagten Sicherheit wegen der Prozeßkosten zu leisten hat[1]).

Die Sicherheitsleistung ist durch Hinterlegung in barem Gelde oder in Wertpapieren zu bewirken.

Für die Höhe der Sicherheit und die Frist zu ihrer Leistung sowie für die Bewilligung des Armenrechts gelten dieselben Bestimmungen wie in bürgerlichen Rechtsstreitigkeiten.

---

[1]) Vgl. unten S. 295.

15. Mitteilung von dem Zeitpunkt der Entlassung verurteilter Ausländer aus der Strafhaft (I. 5088).

(JMBl. 1925 S. 31.)

RV. v. 22. 9. 1906 (I. 6245), 15. 4. 1910 (I. 4374) u. 16. 8. 1911 (I. 5380), AV. v. 18. 9. 1920 (JMBl. S. 481).

Es ist darüber Klage geführt worden, daß die RV. v. 15. 4. 1910 über die Benachrichtigung der Polizeibehörden von dem Zeitpunkt der Strafentlassung verurteilter Ausländer vielfach nicht beachtet werde. Da eine etwa angezeigte Ausweisung des verurteilten Ausländers meist einer langwierigen Vorbereitung (insbes. durch Beschaffung von ausländischen Papieren) bedarf, ist die tunlichst zeitige Benachrichtigung der Polizeibehörde von dem Entlassungszeitpunkt zur Abkürzung der zwischen dem Ende der Strafhaft und der Ausweisung liegenden Zeit dringend erforderlich. Die RV. v. 15. 4. 1910 wird deshalb durch den nachstehenden Abdruck in Erinnerung gebracht.

Es ist ferner angeregt worden, es möchte im Strafverfahren gegen Ausländer in den Fällen, in denen dies gesetzlich zulässig sei, mehr als bisher die Überweisung an die Landespolizeibehörde beantragt werden. Zur Begründung ist darauf hingewiesen, daß die Verurteilten, wenn auf Überweisung erkannt ist, von der Verbüßung der erkannten kriminellen Strafe an bis zum Zeitpunkt der Ausweisung im Arbeitshaus statt in dem für die Unterbringung auf längere Dauer in der Regel nicht geeigneten Polizeigewahrsam festgehalten werden können. Die Strafverfolgungsbehörden ersuche ich, diesem Gesichtspunkt in den geeigneten Fällen Rechnung zu tragen.

Die Bestimmung des § 136 Abs. 3 der DVO. für die Gefangenenanstalten bleibt unberührt.

RV. d. JM. v. 15. 4. 1910 (I. 4374).

Im Anschluß an die RV. v. 22. 9. 1906 (I. 6245), betr. die Benachrichtigung der Polizeibehörden von dem Zeitpunkte der Strafentlassung gerichtlich verurteilter Ausländer, bestimme ich im Einvernehmen mit dem Herrn Minister des Innern folgendes:

Die Strafvollstreckungsbehörden (Staatsanwaltschaften und Amtsrichter) haben diejenigen Ortspolizeibehörden, in deren Bezirke die Strafverbüßung erfolgt, mit tunlichster Beschleunigung, zweckmäßig bereits bei Erlaß der den Strafvollzug anordnenden Verfügungen, unter Verwendung eines Formulars von dem Zeitpunkte der Entlassung, auch wenn dieser noch nicht endgültig feststehen sollte, zu benachrichtigen.

Ändert sich der Zeitpunkt der Strafentlassung oder tritt während des Vollzugs ein Wechsel des Gefängnisses oder der Strafanstalt, in der die Strafe vollstreckt wird, ein, so ist die bezeichnete Polizeibehörde auch hiervon sofort zu benachrichtigen, im letzteren Falle ferner die Orts-Polizeibehörde, in deren Bezirke die weitere Strafvollstreckung erfolgt.

Um die Notwendigkeit einer Benachrichtigung der Polizeibehörde äußerlich erkennbar zu machen, sind die gerichtlichen Akten von vornherein an auffallender Stelle des Aktendeckels, zweckmäßig auf farbigem Papier, mit der Aufschrift „Ausländer" zu versehen. Das Formular ist nur insoweit auszufüllen, als die Angaben in den Akten enthalten sind; besondere Ermittelungen zum Zwecke der Ausfüllung des Formulars finden daher seitens der Strafvollstreckungsbehörden nicht statt. Es wird besonders darauf hingewiesen, daß die etwa vorhandenen

Legitimationspapiere der Ausländer den Polizeibehörden mit der Benachrichtigung zu übersenden sind.

In einzelnen Fällen sind Klagen darüber bekanntgeworden, daß die Benachrichtigung der Polizeibehörde nicht oder erst verspätet erfolgt sei. Bei der Wichtigkeit des Zweckes der Benachrichtigungen ist dies unbedingt zu vermeiden und namentlich dann auf größte Beschleunigung Bedacht zu nehmen, wenn es sich um Freiheitsstrafen von kurzer Dauer handelt. Die mit der Unterlassung oder Verzögerung verbundene Gefahr, daß der Ausländer nach der Strafentlassung in eine längere, andernfalls nicht erforderliche Polizeihaft genommen werden muß, kann neben der dienstlichen Ahndung auch zu Regreßansprüchen gegen die der Versäumnis schuldigen Beamten führen.

Wenn der Ausländer gleich nach der Urteilsverkündung deshalb zu entlassen ist, weil die erkannte Strafe als durch die erlittene Untersuchungshaft verbüßt angesehen worden ist, muß die Benachrichtigung der Ortspolizeibehörde durch die nach der RV. v. 5. 4. 1894 (I. 1717) hierzu verpflichtete Stelle mit solcher Beschleunigung — in der Regel, wenn möglich, telephonisch — erfolgen, daß die Polizeibehörde noch rechtzeitig über den Entlassenen verfügen kann.

Die Formulare sind als Vordruck Nr. 40 bei dem Strafgefängnis in Berlin-Tegel zu bestellen.

16a. Dienst- und Vollzugsordnung für die Gefangenenanstalten der Justizverwaltung in Preußen vom 1. August 1923.

§ 136.

Wahl des Aufenthaltsortes.

1. Jedem Gefangenen, der Reichsdeutscher ist, steht die Wahl seines zukünftigen Aufenthaltsortes frei, insoweit nicht durch das Bundesgesetz über die Freizügigkeit vom 1. November 1867 (Bundesgesetzblatt S. 55), das preußische Gesetz vom 31. August 1842 (GS. 1843 S. 5), oder bei Zulässigkeit von Polizeiaufsicht Beschränkungen vorgesehen sind.

Verlassen des Aufenthaltsortes.

2. Gefangene, die nach außerhalb entlassen werden, sind anzuweisen, sich unverzüglich nach dem zukünftigen Aufenthaltsorte zu begeben.

Ausländer.

3. Die bevorstehende Entlassung von Ausländern ist der Ortspolizeibehörde rechtzeitig mitzuteilen.

Auswanderung.

4. Gefangenen, die auswandern wollen, kann die Anstaltsverwaltung in geeigneten Fällen Auslandspässe vermitteln. Die Anträge sind an das Landratsamt des Kreises oder die Polizeiverwaltung des Ortes, wo der Gefangene zuletzt seinen Wohnsitz hatte, zu richten.

16 b. Dienst- und Vollzugsordnung für die Gefangenenanstalten der Justizverwaltung in Preußen vom 1. August 1923. Ergänzt durch Erlaß vom 3. Juli 1924 — VIII 576 —.

Zu § 122 Abs. 2 Satz 3.

Fremdsprachliche Zeitungen werden nur dann ausnahmsweise zugelassen werden können, wenn ein sprachkundiger Anstaltsbeamter müheloos die Kontrolle übernehmen kann.

§ 1 Abs. 3.

Die Gefängnisse dienen: .....

e) ausnahmsweise: .... zur Aufnahme von Polizeigefangenen, insbesondere .... von Ausländern, die ausgewiesen oder ausgeliefert werden sollen.

§ 183 Abs. 2.

Die in Schutzhaft genommenen Personen sowie die zur Auslieferung oder Ausweisung bestimmten Ausländer sind Polizeigefangene. Die Hausstrafgewalt hat der Vorsteher.

17. Unterbringung vorläufig Festgenommener.

Erlaß des Min. d. Inn. v. 29. Oktober 1897, MBl. f. die inn. Verw. 214:

Vorläufig festgenommene Reichsausländer sind, falls das verfügbare Polizeigefängnis keine genügende Sicherheit bietet, in dem dafür bestimmten Gerichtsgefängnis als Polizeigefangene unterzubringen.

18. Ausweisungen während der Strafverfolgung und Strafvollstreckung.

(Vf. d. MdJ. v. 4. 4. 1923 — IVb 5133 II.) (MBliV. S. 371)

Der Justizminister hat am 13. 3. 1923 unter der Gesch. Nr. I 5699 über die Durchführung von Ausweisungen lästiger Ausländer während der Strafverfolgung und Strafvollstreckung die folgende im Justizministerialblatt von 1923 S. 212 abgedruckte Verfügung erlassen:

Im allgemeinen ist es dringend erwünscht, daß Ausländer, die gegen die deutschen Strafgesetze verstoßen haben, möglichst schnell ins Ausland abgeschoben werden. Daraus, daß die Justizbehörden der Ausweisung eines wegen einer Straftat im Inlande verfolgten oder verurteilten Ausländers nach den bestehenden gesetzlichen Bestimmungen nicht zustimmen können, bevor der inländischen Gerichtsbarkeit Genüge geschehen ist — d. h. in der Regel erst, nachdem die erkannte Strafe verbüßt, verjährt oder erlassen ist —, erwächst ihnen die Aufgabe, durch eine möglichst schleunige und energische Durchführung des Verfahrens und der Vollstreckung die Verwaltungsbehörden in ihrem Bestreben, den Aufenthalt solcher lästigen Ausländer im Inlande nach Möglichkeit abzukürzen, zu unterstützen.

Die Gewährung von Strafaufschub, Zahlungsfristen oder Teilzahlungen wird daher in solchen Fällen regelmäßig abzulehnen sein. Soweit die Bewilligung von Zahlungsfristen nach § 5 des Geldstrafengesetzes (RGBl. 1921 S. 1604) in Frage kommt, hat die Staatsanwaltschaft auf diese Gesichtspunkte aufmerksam zu machen und bei ihren Anträgen darauf Rücksicht zu nehmen.

Sollte im Einzelfalle eine bedingte Strafaussetzung aus besonderen Gründen für angebracht gehalten werden, so kann der von der zuständigen Verwaltungsbehörde beabsichtigten Ausweisung auch vor Ablauf der Bewährungsfrist zugestimmt werden. Zum Nachweise guter Führung (§ 12 Abs. 2 der AV. v. 19. 10. 1920

JMBl. S. 565) wird es in solchen Fällen unter Umständen genügen, wenn der Verurteilte seit seiner Ausweisung nicht wieder im Inlande betroffen und ausweislich des deutschen Strafregisters nicht von neuem bestraft worden ist.

Sollte in anderen Fällen die Ausweisung eines verurteilten Ausländers schon vor vollständiger Vollstreckung der erkannten Strafe der Vollstreckungsbehörde erwünscht erscheinen, so ist meine Entscheidung einzuholen.

Unter Bezugnahme auf Ziff. A I meines RdErl. v. 21. 10. 1921 — IV b 3746 (MBliV. S. 372) bringe ich diese Verfügung hiermit zur Kenntnis der nachgeordneten Behörden. Ich ersuche, in den Fällen, in denen die Ausweisung eines wegen einer strafbaren Handlung im Inlande verfolgten oder verurteilten Ausländers noch vor Beendigung der Strafverfolgung oder Strafvollstreckung durchgeführt werden soll, Zwangsmaßnahmen nicht ohne Zustimmung der zuständigen Justizbehörden anzuordnen, die jedesmal unter Hinweis auf die vorstehenden Anordnungen des Justizministers anzurufen sind. Wird die Zustimmung versagt, so ist, falls schwerwiegende Gründe die alsbaldige Durchführung der Ausweisung dringend erforderlich erscheinen lassen, unter Vorlage der Vorgänge und unter Bezugnahme auf diesen Erlaß an mich zu berichten.

19. Unfähigkeit zum Schöffenamte.

§ 31 Gerichtsverfassungsgesetzes:

Das Amt eines Schöffen ist ein Ehrenamt. Es kann nur von Deutschen versehen werden.

20. Unfähigkeit zum Geschworenenamte.

§ 84 Gerichtsverfassungsgesetzes:

Für die Geschworenen gelten die auf die Schöffen bezüglichen Vorschriften der §§ 31....

H. Zivilprozessuale Bestimmungen.

1. Prozeßfähigkeit.

§ 55 Zivilprozeßordnung.

Ein Ausländer, welchem nach dem Rechte seines Landes die Prozeßfähigkeit mangelt, gilt als prozeßfähig, wenn ihm nach dem Rechte des Prozeßgerichts die Prozeßfähigkeit zusteht.

2. Sicherheitsleistung wegen der Prozeßkosten.

§ 110 Zivilprozeßordnung.

Ausländer[1]), welche als Kläger[2]) auftreten[3]), haben dem Beklagten[4]) auf dessen Verlangen[5]) wegen der Prozeßkosten Sicherheit zu leisten.

---

[1]) Auch Staatenlose; auch Jur. Pers. und Gesellschaften mit Sitz im Auslande selbst bei inländ. Filiale. Beweispflichtig für Ausländereigenschaft: Beklagter.

[2]) Auch als Hauptintervenienten und streitgenössische Nebenintervenienten. Kläger ist nach der Parteirolle erster Instanz zu beurteilen; Kautionspflicht für die 2. Instanz auch bei Obsiegen in erster Instanz. Keine Kautionspflicht des Antragstellers im Mahn-, Güte-, Arrest-, einstweiligem Verfügungs-, Entmündigungs-, Beweissicherungsverfahren.

[3]) Fiduziarische Abtretung des Anspruchs an Inländer oder kautionsbefreiten Ausländer, soweit kein Scheingeschäft, wirksam. Auch bloße Übertragung des Prozeßführungsrechts ohne Anspruchszession zulässig.

[4]) Auch dem ausländ. Beklagten.

[5]) Geltend zu machen durch Einrede gemäß § 274 Nr. 5 ZPO.

Diese Verpflichtung tritt nicht ein [1]):

1. wenn nach den Gesetzen des Staates, welchem der Kläger angehört, ein Deutscher in gleichem Falle zur Sicherheitsleistung nicht verpflichtet ist [2]);
2. im Urkunden- oder Wechselprozesse;

---

[1]) Keine Kautionspflicht, wenn Staatsverträge entgegenstehen. Nach Artikel 17 des Haager Zivilprozeßabkommens keine Kautionspflicht für Angehörige der Vertragsstaaten, soweit sie ihren Wohnsitz in irgendeinem Vertragsstaat haben.

[2]) Zur Frage, welche Ausländer von der Sicherheitsleistung befreit sind, vgl. Magnus, Tabellen. Es folgen hier die wichtigsten Staaten: Keine Kautionspflicht für die Angehörigen von: Ägypten, Argentinien (sofern Kläger im Gerichtsbezirk wohnt), Belgien (bei Wohnsitz in einem Haager Vertragsstaat, in Handelssachen und bei hinreichendem Grundbesitz im Inland), Bulgarien (bei Wohnsitz in Bulgarien oder Deutschland), China (bei hinreichendem Grundbesitz im Inland), Dänemark, Danzig, Estland (sofern Kläger Grundbesitz in Estland hat), Finnland, Frankreich (sofern Kläger ausreichenden Grundbesitz im Inlande hat), Großbritannien (wenn Kläger im Inland wohnt), Indien (wenn Kläger im Inland wohnt), Italien, Lettland (sofern Kläger ausreichenden Grundbesitz im Inlande hat), Litauen (sofern Kläger ausreichenden Grundbesitz im Inlande hat), Memelland, Mexiko, Niederlande (bei Wohnsitz in einem der Haager Vertragsstaaten), Norwegen (bei Wohnsitz in einem der Haager Vertragsstaaten), Österreich, Polen, Portugal, Rumänien, Sowjetrußland, Schweden (sofern Kläger in einem der Haager Vertragsstaaten wohnt), Schweiz (sofern Kläger in einem der Haager Vertragsstaaten wohnt), Spanien (sofern Kläger in einem der Haager Vertragsstaaten wohnt), Tschechoslowakei, Türkei (solange es sich um die erste Instanz handelt), Ungarn (wenn Kläger in einem der Haager Vertragsstaaten wohnt), Vereinigte Staaten (sofern Kläger im Inlande wohnt). Aus dem Vorigen geht hervor, daß Angehörige der erwähnten Staaten, falls die obigen Voraussetzungen nicht vorliegen, kautionspflichtig sind. Kautionspflichtig sind u. a. stets die Angehörigen von: Brasilien, Canada, Japan.

3. bei Widerklagen;
4. bei Klagen, welche infolge einer öffentlichen Aufforderung angestellt werden;
5. bei Klagen aus Rechten, welche im Grundbuch eingetragen sind.

§ 115 Zivilprozeßordnung.

Durch die Bewilligung des Armenrechts erlangt die Partei:

1. . . . .
2. die Befreiung von der Sicherheitsleistung für die Prozeßkosten.

§ 108 Zivilprozeßordnung.

In den Fällen der Bestellung einer prozessualischen Sicherheit kann das Gericht nach freiem Ermessen bestimmen, in welcher Art und Höhe die Sicherheit zu leisten ist. Soweit das Gericht eine Bestimmung nicht getroffen hat und die Parteien ein anderes nicht vereinbart haben, ist die Sicherheitsleistung durch Hinterlegung von Geld oder solchen Wertpapieren zu bewirken, welche nach § 234 Abs. 1, 3 des Bürgerlichen Gesetzbuchs zur Sicherheitsleistung geeignet sind......

3. Prozeßkostenvorschußpflicht.

§ 85 Gerichtskostengesetz.

Ausländer[1]), welche als Kläger[2]) auftreten, haben unbeschadet der Verpflichtung zur Zahlung der Prozeßge-

---

[1]) Auch Staatenlose; auch ausländische juristische Personen und Gesellschaften mit Sitz im Ausland ohne Rücksicht auf inländische Filiale.

[2]) Nur Kläger im technischen Sinne; nicht Antragsteller im Mahn-, Arrestverfahren usw. — Für die Klägereigenschaft ist die Parteirolle erster Instanz maßgebend.

bühr in erster Instanz sowie in der Berufungsinstanz einen Vorschuß in Höhe der doppelten Gebühr, in der Revisionsinstanz einen solchen in Höhe der einfachen Gebühr zu leisten.

Diese Verpflichtung tritt nicht ein:

1. wenn in dem Staate, dem der Kläger angehört, ein Deutscher im gleichen Falle in bezug auf Vorauszahlung oder Sicherstellung der Gerichtskosten einem Inländer gleichgestellt ist [1] [2]);
2. bei Klagen im Urkunden- und Wechselprozesse;
3. bei Widerklagen;
4. bei Klagen, die infolge einer öffentlichen Aufforderung erhoben werden;
5. bei Klagen aus Rechten, die im Grundbuch eingetragen sind;
6. wenn dem Kläger das Armenrecht bewilligt ist.

Die Verpflichtung besteht auch dann, wenn im Laufe

---

[1]) Tatsächliche Gleichstellung erforderlich und genügend.

[2]) Nach Artikel 17 Abs. 2 des Haager Zivilprozeßabkommens (RGBl. 1909 S. 409) darf von Angehörigen eines Vertragsstaates, die in irgendeinem der Vertragsstaaten ihren Wohnsitz haben, kein besonderer Vorschuß auf die Prozeßkosten verlangt werden. — Für die Angehörigen der einzelnen Staaten vgl. Magnus: Tabellen. Hier folgen die wichtigsten Staaten: Befreiung von der Vorschußpflicht genießen die Staatsangehörigen von: Ägypten, Argentinien, Belgien, Brasilien, China, Danzig, Estland, Finnland, Frankreich, Griechenland, Großbritannien, Japan, Italien, Jugoslavien, Lettland, Litauen, Memelland, Luxemburg, Mexiko, Österreich, Polen, Portugal, Rumänien, Sowjetrußland, Tschechoslowakei, Türkei, Vereinigte Staaten. — Die Angehörigen der folgenden Staaten sind von der Vorschußpflicht nur befreit, wenn sie in einem der Haager Vertragsstaaten ihren Wohnsitz haben: Bulgarien, Dänemark, Niederlande, Norwegen, Schweden, Schweiz, Spanien, Ungarn.

des Rechtsstreits der Kläger die Eigenschaft eines Deutschen verliert oder die Voraussetzung, unter welcher der Kläger von der Verpflichtung befreit war, wegfällt.

Unter den gleichen Voraussetzungen hat ein Ausländer, der als Privatkläger auftritt oder als Nebenkläger Berufung oder Revision einlegt, den doppelten Gebührenvorschuß (§ 83) zu zahlen.

Vor Zahlung des gemäß Abs. 1, 3, 4 zu erhebenden Vorschusses soll der Ausländer zur Verhandlung nicht zugelassen werden, sofern nicht glaubhaft gemacht wird, daß die Verzögerung dem Ausländer einen nicht zu ersetzenden Nachteil bringen würde.

4. Armenrecht.

§ 114 Absatz 2 Zivilprozeßordnung.

Ausländer[1]) haben auf das Armenrecht nur insoweit Anspruch, als die Gegenseitigkeit verbürgt ist[2]).

---

[1]) Nach herrschender Ansicht haben Staatenlose keinen Anspruch auf Armenrecht. Diese Ansicht wird bekämpft von Stein-Jonas (ZPO. 1925 S. 351), wird jedoch von der Praxis vertreten.

[2]) Tatsächliche Gleichbehandlung der Deutschen erforderlich und genügend. Nach Artikel 20 des Haager Zivilprozeßabkommens ist den Angehörigen jedes Vertragsstaates in allen andern Vertragsstaaten das Armenrecht garantiert (RGBl. 1909 S. 409). Für die Angehörigen der einzelnen Länder vgl. Magnus: Tabellen. Hier folgen die wichtigsten Staaten. Anspruch auf Armenrecht haben Staatsangehörige von: Ägypten, Argentinien (bei Wohnsitz in Deutschland), Belgien, Bulgarien, Dänemark, Danzig, Finnland, Griechenland, Großbritannien (bei Wohnsitz in Deutschland), Italien, Memelland, Luxemburg, Mexiko, Niederlande, Norwegen, Österreich, Peru (bei Wohnsitz in Deutschland), Polen, Rumänien, Sowjetrußland, Schweden, Schweiz, Spanien, Tschechoslowakei, Türkei, Ungarn. Keinen Anspruch auf Armenrecht

III. Bürgerlichrechtliche Bestimmungen mit Ausschluß des Familienrechts.

1. Geschäftsfähigkeit.

Artikel 7 EGBGB.

Die Geschäftsfähigkeit einer Person wird nach den Gesetzen des Staates beurteilt, dem die Person angehört.

Erwirbt ein Ausländer, der volljährig ist oder die rechtliche Stellung eines Volljährigen hat, die Reichsangehörigkeit, so behält er die rechtliche Stellung eines Volljährigen, auch wenn er nach den deutschen Gesetzen nicht volljährig ist.

Nimmt ein Ausländer im Inland ein Rechtsgeschäft vor, für das er geschäftsunfähig oder in der Geschäftsfähigkeit beschränkt ist, so gilt er für dieses Rechtsgeschäft insoweit als geschäftsfähig, als er nach den deutschen Gesetzen geschäftsfähig sein würde. Auf familienrechtliche und erbrechtliche Rechtsgeschäfte, sowie auf Rechtsgeschäfte, durch die über ein ausländisches Grundstück verfügt wird, findet diese Vorschrift keine Anwendung.

2. Entmündigung.

Artikel 8 EGBGB.

Ein Ausländer kann im Inlande nach den deutschen Gesetzen entmündigt werden, wenn er seinen Wohnsitz oder, falls er keinen Wohnsitz hat, seinen Aufenthalt im Inlande hat.

3. Todeserklärung.

Artikel 9 EGBGB.

Ein Verschollener kann im Inlande nach den deutschen

---

haben die Angehörigen von: China, Estland, Frankreich (bestritten), Japan, Jugoslavien, Lettland, Litauen, Persien, Portugal, Vereinigte Staaten (mit einigen Ausnahmen).

Gesetzen für tot erklärt werden, wenn er bei dem Beginne der Verschollenheit ein Deutscher war.

Gehörte der Verschollene bei dem Beginne der Verschollenheit einem fremden Staate an, so kann er im Inlande nach den deutschen Gesetzen mit Wirkung für diejenigen Rechtsverhältnisse, welche sich nach den deutschen Gesetzen bestimmen, sowie mit Wirkung für das im Inlande befindliche Vermögen für tot erklärt werden; die Vorschriften des § 2369 Abs. 2 des Bürgerlichen Gesetzbuchs finden entsprechende Anwendung[1]).

Hatte ein verschollener ausländischer Ehemann seinen letzten Wohnsitz im Inland und ist die im Inlande zurückgebliebene oder dahin zurückgekehrte Ehefrau Deutsche oder bis zu ihrer Verheiratung mit dem Verschollenen Deutsche gewesen, so kann auf ihren Antrag der Verschollene im Inlande nach den deutschen Gesetzen ohne die im Abs. 2 bestimmte Beschränkung für tot erklärt werden.

4. Vereine.

Artikel 10 EGBGB.

Ein einem fremden Staate angehörender und nach dessen Gesetzen rechtsfähiger Verein, der die Rechtsfähigkeit im Inlande nur nach den Vorschriften der §§ 21, 22 des Bürgerlichen Gesetzbuchs[2]) erlangen könnte, gilt

---

[1]) § 2369 Abs. 2 BGB.: Ein Gegenstand, für den von einer deutschen Behörde ein zur Eintragung des Berechtigten bestimmtes Buch oder Register geführt wird, gilt als im Inlande befindlich. Ein Anspruch gilt als im Inlande befindlich, wenn für die Klage ein deutsches Gericht zuständig ist.

[2]) BGB. § 21. Ein Verein, dessen Zweck nicht auf einen wirtschaftlichen Geschäftsbetrieb gerichtet ist, erlangt Rechtsfähigkeit durch Eintragung in das Vereinsregister des zuständiger Amtsgerichts.

als rechtsfähig, wenn seine Rechtsfähigkeit durch Beschluß des Bundesrats anerkannt ist. Auf nicht anerkannte ausländische Vereine der bezeichneten Art finden die Vorschriften über die Gesellschaft, sowie die Vorschrift des § 54 Satz 2 des Bürgerlichen Gesetzbuchs [1]) Anwendung.

5. Form der Rechtsgeschäfte.

Artikel 11 EGBGB.

Die Form eines Rechtsgeschäfts bestimmt sich nach den Gesetzen, welche für das den Gegenstand des Rechtsgeschäfts bildende Rechtsverhältnis maßgebend sind. Es genügt jedoch die Beobachtung der Gesetze des Ortes, an dem das Rechtsgeschäft vorgenommen wird.

Die Vorschrift des Abs. 1 Satz 2 findet keine Anwendung auf ein Rechtsgeschäft, durch das ein Recht an einer Sache begründet oder über ein solches Recht verfügt wird.

6. Statutenkollision.

a) Rückverweisung.

Artikel 27 EGBGB.

Sind nach dem Rechte eines fremden Staates, dessen Gesetze in dem Artikel 7 Abs. 1, dem Artikel 13 Abs. 1, dem Artikel 15 Abs. 2, dem Artikel 17 Abs. 1 und dem

---

§ 22. Ein Verein, dessen Zweck auf einen wirtschaftlichen Geschäftsbetrieb gerichtet ist, erlangt in Ermangelung besonderer reichsgesetzlicher Vorschriften Rechtsfähigkeit durch staatliche Verleihung. Die Verleihung steht dem Bundesstaate zu, in dessen Gebiete der Verein seinen Sitz hat.

[1]) BGB. § 54 Satz 2: Aus einem Rechtsgeschäfte, das im Namen eines solchen Vereins einem Dritten gegenüber vorgenommen wird, haftet der Handelnde persönlich; handeln mehrere, so haften sie als Gesamtschuldner.

Artikel 25 für maßgebend erklärt sind, die deutschen Gesetze anzuwenden, so finden diese Gesetze Anwendung.

b) Staatenlose.

Artikel 29 EGBGB.

Gehört eine Person keinem Staate an, so werden ihre Rechtsverhältnisse, soweit die Gesetze des Staates, dem eine Person angehört, für maßgebend erklärt sind, nach den Gesetzen des Staates beurteilt, dem die Person zuletzt angehört hat, und, wenn sie auch früher einem Staate nicht angehört hat, nach den Gesetzen des Staates, in welchem sie ihren Wohnsitz und in Ermangelung eines Wohnsitzes ihren Aufenthalt hat oder zu der maßgebenden Zeit gehabt hat.

c) Vorbehaltsklausel.

Artikel 30 EGBGB.

Die Anwendung eines ausländischen Gesetzes ist ausgeschlossen, wenn die Anwendung gegen die guten Sitten oder gegen den Zweck eines deutschen Gesetzes verstoßen würde.

d) Vergeltungsrecht.

Artikel 31 EGBGB.

Unter Zustimmung des Bundesrats kann durch Anordnung des Reichskanzlers bestimmt werden, daß gegen einen ausländischen Staat sowie dessen Angehörige und ihre Rechtsnachfolger ein Vergeltungsrecht zur Anwendung gebracht wird.

7. Erwerb von Grundstücken.

Artikel 88 EGBGB.

Unberührt bleiben die landesgesetzlichen Vorschriften,

welche den Erwerb von Grundstücken durch Ausländer von staatlicher Genehmigung abhängig machen[1]).

8. Erbrechtliche Bestimmungen.

Artikel 24 EGBGB.

Ein Deutscher wird, auch wenn er seinen Wohnsitz im Auslande hatte, nach den deutschen Gesetzen beerbt.

Hat ein Deutscher zur Zeit seines Todes seinen Wohnsitz im Auslande gehabt, so können die Erben sich in Ansehung der Haftung für die Nachlaßverbindlichkeiten auch auf die an dem Wohnsitze des Erblassers geltenden Gesetze berufen.

Erwirbt ein Ausländer, der eine Verfügung von Todes wegen errichtet oder aufgehoben hat, die Reichsangehörigkeit, so wird die Gültigkeit der Errichtung oder der Aufhebung nach den Gesetzen des Staates beurteilt, dem er zur Zeit der Errichtung oder der Aufhebung angehörte; auch behält er die Fähigkeit zur Errichtung einer Verfügung von Todes wegen, selbst wenn er das nach den deutschen Gesetzen erforderliche Alter noch nicht

---

[1]) Vgl. hierzu Preuß. Ausführungsgesetz zum BGB. vom 20. Sept. 1899 Artikel 7 §§ 2, 3.

§ 2. Juristische Personen, die in einem anderen Bundesstaat ihren Sitz haben, bedürfen zum Erwerbe von Grundstücken im Werte von mehr als fünftausend Mark der Genehmigung des Königs oder der durch Königliche Verordnung bestimmten Behörde.

Der gleichen Genehmigung bedürfen ausländische juristische Personen zum Erwerbe von Grundstücken ohne Rücksicht auf den Wert.

§ 3. Die in den §§ 1, 2 vorgeschriebene Genehmigung ist nicht erforderlich zu einem Erwerbe, der auf Grund einer nach Maßgabe des Artikel 6 genehmigten Schenkung oder Zuwendung von Todes wegen erfolgt.

erreicht hat. Die Vorschrift des Artikel 11 Abs. 1 Satz 2 bleibt unberührt.

Artikel 25 EGBGB.

Ein Ausländer, der zur Zeit seines Todes seinen Wohnsitz im Inlande hatte, wird nach den Gesetzen des Staates beerbt, dem er zur Zeit seines Todes angehörte. Ein Deutscher kann jedoch erbrechtliche Ansprüche auch dann geltend machen, wenn sie nur nach den deutschen Gesetzen begründet sind, es sei denn, daß nach dem Rechte des Staates, dem der Erblasser angehörte, für die Beerbung eines Deutschen, welcher seinen Wohnsitz in diesem Staate hatte, die deutschen Gesetze ausschließlich maßgebend sind.

IV. Familienrechtliche Bestimmungen.

1. Eherecht.

a) Eingehung der Ehe.

Artikel 13 EGBGB.

Die Eingehung der Ehe wird, sofern auch nur einer der Verlobten ein Deutscher ist, in Ansehung eines jeden der Verlobten nach den Gesetzen des Staates beurteilt, dem er angehört. Das gleiche gilt für Ausländer, die im Inland eine Ehe eingehen[1]).

[1]) Die Frage der Zulässigkeit der Eheschließung, auch die Frage, ob etwa eine die neue Eheschließung hindernde Ehe schon besteht, ist für jeden Ehegatten besonders nach dem Rechte seines Heimatstaates zu beurteilen, soweit nicht Artikel 30 des Einführungsgesetzes die Anwendung des nichtdeutschen Gesetzes verbietet. — Für Staatenlose vgl. Artikel 29 des Einführungsgesetzes. — Das Heimatrecht des Ausländers kann die Anwendung deutschen Rechtes vorschreiben, vgl. hierzu Artikel 27 des Einführungsgesetzes.

In Ansehung der Ehefrau eines nach Artikel 9 Abs. 3 für tot erklärten Ausländers wird die Eingehung der Ehe nach den deutschen Gesetzen beurteilt [1]).

Die Form einer Ehe, die im Inlande geschlossen wird, bestimmt sich ausschließlich nach den deutschen Gesetzen [2]).

Abkommen zur Regelung des Geltungsbereichs der Gesetze auf dem Gebiete der Eheschließung vom 12. Juni 1902.

(RGBl. 1904 S. 221.) [3]).

Art. 1. Das Recht zur Eingehung der Ehe bestimmt sich in Ansehung eines jeden der Verlobten nach dem Gesetze des Staates, dem er angehört (Gesetz des Heimatstaats), soweit nicht eine Vorschrift dieses Gesetzes ausdrücklich auf ein anderes Gesetz verweist.

Art. 2. Das Gesetz des Ortes der Eheschließung kann die Ehe von Ausländern untersagen, wenn sie verstoßen würde gegen seine Vorschriften über

1. die Grade der Verwandtschaft und Schwägerschaft, für die ein absolutes Eheverbot besteht;
2. das absolute Verbot der Eheschließung zwischen den des Ehebruchs Schuldigen, wenn auf Grund dieses Ehebruchs die Ehe eines von ihnen aufgelöst worden ist;
3. das absolute Verbot der Eheschließung zwischen Personen, die wegen gemeinsamer Nachstellung nach dem Leben des Ehegatten eines von ihnen verurteilt worden sind.

---

[1]) Vgl. hierzu Artikel 9 des Einführungsgesetzes.

[2]) Artikel 13 gilt nur, soweit nicht durch internationale Abkommen Sonderregelungen getroffen sind. Vgl. besonders die Haager Abkommen, unten S. 306—309.

[3]) Gilt jetzt im Verhältnis von Deutschland zu den Niederlanden, Schweiz, Schweden, Luxemburg und Ungarn. Im übrigen gilt Artikel 13 des Einführungsgesetzes.

Ist die Ehe ungeachtet eines der vorstehend aufgeführten Verbote geschlossen, so kann sie nicht als nichtig behandelt werden falls sie nach dem im Artikel 1 bezeichneten Gesetze gültig ist.

Unbeschadet der Bestimmungen des Artikels 6 Abs. 1 dieses Abkommens ist kein Vertragsstaat verpflichtet, eine Ehe schließen zu lassen, die mit Rücksicht auf eine vormalige Ehe oder auf ein Hindernis religiöser Natur gegen seine Gesetze verstoßen würde. Die Verletzung eines derartigen Ehehindernisses kann jedoch die Nichtigkeit der Ehe in einem anderen Lande als in dem, wo die Ehe geschlossen wurde, nicht zur Folge haben.

Art. 3. Das Gesetz des Ortes der Eheschließung kann ungeachtet der Verbote des im Artikel 1 bezeichneten Gesetzes die Ehe von Ausländern gestatten, wenn diese Verbote ausschließlich auf Gründen religiöser Natur beruhen.

Die anderen Staaten sind berechtigt, einer unter solchen Umständen geschlossenen Ehe die Anerkennung als einer gültigen Ehe zu versagen.

Art. 4. Die Ausländer müssen zum Zwecke ihrer Eheschließung nachweisen, daß sie den Bedingungen genügen, die nach dem im Artikel 1 bezeichneten Gesetz erforderlich sind.

Dieser Nachweis kann durch ein Zeugnis der diplomatischen oder konsularischen Vertreter des Staates, dem die Verlobten angehören oder durch irgendein anderes Beweismittel geführt werden, je nachdem die Staatsverträge oder die Behörden des Landes, in welchem die Ehe geschlossen wird, den Nachweis als genügend anerkennen.

Art. 5. In Ansehung der Form ist die Ehe überall als gültig anzuerkennen, wenn die Eheschließung dem Gesetze des Landes, in welchem sie erfolgt ist, entspricht.

Doch brauchen die Länder, deren Gesetzgebung eine religiöse Trauung vorschreibt, die von ihren Angehörigen unter Nichtbeachtung dieser Vorschrift im Ausland eingegangenen Ehen nicht als gültig anzuerkennen.

Die Vorschriften des Gesetzes des Heimatstaates über das Aufgebot müssen beachtet werden; doch kann das Unterlassen dieses Aufgebots die Nichtigkeit der Ehe nur in dem Lande zur Folge haben, dessen Gesetz übertreten worden ist.

Eine beglaubigte Abschrift der Eheschließungsurkunde ist den Behörden des Heimatlandes eines jeden der Ehegatten zu übersenden.

Art. 6. In Ansehung der Form ist die Ehe überall als gültig anzuerkennen, wenn sie vor einem diplomatischen oder konsularischen Vertreter gemäß seiner Gesetzgebung geschlossen wird, vorausgesetzt, daß keiner der Verlobten dem Staate, wo die Ehe geschlossen wird, angehört und dieser Staat der Eheschließung nicht widerspricht. Ein solcher Widerspruch kann nicht erhoben werde, wenn es sich um eine Ehe handelt, die mit Rücksicht auf eine vormalige Ehe oder ein Hindernis religiöser Natur gegen seine Gesetze verstoßen würde.

Der Vorbehalt des Artikel 5 Abs. 2 findet auf die diplomatischen oder konsularischen Eheschließungen Anwendung.

Art. 7. Eine Ehe, die in dem Lande, in welchem sie geschlossen wurde, in Ansehung der Form nichtig ist, kann gleichwohl in den anderen Ländern als gültig anerkannt werden, wenn die durch das Gesetz des Heimatstaats eines jeden der Verlobten vorgeschriebene Form beobachtet worden ist.

Art. 8. Dieses Abkommen findet nur auf solche Ehen Anwendung, welche im Gebiete der Vertragsstaaten zwischen Personen geschlossen sind, von denen mindestens eine Angehöriger eines dieser Staaten ist.

Kein Staat verpflichtet sich durch dieses Abkommen zur Anwendung eines Gesetzes, welches nicht dasjenige eines Vertragsstaates ist.

Art. 9. Dieses Abkommen, das nur auf die europäischen Gebiete der Vertragsstaaten Anwendung findet, soll ratifiziert und die Ratifikationsurkunden sollen im Haag hinterlegt werden, sobald die Mehrzahl der Hohen vertragschließenden Teile hierzu in der Lage ist.

über die Hinterlegung soll ein Protokoll aufgenommen werden; von diesem soll eine beglaubigte Abschrift auf diplomatischem Wege einem jeden der Vertragsstaaten mitgeteilt werden.

Art. 10. Denjenigen Staaten, welche auf der dritten Konferenz über internationales Privatrecht vertreten waren, dieses Abkommen aber nicht gezeichnet haben, soll der vorbehaltlose Beitritt zu dem Abkommen freistehen.

Der Staat, welcher beizutreten wünscht, hat spätestens am 31. Dezember 1904 seine Absicht in einer Urkunde anzuzeigen, die im Archiv der Regierung der Niederlande hinterlegt wird. Diese wird eine beglaubigte Abschrift davon auf diplomatischem Wege einem jeden der Vertragsstaaten übersenden.

Art. 11. Dieses Abkommen tritt am 60. Tage nach der Hinterlegung der Ratifikationsurkunden oder nach dem Zeitpunkte der Anzeige von einem Beitritt in Kraft.

Art. 12. Dieses Abkommen gilt für die Dauer von fünf Jahren, gerechnet von dem Zeitpunkte der Hinterlegung der Ratifikationsurkunden.

Mit diesem Zeitpunkte beginnt der Lauf der Frist auch für diejenigen Staaten, welche die Hinterlegung erst nach diesem Zeitpunkte bewirken oder erst später beitreten.

In Ermangelung einer Kündigung gilt das Abkommen als stillschweigend von fünf zu fünf Jahren erneuert.

Die Kündigung muß wenigstens sechs Monate vor dem Ablaufe des Zeitraums, der in den vorstehenden Absätzen bezeichnet ist, der Regierung der Niederlande zugestellt werden, die hiervon allen anderen Vertragsstaaten Kenntnis geben wird.

Die Kündigung soll nur in Ansehung des Staates wirksam sein, der sie erklärt hat. Für die übrigen Staaten bleibt das Abkommen in Kraft.

Bürgerliches Gesetzbuch § 1315 Abs. 2:

Ausländer[1]), für die nach den Landesgesetzen zur Eingehung einer Ehe eine Erlaubnis oder ein Zeugnis erforderlich ist[2]), dürfen nicht ohne diese Erlaubnis oder ohne dieses Zeugnis eine Ehe eingehen[3]).

Art. 43 des preußischen Ausführungsgesetzes zum Bürgerlichen Gesetzbuch in der Fassung des Gesetzes vom 16. Dezember 1921

(GS. S. 561.)

§ 1. Wollen Ausländer oder Ausländerinnen in Preußen eine Ehe eingehen, so haben sie ein Zeugnis der zuständigen Behörde des Staates, dem sie angehören, darüber beizubringen, daß der Behörde ein nach den Gesetzen dieses Staates bestehendes Ehehindernis nicht bekannt geworden ist.

§ 2. Ausländer haben außerdem ein Zeugnis der zuständigen Behörde des Staates, dem sie angehören, darüber beizubringen, daß sie nach den Gesetzen dieses Staates ihre Staatsangehörigkeit nicht durch die Eheschließung verlieren, sondern auf ihre Ehefrau und ihre ehelichen oder durch die nachfolgende Ehe legitimierten Kinder übertragen.

§ 3. Die nach den §§ 1, 2 erforderlichen Zeugnisse müssen von einem Konsul oder Gesandten des Reichs mit der Bescheinigung versehen werden, daß die das Zeugnis ausstellende Behörde für die Ausstellung zuständig ist.

Diese Vorschrift findet auf solche Zeugnisse keine Anwendung, welche nach den Bestimmungen der Staatsverträge über die Beglaubigung der von öffentlichen Behörden ausgestellten Urkunden keiner Beglaubigung bedürfen.

---

1) Nichtdeutsche, auch Staatenlose. Für letztere vgl. Artikel 29 des Einführungsgesetzes, S. 303.

2) Für Preußen vor allem Artikel 43 des Ausführungsgesetzes zum Bürgerlichen Gesetzbuch, auf dieser Seite.

3) Aufschiebendes Ehehindernis.

§ 4. Von der Vorschrift des § 1 kann der Justizminister im einzelnen Falle, von der Vorschrift des § 2 kann der Minister des Innern im einzelnen Falle oder für die Angehörigen eines ausländischen Staates im allgemeinen Befreiung bewilligen.

Die Befugnis zur Befreiung im einzelnen Falle kann auf nachgeordnete Behörden übertragen werden.

§ 5. Die für die Eheschließung von Ausländern bisher geltenden landesgesetzlichen Vorschriften werden aufgehoben.

§ 6. Will ein Angehöriger der rechtsrheinischen Gebietsteile des Königreichs Bayern in Preußen eine Ehe eingehen, so hat er das nach den Vorschriften der Bayerischen Gesetze erforderliche Verehelichungszeugnis beizubringen.

Allgemeine Verfügung des Justizministers vom 20. Dezember 1921 betr. die Ausführung des Gesetzes vom 16. Dezember 1921

(JMBl. S. 663.)

1. Über das Gesuch um Befreiung von der Vorschrift des Artikel 43, § 1 des Ausführungsgesetzes zum Bürgerlichen Gesetzbuch entscheidet vorbehaltlich der Bestimmung in Nr. 2 der Präsident desjenigen Oberlandesgerichts, in dessen Justizverwaltungsbezirk der zuständige Standesbeamte, vor dem die Ehe geschlossen werden soll, seinen Wohnsitz hat.

Er kann mit der Vorbereitung der Entscheidung ein richterliches Mitglied des Oberlandesgerichts beauftragen.

Will er von einer ihm bekannten Entscheidung des Justizministers abweichen, so hat er diesem das Gesuch zur Entscheidung vorzulegen.

2. Auch in Zukunft entscheidet der Justizminister, sofern:

a) ein Gesuchsteller in der europäischen Türkei oder in Asien oder in Afrika staatsangehörig ist, oder, wenn zurzeit staatenlos, zuletzt dort staatsangehörig war,

b) die frühere Ehe eines der Verlobten durch Ausspruch einer Behörde aufgelöst oder für nichtig erklärt worden ist, welche nicht dem Heimatstaate des betreffenden Verlobten — wenn letzterer die deutsche Staatsangehörigkeit besitzt, nicht einem der deutschen Länder — angehört.

3. Der Justizminister behält sich vor, auch in anderen Fällen über Befreiungsgesuche selbst zu entscheiden.

4. Der Gesuchsteller kann bei Ablehnung seines Gesuchs durch den Oberlandesgerichtspräsidenten die Entscheidung des Justizministers nachsuchen. Hierauf ist er in dem ablehnenden Bescheide hinzuweisen.

5. Diese Verfügung tritt zugleich mit dem Gesetze vom 16. Dezember 1921 in Kraft.

Durch diese Verfügung wird die dem Justizkommissar bei dem Staatskommissar für die besetzten rheinischen Gebiete gemäß Erlaß vom 18. Dezember 1919 übertragene Befugnis, den Militärpersonen des britischen Besatzungsheeres, die in dem besetzten Gebiete die Ehe mit einer deutschen Verlobten eingehen wollen, im Namen des Justizministers Befreiung von der Vorschrift des Artikel 43 § 1 des Ausführungsgesetzes zum Bürgerlichen Gesetzbuch zu erteilen, nicht berührt.

Verf. der Min. d. J. vom 31. Dezember 1921, betr. Übertragung der Befugnis zur Befreiung von Ehefähigkeitszeugnissen.

(MBliV. 1922 S. 21.)

Nach dem Gesetz vom 16. Dezember 1921 (GS. S. 561) zur Abänderung des Artikel 43 § 4 des Ausf.-Ges. z. BGB. vom 20. Sept. 1899 (GS. S. 177) kann der Minister des Innern die Befugnis zur Befreiung von dem für Ausländer, welche in Preußen eine Ehe eingehen wollen, durch Artikel 43 § 2 a. a. O. vorgeschriebenen Zeugnisse auf nachgeordnete Behörden übertragen.

Auf Grund dieser Bestimmung ermächtige ich Sie unter Bezugnahme auf den Ihnen unter dem 23. Dezember 1921 zugegangenen Erlaß des Herrn Justizministers (I. 2534 vgl.

JMBl. 1921 S. 663) künftig über Gesuche um Befreiung von der Vorschrift des Artikel 43 § 2 des Ausf.-Ges. z. BGB., sofern die Eheschließung vor einem Standesbeamten Ihres Verwaltungsbezirkes erfolgen soll, in allen denjenigen Fällen selbständig zu befinden, in welchen der beteiligte Ausländer ein der Vorschrift der §§ 1 und 3 des Artikel 43 a. a. O. entsprechendes Ehefähigkeitszeugnis beigebracht oder von dem zuständigen Oberlandesgerichtspräsidenten Befreiung von der Beibringung dieses Zeugnisses erhalten hat. Im Falle der Ablehnung des Gesuches kann der Gesuchsteller meine Entscheidung beantragen. Hierauf ist er in dem ablehnenden Bescheide hinzuweisen.

In allen übrigen Fällen behalte ich mir bis auf weiteres die Entscheidung vor.

Die Standesbeamten sind entsprechend zu verständigen.

An die Regierungspräsidenten und den Oberpräsidenten in Charlottenburg.

Verfügung des Pr. Ministeriums des Innern vom 19. Dezember 1922 — Ic 855, 2 betr. die Eheschließung von Polen.

(Zeitschr. f. Standesamtwesen Jhrg. 3, 1923 S. 10.)

Nachstehenden Runderlaß des Justizministers an die Oberlandesgerichtspräsidenten vom 25. Oktober 1922 teile ich zur Bekanntgabe an die Standesbeamten mit. Diesen ist gleichzeitig zur Pflicht zu machen, in allen Fällen, wo polnische Staatsangehörige, insbesondere polnische Wanderarbeiter, sich auf dem Standesamt zur Eheschließung einfinden, wenn glaubhaft nachgewiesen werden kann, daß sie sich vergeblich um das Ehefähigkeitszeugnis bemüht haben, unverzüglich Antrag auf Aufgebot und auf Befreiung vom Ehefähigkeitszeugnis entgegenzunehmen und die Verhandlungen alsbald unter Beifügung sämtlicher in den Händen der Verlobten befindlichen Personalpapiere dem zuständigen Oberlandesgerichtspräsidenten durch Ihre Vermittlung vorzulegen.

Die für die Standesbeamten erforderlichen Abzüge werden Ihnen unmittelbar übersandt werden.

An die Regierungspräsidenten und den Oberpräsidenten in Charlottenburg.

Anlage.

Runderlaß des preußischen Justizministeriums vom 25. Oktober 1922 — I 1750

Bei Gelegenheit von Verhandlungen mit polnischen Bevollmächtigten sind deutscherseits die Schwierigkeiten zur Sprache gebracht worden, die sich nach den inzwischen gemachten Erfahrungen vielfach der Beibringung von Ehefähigkeitszeugnissen polnischer Behörden entgegenstellen. Der Vertreter der polnischen Regierung hat sich hierbei auf den Standpunkt gestellt, daß mangels einer ausdrücklichen Vereinbarung eine Verpflichtung der polnischen Behörden zur Ausstellung von Ehefähigkeitszeugnissen nicht anerkannt werden könne, daß die polnische Regierung sich vielmehr die Entscheidung darüber im Einzelfalle vorbehalten müsse, ob die Ausstellung zu erfolgen habe. Überdies seien in dem früher russischen Teile Polen die Ehefähigkeitszeugnisse nicht bekannt; sie ließen sich dort nur durch Bestellung des Aufgebots bei der zuständigen Stelle erwirken.

Diese Erklärung ergibt, daß der Grund für die Verweigerung eines Ehefähigkeitszeugnisses für einen polnischen Staatsangehörigen nicht in dem Vorhandensein von Ehehinderungsgründen zu liegen braucht, daß vielmehr auch andere Erwägungen politischer oder persönlicher Art zur Verweigerung geführt haben können. Ein Bedenken gegen die Zulässigkeit der Eheschließung wird deshalb aus der Verweigerung des Zeugnisses allein noch nicht entnommen werden können.

Andererseits läßt die Erklärung aber auch erkennen, daß die vielfachen Klagen der Verlobten über Verzögerung der

Ausstellung von ordnungsgemäßen Zeugnissen und über Nichtbeantwortung von Anfragen seitens der polnischen Behörden eine tatsächliche Berechtigung haben. Es wird also künftig keine Veranlassung bestehen, derartigen Angaben von vornherein mit Mißtrauen zu begegnen, vielmehr wird von einer Verweisung des Polen an seine Heimatregierung Abstand zu nehmen sein, wenn als glaubhaft angenommen werden kann, daß er sich bei der Heimatbehörde vergeblich um das Ehefähigkeitszeugnis bemüht hat.

Verf. d. Just.-Min. und des Min. d. J. vom 21. Dezember 1922 betr. Zulassung zur Eheschließung.

(MBliV. 1923 S. 267.)

Ausländer, welche in Preußen eine Ehe eingehen wollen, dürfen zur Eheschließung nur zugelassen werden, wenn sie entweder das im Artikel 43 § 1 des Ausf.-Ges. z. BGB. (GS. 1899, S. 177) vorgeschriebene Zeugnis der zuständigen Heimatsbehörde oder eine Urkunde der zuständigen inländischen Amtsstelle, in der ihnen Befreiung von der Beibringung des ausländischen Ehefähigkeitszeugnisses bewilligt worden ist, dem Standesbeamten vorlegen. Dieser darf insbesondere noch nicht zur Eheschließung schreiten, wenn auf andere Weise zu seiner Kenntnis gelangt ist, daß dem betreffenden ausländischen Verlobten das Ehefähigkeitszeugnis erteilt oder Befreiung von Beibringung dieses Zeugnisses bewilligt worden ist.

Bescheinigung des Wohnungsamts zwecks Eheschließung.

Der Preußische Justizminister.
I 2191.

Berlin, W. 8, den 1. Oktober 1923.

Auf das Schreiben vom 24. v. M.

Nach der Mitte des Jahres 1921 erfolgten Neuorganisation des Geschäftsbetriebs der Wohnungsämter (vgl. Rundschreiben des Hauptwohnungsamtes der Stadt Berlin an die Standesbeamten der Standesämter 1—13 vom 27. Mai 1921 — Gesch. Nr. 3088 —) habe ich von den in Berlin wohnenden Verlobten die früher erforderte Bescheinigung des Wohnungsamtes nicht mehr verlangt. Eine besondere Anordnung schien mit Rücksicht auf das erwähnte Rundschreiben nicht geboten.

An den Reichsbund der Standesbeamten in Deutschland E. V.

J. A.: Lindemann.

Verf. d. Min. d. J. vom 27. November 1905 betr. Vorlage eines Auseinandersetzungszeugnisses.

(MBliV. S. 201.)

Der Standesbeamte ist nicht befugt, von einem ausländischen Verlobten ein Auseinandersetzungszeugnis im Sinne der §§ 1314, 1669 BGB. zu erfordern, denn nach Artikel 13 Abs. 1 EG. z. BGB. beziehen sich die §§ 1314, 1669 BGB. nur auf Reichsangehörige. Aber auch wenn der ausländische Verlobte einem Staate angehört, dessen Gesetzgebung eine dem deutschen Recht entsprechende Bestimmung enthält, hat der inländische Standesbeamte deren Befolgung nicht selbständig zu prüfen, weil jeder Ausländer entweder ein Ehefähigkeitsattest seiner Heimatsbehörde vorlegen oder die ministerielle Befreiung hiervon beibringen muß (Artikel 43 § 1, 4 Ausf.-Ges. z. BGB.), hierdurch aber dem Standesbeamten nachgewiesen wird, daß in der Person des ausländischen Verlobten alle von dem bürgerlichen Rechte seiner Heimat erforderten Voraussetzungen für die Eheschließung vorhanden sind.

Verf. vom 16. Februar 1892 betr. Folgen des Verlustes der Staatsangehörigkeit.

(MBliV. S. 166.)

Die Eheschließung zwischen Ausländern, namentlich russischen Untertanen und deutschen Frauen haben vielfach dadurch

Mißstände im Gefolge, daß die Frauen gemäß § 13 Ziff. 5 des Bundesgesetzes vom 1. Juni 1870 die deutsche Staatsangehörigkeit verlieren, oft schon nach kurzer Zeit mit ihren Kindern als lästige Ausländer ausgewiesen werden und in dem fremden Lande, dessen Sprache sie nicht kennen, dem Elend entgegengehen.

Um der Gefahr zu begegnen, daß die einen Ausländer heiratenden deutschen Frauen aus Unwissenheit in eine solche Lage geraten, haben die Standesbeamten bei Eheschließung deutscher Frauen mit Ausländern die Bräute auf den durch ihre Verehelichung eintretenden Verlust ihrer Staatsangehörigkeit und die damit verbundenen Folgen aufmerksam zu machen.

Vermeidung gesetzwidriger Eheschließungen. RdErl. d. MdJ. vom 12. 10. 1925 — Ie 895.

Gesetzwidrige Eheschließungen zu vermeiden, muß die stete Sorge jedes Standesbeamten sein, nicht nur gegenüber Inländern, sondern auch gegenüber Ausländern. Das gilt insbesondere, wenn der ausländische Verlobte schon einmal verheiratet war und geschieden ist. Dann ist sorgfältig zu prüfen, ob das vorgelegte Ehefähigkeitszeugnis sowohl in seinem Inhalt wie in seiner Form den Vorschriften entspricht, vgl. Vf. v. 10. 3. 1922 (MBliV. S. 279, StAZ. S. 174)[1]). Es muß die ausdrückliche

---

[1]) Vf. d. MdJ. u. d. Just. Min. v. 10. 3. 1922 — I e 31 bzw. I 111, betr. die Eheschließung von Ausländern im Inlande.

Auf Grund des Art. 43 des Ausf.-Ges. z. BGB. v. 20. 9. 1899 (GS. 1899 S. 177, 1921 S. 561) bestimmen wir über die Eheschließung von Ausländern unter Aufhebung unseres gemeinschaftlichen RdErl. v. 13. 3. 1903 (MBliV. S. 28) was folgt:

I. Zu Art. 43 § 1 a. a. O. 1. In den in der Anl. 1 aufgeführten Staaten sind die dort bezeichneten inneren Behörden für zuständig erklärt worden, rechtswirksame Zeugnisse über das Nichtbekanntsein von Ehehindernissen auszustellen.

Die Vorschrift des Art. 43 § 3 a. a. O. bleibt unberührt. Legalisationsverträge i. S. des § 3 Abs. 2 a. a. O. bestehen zurzeit mit Belgien (MBliV. 1851 S. 280) und der Schweiz (Bek. d. Reichskanzlers vom 19. 7. 1907, RGBl. S. 415). Die Tschechoslowakei hat nach der Bek. des Reichsministers des Auswärtigen vom 5. 5. 1921 (RGBl. S. 504) den zwischen dem Deutschen Reich und Österreich-Ungarn abgeschlossenen Vertrag wegen Beglaubigung der von öffentlichen Behörden und Beamten ausgestellten und beglaubigten Urkunden vom 25. 2. 1880 (RGBl. 1881 S. 4) wieder in Kraft gesetzt. Soweit hiernach Legalisationsverträge bestehen, darf die Zuständigkeitsbescheinigung eines Gesandten oder Konsuls nicht verlangt werden; im übrigen bedürfen dagegen die Zeugnisse stets der erwähnten Zuständigkeitsbescheinigung.

2. Den Angehörigen der in der Anl. 1 aufgeführten Staaten wird die Befreiung von der Beibringung des Zeugnisses nur ausnahmsweise bewilligt werden, wenn besondere Umstände, z. B. kriegerische Wirren in dem auswärtigen Staate oder langjähriger Aufenthalt des Gesuchsstellers außerhalb seiner Heimat, der Ausstellung des Zeugnisses durch die zuständige Behörde des Heimatstaates entgegenstehen.

3. Die Angehörigen der in der Anl. 1 nicht aufgeführten Staaten können nur auf Grund einer im einzelnen Falle erteilten Befreiung zur Eheschließung zugelassen werden.

Dies gilt auch dann, wenn der ausländische Verlobte das Zeugnis eines Gesandten oder Konsuls seines Heimatstaates über das Nichtbekanntsein von Ehehindernissen vorlegt. Immerhin werden solche Zeugnisse als Unterlage für die Bewilligung einer Befreiung von Wert sein.

4. Insoweit in einzelnen Ländern die kirchliche Trauung Voraussetzung einer gültigen Eheschließung ist, wird die Befreiung Angehörigen dieser Länder in der Regel nur dann bewilligt werden, wenn sie die Bescheinigung eines Geistlichen (Rabbiners) vorlegen, daß er bereit sei, unmittelbar nach der standesamtlichen Eheschließung die kirchliche (rituelle) Trauung vorzunehmen.

Als solche Länder kommen zurzeit in Betracht: Bulgarien, Finnland, Griechenland, Jugoslawien, insoweit die Gebiete früher zu Serbien, Slawonien, Kroatien oder Montenegro gehörten, Litauen, Liechtenstein, Polen, insoweit die Gebiete dem ehemaligen russischen Reiche angehören; ferner, dem Vernehmen nach, auch Persien und die Türkei, diese beiden Länder jedoch nur, soweit es sich um Christen handelt.

Gehört einer der Verlobten dem griechisch-orthodoxen Glauben an, so muß regelmäßig die Bescheinigung von einem Geistlichen dieser Kirche ausgestellt sein.

5. Die Zuständigkeit zur Befreiung richtet sich nach der allgem. Vf. des Justizministers v. 20. 12. 1921 (JMBl. S. 663). Hiernach steht die Entscheidung regelmäßig den Oberlandesgerichtspräsidenten zu. Für einzelne näher bezeichnete Fälle hat sich der Justizminister die Entscheidung vorbehalten; dieser kann auch angerufen werden, wenn der Oberlandesgerichtspräsident das Gesuch ablehnt.

II. Zu Art. 43 § 2 a. a. O. 1. Von der Beibringung des Zeugnisses sind von mir, dem Minister des Innern, die Angehörigen der nachbenannten Staaten bis auf weiteres allgemein befreit: Belgien, Dänemark, Danzig, Estland, Finnland, Frankreich, Georgien, Großbritannien, Jugoslawien, insoweit dessen Gebiet früher zur österreichisch-ungarischen Monarchie gehörte, Italien, Lettland, Litauen, Luxemburg, Niederlande, Norwegen, Österreich, Polen, Rumänien, Schweden, Schweiz, Sowjet-Rußland, Spanien, Tschechoslowakei, Ukraine, Ungarn, Vereinigte Staaten von Amerika.

2. In den in der Anl. 2 aufgeführten Staaten sind die dort bezeichneten inneren Behörden für zuständig erklärt worden, über die staatsrechtlichen Folgen der Eheschließung rechtswirksame Zeugnisse, welche mit der im Art. 43 § 3 a. a. O. vorgeschriebenen Bescheinigung versehen sein müssen, auszustellen.

Können Angehörige eines dieser Staaten das vorgeschriebene Zeugnis ausnahmsweise nicht beibringen, so kann Befreiung beantragt werden.

3. Die Angehörigen der weder unter II Nr. 1 noch in der Anl. 2 aufgeführten Staaten können nur auf Grund einer im einzelnen Falle erteilten Befreiung zur Eheschließung zugelassen werden.

Die Vorschrift unter I Nr. 3 Abs. 2 findet entsprechende Anwendung.

4. Insoweit in einzelnen Ländern die kirchliche Trauung Voraussetzung einer gültigen Eheschließung ist (s. I Nr. 4, Abs. 2), wird die Befreiung Angehörigen dieser Länder nur dann bewilligt werden, wenn sie die unter I Nr. 4 bezeichnete Bescheinigung beibringen.

5. Die Zuständigkeit zur Befreiung (II Nr. 2, Abs. 2 oder Nr. 3) richtet sich nach der Vf. des Ministers des In. v. 31. 12. 1921 (MBliV. 1922 S. 21). Hiernach steht die Entscheidung dem Regierungspräsidenten, in dessen Bezirke die Ehe geschlossen werden soll, für Berlin dem Oberpräsidenten von Berlin in allen den Fällen zu, wo der beteiligte Ausländer ein der Vorschr. der §§ 1, 3 des Art. 43 a. a. O. entsprechendes Ehefähigkeitszeugnis beigebracht oder von dem zuständigen Oberlandesgerichtspräsidenten Befreiung von der Beibringung dieses Zeugnisses erhalten hat. In allen übrigen Fällen hat sich der Minister des Innern bis auf weiteres die Entscheidung vorbehalten; dieser kann auch angerufen werden, wenn der Regierungspräsident oder Oberpräsident das Gesuch ablehnt.

III. 1. Beantragt der Angehörige eines in den Anlagen aufgeführten Staates sein Aufgebot, so hat der für dessen Anordnung zuständige Standesbeamte ihn an die mit tunlichster Genauigkeit zu bezeichnende Behörde seines Heimatstaates zu verweisen; dabei ist davon auszugehen, daß, sofern nicht aus den Best. der Anl. ein anderes sich ergibt, regelmäßig diejenige Behörde zuständig sein wird, in deren Bezirke der Verlobte den letzten Wohnsitz in seinem Heimatstaat gehabt hat, und in Ermangelung eines solchen Wohnsitzes die Behörde seines Geburtsortes. In geeigneten Fällen hat der Standesbeamte dem Antragsteller die Inanspruchnahme der Vermittlung des Gesandten oder desjenigen im Inland residierenden Konsuls seines Heimatstaates zu empfehlen, zu dessen Amtsbezirke das Standesamt gehört. Bei der Abfassung der an die zuständige Behörde oder den Gesandten oder Konsul des Heimatstaates zu richtenden Schreiben wird der Standesbeamte nötigenfalls dem Antragsteller behilflich sein.

2. Wird dem Standesbeamten das Zeugnis der gem. Anl. 1 oder 2 zuständigen Behörde vorgelegt, so hat er darauf zu achten, ob das Zeugnis mit der erforderlichen Bestimmtheit abgefaßt, ob insbesondere diejenige Person, mit welcher der aus-

ländische Verlobte die Ehe eingehen will, in dem Zeugnis namentlich bezeichnet ist; fehlt es an dieser Bezeichnung, so ist das Zeugnis zurückzuweisen.

Insofern nach dem Heimatrecht der Verlobten die kirchliche Trauung Voraussetzung einer gültigen Eheschließung ist, dürfen die Beteiligten auch dann, wenn sie ein vorschriftsmäßiges Ehefähigkeitszeugnis vorlegen, zur Eheschließung erst zugelassen werden, nachdem sie eine von dem zuständigen Geistlichen ausgestellte Trau-Bereitschaftserklärung der unter I Nr. 4 vorgeschriebenen Art beigebracht haben.

Da es mehrfach vorgekommen ist, daß nach standesamtlicher Eheschließung trotz der Trau-Bereitschaftserklärung die kirchliche Trauung unterblieben ist, haben die Standesbeamten bei der Vornahme der Eheschließung die Verlobten und besonders den deutschen Teil darauf hinzuweisen, daß in Ermangelung der kirchlichen Trauung die Eheschließung nichtig, mindestens aber die Rechtswirksamkeit der Eheschließung in Frage gestellt ist.

3. Bedarf ein ausländischer Verlobter der Befreiung (I Nr. 2 oder Nr. 3, II Nr. 2 Abs. 2 oder Nr. 3), so hat er sein Gesuch bei dem zuständigen Standesbeamten schriftlich oder durch Erklärung zu Protokoll anzubringen. Der Standesbeamte hat den Antragsteller wegen der Beschaffung der für die Entscheidung über sein Gesuch erforderlichen Unterlagen zu belehren und ihm geeignetenfalls bei der Abfassung der dieserhalb an den Gesandten oder Konsul oder an sonstige Behörden des auswärtigen Staates zu richtenden Schreiben behilflich zu sein. Demnächst hat der Standesbeamte das Gesuch auf Grund der beschafften Unterlagen zu prüfen und über das Ergebnis der Prüfung, ohne auf das zur Anwendung kommende ausländische Recht näher einzugehen, an den Regierungspräsidenten, in Berlin an den Oberpräsidenten von Berlin, in besonders eiligen Fällen unmittelbar an die zur Entscheidung zuständige Stelle zu berichten.

4. Dem Berichte (Nr. 3), worin beide Verlobte nach Namen und Wohnort bezeichnet werden sollen, sind die Geburtsurkunde und der Ausweis über die Staatsangehörigkeit des Antragstellers, sowie alle diejenigen Urkunden, welche für die Entscheidung über das Gesuch von Bedeutung sein können, einschließlich der von

dem Gesandten oder Konsul oder den sonstigen Behörden des ausländischen Staates etwa eingegangenen Schreiben beizufügen.

5. Insoweit es sich um ein Gesuch gemäß Art. 43 § 1 des Ausf.-Ges. z. BGB. handelt, ist außerdem die — in der Regel an Eidesstatt abzugebende — Versicherung beider Verlobten darüber, ob und eintretendenfalls in welchem Grade sie miteinander verwandt, oder verschwägert, sowie darüber, ob sie noch nicht verheiratet gewesen sind, dem Berichte beizufügen. Eintretendenfalls ist zu erörtern, wann und wodurch eine frühere Ehe aufgelöst worden ist, und ob aus dieser minderjährige Kinder vorhanden sind.

Ist der Aufenthaltsort des einen Verlobten von dem Amtssitz des Standesbeamten weit entfernt, so wird regelmäßig die von dem anderen Verlobten abgegebene eidesstattliche Versicherung als ausreichend angesehen werden können. Der eidesstattlichen Versicherung bedarf es nicht, insoweit die glaubhaft zu machenden Tatsachen anderweit urkundlich nachgewiesen oder bei dem Standesamt offenkundig sind.

6. Der Regierungspräsident oder Oberpräsident von Berlin hat den Bericht (Nr. 3 bis 5) zu prüfen, eine etwa erforderliche Vervollständigung zu veranlassen und ihn sodann — falls er nicht selbst für die Entscheidung zuständig ist — an die zuständige Stelle zur Entscheidung weiterzuleiten. Erscheint die Entscheidung zweifelhaft, so empfiehlt sich die Beifügung einer kurzen gutachtlichen Äußerung; andernfalls kann die Übersendung mittels Umschlagbogens geschehen.

7. Seitens aller beteiligten Behörden ist auf tunlichste Beschleunigung Bedacht zu nehmen.

IV. Die Anordnung des Aufgebots durch den Standesbeamten darf in der Regel erst nach der Erledigung der aus Anlaß des Art. 43 a. a. O. gepflogenen Verhandlungen erfolgen (§ 45 Abs. 1 des Reichspersonenstandsges. vom 6. 2. 1875, RGBl. S. 23).

V. Unter Ausländern im Sinne dieser Vf. sind, soweit diese sich auf Art. 43 § 1 a. a. O. bezieht, Personen beiderlei Geschlechts, soweit sie sich auf § 2 a. a. O. bezieht, männliche Personen zu verstehen.

Wir ersuchen ergebenst, die Standesbeamten hiernach mit Anweisung zu versehen. Die für die Standesbeamten erforderlichen Abzüge der Vf. werden Ihnen unmittelbar übersandt werden.

Anlage 1. Verzeichnis

der in den einzelnen auswärtigen Staaten bestimmten Behörden, die zur Ausstellung des im Art. 43 § 1 des preuß. Ausf.-Ges. z. BGB. vorgeschriebenen Zeugnisses über das Nichtbekanntsein von Ehehindernissen zuständig sind.

Argentinien: Die Zivilrichter.

Brasilien: Der Standesbeamte des letzten Wohnorts des Verlobten.

Bulgarien: Für Angehörige des orthodoxen Bekenntnisses die Vorsteher der Bistümer, für Angehörige anderer Bekenntnisse die entsprechenden kirchlichen Behörden.

Central-Amerika.

Costarica: Der Gouverneur in Gemeinschaft mit dem Vorsteher des Zivilstands-Registeramts.

Guatemala: Die Beamten der Zivilstandsregister.

Nicaragua: Die Distrikts- oder Lokalrichter des Wohnorts des Verlobten.

Dänemark: Die Polizeibehörde des Wohnorts des Verlobten und in Ermangelung einer solchen die Polizeibehörde des Ortes, wo der Verlobte bekannt ist; fehlt es an einer hiernach zuständigen Polizeibehörde, der Justizminister.

Danzig: Die Ortspolizeibehörden.

Dominikanische Republik: Die Standesbeamten.

Finnland: Die Gemeindegeistlichen und die Oberen der geistlichen Gesellschaft (Pastoren, Kuratoren des Kirchensprengels). Ministerial-Erl. v. 24. 2. 1911 (MBliV. S. 79).

Haiti: Die Standesbeamten.

Italien: Die Standesbeamten.

Japan: Der Bürgermeister, Orts- oder Dorfvorstand des Registrierungsortes des Verlobten.

Jugoslawien, insoweit Gebiet des früheren Königreichs Serbien: Die kirchlichen Behörden, die in Serbien über die Zulässigkeit der Eheschließung zu entscheiden haben würden.

Luxemburg: Die Zivilstandsbeamten.

Mexiko: Die politischen Ortsbehörden.

Niederlande: Die Standesbeamten.

Norwegen: Der Minister der Justiz und der Polizei.

Österreich: Im allgemeinen die Bezirkshauptmannschaften, in den mit besonderen Gemeindestatuten begabten Städten die Gemeindeämter oder die Bürgermeister; solche Städte sind: Graz, Innsbruck, Klagenfurt, Linz, Salzburg, Steyr, Waidhofen a. d. Ybbs, Wien und Wiener-Neustadt.

Paraguay: Die Standesbeamten.

Peru: Die städtischen Behörden, soweit Zivilstandsregister eingerichtet sind, sonst die Pfarrer.

Polen: Im ehemals russischen Teilgebiete die Geistlichen bzw. die Verwaltungsbehörden, die vertretungsweise die Funktionen der Standesbeamten ausüben. Die von den Geistlichen ausgestellten Zeugnisse müssen außerdem von den Verwaltungsbehörden erster Instanz bestätigt werden. Im ehemaligen österreichischen Gebiete sind es die Starostenämter und in den früheren preußischen Landesteilen die Ortspolizeibehörden.

Portugal: Die Standesbeamten des Heimatsorts der Verlobten (Ministerial-Erl. v. 27. 7. 1912, MBliV. S. 252).

Rumänien, insoweit früheres Gebiet des Königreichs: Die Standesbeamten.

Schweden: Sofern der schwedische Staatsangehörige in einem Kirchenbuche einer schwedischen Gemeinde geführt wird, der Prediger. Falls er im Auslande lebt und nicht in einem Kirchenbuche eingetragen ist, der vom König beauftragte konsularische oder diplomatische Beamte. In diesem Falle kann auch der Kabinettssekretär vom auswärtigen Departement das Zeugnis ausstellen (Königl. Verordn. v. 3. 12. 15 — Schwedische Gesetzsamml. 1915 S. 1258).

Schweiz: Die Zivilstandsbeamten.

Tschechoslowakei: a) in Ländern, die ehemals zu Österreich gehört haben (Böhmen, Mähren und Schlesien), die politischen Behörden erster Instanz, in deren Amtsbezirk die Heimatgemeinde der betreffenden tschechoslowakischen Staatsangehörigen liegt. Solche politischen Behörden sind: die Politischen Bezirksverwaltungen (ehemaligen Bezirkshauptmannschaften) und die Magistrate in Städten mit besonderen Sta-

Erklärung der örtlich und sachlich zuständigen Heimatsbehörde enthalten, daß ihr ein Ehehindernis, das nach den Gesetzen des Heimatstaates der Ehe des Ausländers mit dem anderen Teile entgegenstände, nicht bekannt gewor-

---

tuten. Als solche kommt nur die Stadt Reichenberg in Betracht.

b) in den vormals zu Ungarn gehörigen Gebieten, das ist in der Slowakei und Karpathorußland, das Justizministerium. Die Ausstellung erfolgt auf Grund eines Zeugnisses des staatlichen Matrikelführers über die durchgeführten Aufkündigungen (Aufgebote) oder auf Grund des erteilten Dispenses von den Aufkündigungen (Aufgeboten).

Ungarn: Der Justizminister.

Venezuela: Die Gerichtsbehörden.

Anlage 2. Verzeichnis

der in den einzelnen auswärtigen Staaten bestimmten Behörden, die zur Ausstellung des in Art. 43 § 2 des preuß. Ausf-Ges. z. BGB. vorgeschriebenen Zeugnisses über die staatsrechtlichen Wirkungen der Eheschließung zuständig sind.

Central-Amerika.

Costarica: Der Gouverneur in Gemeinschaft mit dem Vorsteher des Zivilstands-Registeramts.

Guatemala: Die Beamten der Zivilstandsregister.

Nicaragua: Die Distrikts- oder Lokalrichter des Wohnorts des Verlobten.

Salvador: Das Ministerium des Äußern.

Danzig: Der Senat der Freien Stadt Danzig, Abteilung des Innern.

Dominikanische Republik: Das Staatsministerium.

Haiti: Der Staatssekretär der Justiz.

Japan: Der Bürgermeister, Orts- oder Dorfvorstand des Registrierungsortes des Verlobten.

Mexiko: Das Ministerium des Äußern.

Paraguay: Die Standesbeamten.

Peru: Die Konsularabteilung des Ministerium des Äußern.

Venezuela: Die Gerichtsbehörden.

den ist, und es muß, abgesehen von Zeugnissen aus Belgien, Deutsch-Österreich, der Schweiz, der Tschechoslowakei und Ungarn, von einem deutschen Konsul oder deutschen Gesandten mit der Bescheinigung versehen sein, daß die ausstellende Behörde für die Ausstellung zuständig ist. Sind diese Erfordernisse nicht zweifellos erfüllt, so ist der Verlobte auf den Weg der Befreiung zu verweisen; das mangelhafte Ehefähigkeitszeugnis ist als Unterlage für die Befreiungsbehörde dem Befreiungsantrage beizufügen.

Aber selbst wenn ein ordnungsmäßiges Ehefähigkeitszeugnis vorliegt, kann es vorkommen, daß für die deutsche Behörde ein Ehehindernis besteht. Hat zum Beispiel die ausstellende ausländische Behörde erkennbar eine Ehescheidung für wirksam angesehen, die für deutsche Rechtsbegriffe der Wirkung entbehrt, so kann und muß der Standesbeamte das Aufgebot ablehnen, obgleich ein genügendes Ehefähigkeitszeugnis vorliegt. Ein solcher Fall würde es sein, wenn sich der Ausländer, der jetzt eine neue Ehe eingehen will, innerhalb des Deutschen Reiches von einer geistlichen Behörde hat scheiden lassen. Dies mag für die Behörden seines Heimatstaates gültig sein, für deutsche Behörden ist eine solche mit dem Grundbegriff des deutschen Ehescheidungsrechts in Widerspruch stehende Scheidung ohne Wirkung.

Besondere Vorsicht ist dem Standesbeamten zu empfehlen, wenn schon eine andere Stelle, insbesondere der Oberlandesgerichtspräsident oder der Justizminister, im Befreiungsverfahren Bedenken gegen die beabsichtigte Eheschließung zu erkennen gegeben haben. Ist die Befreiung schon einmal wegen eines Ehehindernisses abgelehnt, so soll der Standesbeamte, wenn nicht zweifellos das Ehehindernis inzwischen beseitigt ist, nur mit Zustimmung seiner Aufsichtsbehörde dem Antrage auf Anordnung des Aufgebotes stattgeben.

Die Standesbeamten erhalten auch durch die Zeitschrift für Standesamtswesen Kenntnis von diesem Erlasse.

b) Persönliche Rechtsbeziehungen der Ehegatten.

Artikel 14 EGBGB.

Die persönlichen Rechtsbeziehungen deutscher Ehegatten zu einander werden nach den deutschen Gesetzen beurteilt, auch wenn die Ehegatten ihren Wohnsitz im Auslande haben.

Die deutschen Gesetze finden auch Anwendung, wenn der Mann die Reichsangehörigkeit verloren, die Frau sie aber behalten hat.

c) Eheliches Güterrecht.

Artikel 15 EGBGB.

Das eheliche Güterrecht wird nach den deutschen Gesetzen beurteilt, wenn der Ehemann zur Zeit der Eheschließung ein Deutscher war.

Erwirbt der Ehemann nach der Eingehung der Ehe die Reichsangehörigkeit oder haben ausländische Ehegatten ihren Wohnsitz im Inlande, so sind für das eheliche Güterrecht die Gesetze des Staates maßgebend, dem der Mann zur Zeit der Eingehung der Ehe angehörte; die Ehegatten können jedoch einen Ehevertrag schließen, auch wenn er nach diesen Gesetzen unzulässig sein würde.

Artikel 16 EGBGB.

Haben ausländische Ehegatten oder Ehegatten, die nach der Eingehung der Ehe die Reichsangehörigkeit erwerben, den Wohnsitz im Inlande, so finden die Vorschriften des § 1435 des Bürgerlichen Gesetzbuchs[1]) entsprechende Anwendung; der ausländische gesetzliche Güterstand steht einem vertragsmäßigen gleich.

Die Vorschriften der §§ 1357, 1362, 1405[2]) des Bürgerlichen Gesetzbuchs finden Anwendung, soweit sie Dritten günstiger sind als die ausländischen Gesetze.

[1]) § 1435 BGB.: Wird durch Ehevertrag die Verwaltung und Nutznießung des Mannes ausgeschlossen oder geändert, so können einem Dritten gegenüber aus der Ausschließung oder der Änderung Einwendungen gegen ein zwischen ihm und einem der Ehegatten vorgenommenes Rechtsgeschäft oder gegen ein zwischen ihnen ergangenes rechtskräftiges Urteil nur hergeleitet werden, wenn zur Zeit der Vornahme des Rechtsgeschäfts oder zur Zeit des Eintritts der Rechtshängigkeit die Ausschließung oder die Änderung in dem Güterrechtsregister des zuständigen Amtsgerichts eingetragen oder dem Dritten bekannt war.

Das gleiche gilt, wenn eine in dem Güterrechtsregister eingetragene Regelung der güterrechtlichen Verhältnisse durch Ehevertrag aufgehoben oder geändert wird.

[2]) BGB. § 1357. Die Frau ist berechtigt, innerhalb ihres häuslichen Wirkungskreises die Geschäfte des Mannes für ihn zu besorgen und ihn zu vertreten. Rechtsgeschäfte, die sie innerhalb dieses Wirkungskreises vornimmt, gelten als im Namen des Mannes vorgenommen, wenn nicht aus den Umständen sich ein anderes ergibt.

Der Mann kann das Recht der Frau beschränken oder ausschließen. Stellt sich die Beschränkung oder die Ausschließung als Mißbrauch des Rechtes des Mannes dar, so kann sie auf Antrag der Frau durch das Vormundschaftsgericht aufgehoben werden. Dritten gegenüber ist die Beschränkung oder die Ausschließung nur nach Maßgabe des § 1435 wirksam.

d) Ehescheidung.

Artikel 17 EGBGB.

Für die Scheidung[1]) der Ehe sind die Gesetze des Staates maßgebend, dem der Ehemann zur Zeit der Erhebung der Klage angehört.

Eine Tatsache, die sich ereignet hat, während der Mann einem anderen Staate angehörte, kann als Scheidungsgrund nur geltend gemacht werden, wenn die Tatsache auch nach den Gesetzen dieses Staates ein Scheidungsgrund oder ein Trennungsgrund ist.

(§ 1435: wirksam nur bei Eintragung in das Güterrechtsregister oder Kenntnis des Dritten.)

§ 1362. Zugunsten der Gläubiger des Mannes wird vermutet, daß die im Besitz eines der Ehegatten oder beider Ehegatten befindlichen beweglichen Sachen dem Manne gehören. Dies gilt insbesondere auch für Inhaberpapiere und für Orderpapiere, die mit Blankoindossament versehen sind.

Für die ausschließlich zum persönlichen Gebrauche der Frau bestimmten Sachen, insbesondere für Kleider, Schmucksachen und Arbeitsgeräte, gilt im Verhältnisse der Ehegatten zu einander und zu den Gläubigern die Vermutung, daß die Sachen der Frau gehören.

§ 1405. Erteilt der Mann der Frau die Einwilligung zum selbständigen Betrieb eines Erwerbsgeschäfts, so ist seine Zustimmung zu solchen Rechtsgeschäften und Rechtsstreitigkeiten nicht erforderlich, die der Geschäftsbetrieb mit sich bringt. Einseitige Rechtsgeschäfte, die sich auf das Erwerbsgeschäft beziehen, sind der Frau gegenüber vorzunehmen.

Der Einwilligung des Mannes in den Geschäftsbetrieb steht es gleich, wenn die Frau mit Wissen und ohne Einspruch des Mannes das Erwerbsgeschäft betreibt.

Dritten gegenüber ist ein Einspruch und der Widerruf der Einwilligung nur nach Maßgabe des § 1435 wirksam (§ 1435: Wirksamkeit gegenüber Dritten nur bei Eintragung in das Güterrechtsregister oder bei Kenntnis des Dritten.)

[1]) Auch für die Anfechtbarkeit der Ehe und für deren Nichtigkeit, wie sich aus Artikel 13 EGBGB. ergibt, vgl. S. 305.

Ist zur Zeit der Erhebung der Klage die Reichsangehörigkeit des Mannes erloschen, die Frau aber Deutsche, so finden die deutschen Gesetze Anwendung.

Auf Scheidung sowie auf Aufhebung der ehelichen Gemeinschaft kann auf Grund eines ausländischen Gesetzes im Inlande nur erkannt werden, wenn sowohl nach dem ausländischen Gesetze als nach den deutschen Gesetzen die Scheidung zulässig sein würde[1][2].

Zivilprozeßordnung § 606.

Für die Rechtsstreitigkeiten, welche die Scheidung, Nichtigkeit oder Anfechtung einer Ehe oder die Feststellung des Bestehens oder Nichtbestehens einer Ehe zwischen den Parteien oder die Herstellung des ehelichen Lebens zum Gegenstande haben (Ehesachen), ist das Landgericht, bei welchem der Ehemann seinen allgemeinen Gerichtsstand hat, ausschließlich zuständig[3].

Ist der Ehemann ein Deutscher und hat er im Inland keinen allgemeinen Gerichtsstand, so kann die Klage bei dem Landgericht erhoben werden, in dessen Bezirk er den letzten Wohnsitz im Inland hatte; in Ermangelung eines solchen Wohnsitzes finden die Vorschriften des § 15 Abs. 1 Satz 2, 3 entsprechende Anwendung. Das gleiche gilt, sofern der Ehemann im Inland keinen allgemeinen Gerichtsstand hat, in dem Falle, daß der Ehemann die Reichsangehörigkeit verloren, die Ehefrau sie aber be-

[1]) Bei Staatenlosigkeit gilt Artikel 29 EGBGB. vgl. S. 303.

[2]) Deutsche Gesetze sind gemäß Artikel 27 EGBGB. anzuwenden, wenn das ausländische Recht die Anwendung deutschen Rechtes vorschreibt.

[3]) Abs. 1 gilt für Inländer und Ausländer, jedoch mit der durch Abs. 4 bestimmten Ausnahme.

halten hat oder daß beide Ehegatten die Reichsangehörigkeit verloren haben, der Ehemann aber eine andere Staatsangehörigkeit nicht erworben hat.

Ist eine Deutsche eine Ehe mit einem Ausländer eingegangen und hat dieser im Inland keinen allgemeinen Gerichtsstand, so können die Nichtigkeitsklage und die Anfechtungsklage von der Ehefrau bei dem Landgericht erhoben werden, in dessen Bezirke sie den letzten Wohnsitz im Inland hatte; in Ermangelung eines solchen Wohnsitzes finden die Vorschriften des § 15 Abs. 1 Satz 2, 3 entsprechende Anwendung. Das gleiche gilt, sofern nicht nach Abs. 2 Satz 2 ein Gerichtsstand begründet ist, in dem Falle, daß eine Deutsche eine Ehe mit einem Deutschen eingegangen ist, dieser aber die Reichsangehörigkeit verloren und im Inland keinen allgemeinen Gerichtsstand hat.

Sind beide Ehegatten Ausländer, so kann die Scheidungsklage im Inland nur erhoben werden, wenn das inländische Gericht auch nach den Gesetzen des Staates zuständig ist, dem der Ehemann angehört [1]) [2]) [3]) [4]).

---

1) Abs. 4 gilt nicht, wenn ein Ehegatte staatenlos ist. Der Zweck des Abs. 4, den Konflikt zwischen deutschem und ausländischem Rechtszustand zu vermeiden, kommt nur in Frage, wenn ein Ehegatte einem anderen Staate angehört. Eine Anwendung des Artikels 29 EGBGB. ist deshalb ausgeschlossen. Ein Konflikt ist auch in den Fällen nicht möglich, in denen das ausländische Recht die Zuständigkeit des Wohnsitzes des Ehemannes für die Scheidungsklage begründet, der Ehemann aber im Inlande wohnt (so Schweden, England, Schweiz, Österreich). In diesen Fällen ist Abs. 4 deshalb nicht anwendbar. Es gilt dann vielmehr Abs. 1. Unzuständig sind deutsche Gerichte für die Ehescheidungen der Staatsangehörigen von Ungarn (JW. 11, 55, 55, OLG. 23, 197), Rußland nach altem russischen Recht, das z. B. noch im früheren russischen Teil Polens Gültigkeit

Abkommen zur Regelung des Geltungsbereichs der Gesetze und der Gerichtsbarkeit auf dem Gebiete der Ehescheidung und der Trennung von Tisch und Bett vom 12. Juni 1902

(RGBl. 1904 S. 231.)

Art. 1. Die Ehegatten können eine Scheidungsklage nur dann erheben, wenn sowohl das Gesetz des Staates, dem sie angehören (Gesetz des Heimatsstaates), als auch das Gesetz des Ortes, wo geklagt wird, die Scheidung zulassen.

Das gleiche gilt für die Trennung von Tisch und Bett.

Art. 2. Auf Scheidung kann nur dann geklagt werden, wenn sie in dem zu beurteilenden Falle sowohl nach dem Gesetze des Heimatstaats der Ehegatten als auch nach dem

---

hat, (OLG. 23, 196) Tschechoslowakei (OLG. 40, 392, JW. 21, 419, 674). Ist die Ehe nach ausländischem Recht nichtig, nach deutschem Recht gültig, so soll nach der Ansicht des RG. Abs. 4 keine Anwendung finden, da die Scheidung der Ehe in Deutschland in diesem Falle keinen Konflikt mit ausländischem Recht herbeiführen könne (RG. 105, 363). Dieses Urteil des RG. ist insofern bedenklich, als die Rechtswirkungen einer nichtigen Ehe andere sind als die einer geschiedenen Ehe. Ist die Ehe polnischer Staatsangehöriger in Deutschland standesamtlich geschlossen worden, so gilt diese Ehe ohne Rücksicht darauf, ob für die Heimat des Ausländers deutsches, österreichisches oder russisches Recht gilt, als gültige Ehe, da nach polnischem Recht die Eheschließungsform des Eheschließungsortes genügt. (Bescheid des polnischen Generalkonsulats in Berlin v. 31. 5. 1926 — HDzO. 26/3913/15646/8 a).

[2]) Abs. 4 gilt nicht, soweit das Haager Abkommen v. 12. 6. 1902, s. S. 332 entgegensteht.

[3]) Abs. 4 gilt nur für Scheidungsklagen und Klagen auf Aufhebung der ehelichen Gemeinschaft. Für alle anderen Ehesachen gelten Abs. 1—3.

[4]) Einstweilige Anordnungen aus § 627 BGB. sind wegen der Dringlichkeit stets bei dem Gerichte des Wohnsitzes zu erwirken.

Gesetze des Ortes, wo geklagt wird, sei es auch aus verschiedenen Gründen, zulässig ist.

Das gleiche gilt für die Trennung von Tisch und Bett.

Art. 3. Ungeachtet der Bestimmungen der Artikel 1, 2 ist das Gesetz des Heimatstaats allein maßgebend, wenn das Gesetz des Ortes, wo geklagt wird, dies vorschreibt oder gestattet.

Art. 4. Das in den vorstehenden Artikeln bezeichnete Gesetz des Heimatstaates kann nicht angerufen werden, um einer Tatsache, die sich ereignet hat, während die Ehegatten oder einer von ihnen einem anderen Staate angehörten, die Wirkung eines Scheidungs- oder Trennungsgrundes zu verleihen.

Art. 5. Die Klage auf Scheidung oder auf Trennung von Tisch und Bett kann erhoben werden:

1. vor der nach dem Gesetze des Heimatstaates der Ehegatten zuständigen Gerichtsbarkeit;
2. vor der zuständigen Gerichtsbarkeit des Ortes, wo die Ehegatten ihren Wohnsitz haben. Wenn die Ehegatten nach der Gesetzgebung ihres Heimatstaates nicht denselben Wohnsitz haben, so ist die Gerichtsbarkeit des Wohnsitzes des Beklagten zuständig. Im Falle der böslichen Verlassung oder im Falle einer Verlegung des Wohnsitzes nach dem Eintritte des Scheidungs- oder Trennungsgrundes kann die Klage auch vor der zuständigen Gerichtsbarkeit des letzten gemeinsamen Wohnsitzes erhoben werden. — Die Gerichtsbarkeit des Heimatstaates ist allein berufen, soweit sie für die Scheidungs- oder Trennungsklage ausschließlich zuständig ist. Doch bleibt die fremde Gerichtsbarkeit zuständig für eine Ehe, in Ansehung deren die Scheidungs- oder Trennungsklage vor der zuständigen Gerichtsbarkeit des Heimatstaates nicht erhoben werden kann.

Art. 6. Falls die Ehegatten nicht berechtigt sind, eine Scheidungs- oder Trennungsklage in dem Lande ihres Wohnsitzes zu erheben, kann sich gleichwohl jeder von ihnen an die zuständige Gerichtsbarkeit dieses Landes wenden, um die vorläufigen Maßnahmen zu erwirken, die in dessen Gesetzgebung für die Aufhebung der ehelichen Lebensgemeinschaft vorgesehen sind. Diese Maßnahmen bleiben aufrechterhalten, wenn sie innerhalb eines Jahres durch die Gerichtsbarkeit des Heimatstaates bestätigt werden; sie bleiben nicht länger bestehen, als es das Gesetz des Wohnsitzes gestattet.

Art. 7. Die Scheidung und die Trennung von Tisch und Bett, die durch ein nach Artikel 5 zuständiges Gericht ausgesprochen werden, sind überall anzuerkennen, vorausgesetzt, daß die Bestimmungen dieses Abkommens beobachtet worden sind und daß im Falle eines Versäumnisurteils die Ladung des Beklagten entsprechend den besonderen Vorschriften erfolgt ist, die das Gesetz seines Heimatstaates für die Anerkennung ausländischer Urteile erfordert.

In gleicher Weise sind überall anzuerkennen die Scheidung und die Trennung von Tisch und Bett, die von einer Verwaltungsgerichtsbarkeit ausgesprochen werden, vorausgesetzt, daß das Gesetz eines jeden der Ehegatten eine solche Scheidung oder Trennung anerkennt.

Art. 8. Wenn die Ehegatten nicht dieselbe Staatsangehörigkeit besitzen, so ist ihr letztes gemeinsames Gesetz als das Gesetz ihres Heimatstaates im Sinne der vorstehenden Artikel anzusehen.

Art. 9. Dieses Abkommen findet nur auf solche Scheidungs- und Trennungsklagen Anwendung, welche in einem der Vertragsstaaten erhoben werden, und zwar nur dann, wenn mindestens eine der Parteien einem dieser Staaten angehört.

Kein Staat verpflichtet sich durch dieses Abkommen zur Anwendung eines Gesetzes, welches nicht dasjenige eines Vertragsstaates ist.

Art. 10 bis 13 stimmen wörtlich mit den Artikeln 9 bis 12 des Eheschließungsabkommens[1]) überein.

---

[1]) S. 308 f.

2. Kindschaftsrecht.

Artikel 18 EGBGB.

Die eheliche Abstammung eines Kindes wird nach den deutschen Gesetzen beurteilt, wenn der Ehemann der Mutter zur Zeit der Geburt des Kindes Deutscher ist oder, falls er vor der Geburt des Kindes gestorben ist, zuletzt Deutscher war [1]).

Artikel 19 EGBGB.

Das Rechtsverhältnis zwischen den Eltern und einem ehelichen Kinde wird nach den deutschen Gesetzen beurteilt, wenn der Vater und, falls der Vater gestorben ist, die Mutter die Reichsangehörigkeit besitzt. Das gleiche gilt, wenn die Reichsangehörigkeit des Vaters oder der Mutter erloschen, die Reichsangehörigkeit des Kindes aber bestehen geblieben ist.

Artikel 20 EGBGB.

Das Rechtsverhältnis zwischen einem unehelichen Kinde und dessen Mutter wird nach den deutschen Gesetzen beurteilt, wenn die Mutter eine Deutsche ist. Das gleiche gilt, wenn die Reichsangehörigkeit der Mutter erloschen, die Reichsangehörigkeit des Kindes aber bestehen geblieben ist [2]).

---

[1]) Ist der Vater eines Kindes Ausländer, so kann dieses entsprechend § 1723 BGB. nicht durch deutsche Behörden, sondern nur durch Behörden des Heimatsstaates des Vaters für ehelich erklärt werden.

[2]) Ist die Mutter Deutsche, oder ist nach Satz 2 das Kind deutsch geblieben, so kann nach § 1706 Abs. 2 BGB. der Ehemann der Mutter dem Kind seinen Namen erteilen, auch wenn er Ausländer ist (so der Preußische Minister des Innern im Gegensatz zur formalistischen Ansicht des Kammergerichts im Beschluß vom 3. 7. 1925 — I. A. X. 375. 25 —). Dies ist auch die Ansicht von Bergmann Bd. 1 S. 56.

Artikel 21 EGBGB.

Die Unterhaltspflicht des Vaters gegenüber dem unehelichen Kinde und seine Verpflichtung, der Mutter die Kosten der Schwangerschaft, der Entbindung und des Unterhalts zu ersetzen, wird nach den Gesetzen des Staates beurteilt, dem die Mutter zur Zeit der Geburt des Kindes angehört; es können jedoch nicht weitergehende Ansprüche geltend gemacht werden, als nach den deutschen Gesetzen begründet sind.

Artikel 22 EGBGB.

Die Legitimation eines unehelichen Kindes sowie die Annahme an Kindesstatt bestimmt sich, wenn der Vater zur Zeit der Legitimation oder der Annehmende zur Zeit der Annahme die Reichsangehörigkeit besitzt, nach den deutschen Gesetzen[1]).

Gehört der Vater oder der Annehmende einem fremden Staate an, während das Kind die Reichsangehörigkeit besitzt, so ist die Legitimation oder die Annahme unwirksam, wenn die nach den deutschen Gesetzen erforderliche Einwilligung des Kindes oder eines Dritten, zu dem das Kind in einem familienrechtlichen Verhältnisse steht, nicht erfolgt ist.

3. Vormundschaft und Pflegschaft.

Artikel 23 EGBGB.

Eine Vormundschaft oder eine Pflegschaft kann im Inland auch über einen Ausländer, sofern der Staat, dem er angehört, die Fürsorge nicht übernimmt, ange-

---

[1]) Ist der Vater oder der Adoptierende Ausländer, so gilt dessen Heimatsrecht. Ist nur das Kind Ausländer, so gilt deutsches Recht.

ordnet werden, wenn der Ausländer nach den Gesetzen dieses Staates der Fürsorge bedarf oder im Inland entmündigt ist[1]).

Das deutsche Vormundschaftsgericht kann vorläufige Maßregeln treffen, solange eine Vormundschaft oder Pflegschaft nicht angeordnet ist.

§ 1785. BGB.

Jeder Deutsche[2]) hat die Vormundschaft, für die er von dem Vormundschaftsgericht ausgewählt wird, zu übernehmen .....

V. Sozialversicherung.

1. Die Arbeiter-, Angestellten-[3]) und Knappschaftsversicherung (RVO. vom 15. 12. 1924 RGBl. I S. 779) sieht grundsätzliche Gleichstellung der deutschen Arbeitgeber und Arbeitnehmer mit den ausländischen vor. Desgleichen kennt die Krankenversicherung keinerlei Unterschiede. Hingegen kennt die Unfallversicherung gewisse Unterschiede.

2. Unfallversicherung. (RVO. vom 15. 12. 1924 RGBl. I S. 779.)

---

[1]) Hierzu: § 37 Abs. 2 Gesetzes über die Angelegenheiten der freiwilligen Gerichtsbarkeit:

Für die Pflegschaft über einen Ausländer, für den bei einem inländischen Gericht eine Vormundschaft nicht anhängig ist, und der im Inlande weder Wohnsitz noch Aufenthalt hat, ist das Gericht zuständig, in dessen Bezirke das Bedürfnis der Fürsorge hervortritt.

[2]) Ausländer können ablehnen.

[3]) Sonderstellung des angestellten Ausländers in § 74 AVG. v. 28. 5. 1924 (RGBl. I. S. 563).

Die Angestelltenrente ruht

1. solange sich der berechtigte Ausländer freiwillig gewöhnlich im Ausland aufhält,

a) Beiträge von Betrieben im Ausland.

§ 740[1]). 1. Der Genossenschaftsvorstand kann Unternehmer von Betrieben, deren Sitz sich im Ausland befindet, mit Beiträgen bis zur doppelten Höhe und zur Sicherheitsleistung heranziehen, wenn sie vorübergehend im Inland einen versicherungspflichtigen Betrieb ausüben.

2. Dies ist entsprechend auf Zweiganstalten und Versicherungsgenossenschaften für das Halten von Reittieren oder Fahrzeugen anzuwenden.

b) Kapitalabfindung von Rentnern.

§ 617 (in der neuen Fassung des zweiten Gesetzes über Änderungen in der Unfallversicherung vom 14. Juli 1925 RGBl. I. S. 102). Die Genossenschaft kann einen Berechtigten, der seinen gewöhnlichen Aufenthalt im Inland aufgibt oder sich gewöhnlich im Ausland aufhält, mit einem dem Werte der ihm zustehenden Leistungen entsprechenden Kapital abfinden.

Die Reichsregierung kann dies mit Zustimmung des Reichsrats für ausländische Grenzgebiete ausschließen.

§ 618. Für die Abfindung mit einem entsprechenden Kapitale (§§ 616, 617) regelt die Reichsregierung die Berechnung des Kapitalwertes.

c) Ruhen der Rente.

§ 615. Die Rente ruht [2])

2. solange der berechtigte Ausländer wegen Verurteilung in einem Strafverfahren aus dem Reichsgebiet ausgewiesen ist. Das gleiche gilt für einen berechtigten Ausländer, der aus Anlaß der Verurteilung in einem Strafverfahren aus dem Gebiete eines deutschen Landes ausgewiesen ist, solange er sich nicht in einem anderen deutschen Lande aufhält.

[1]) Vgl. hierzu § 894 RVO.

[2]) Das bedeutet, daß die Rente nicht gezahlt, späterhin auch nicht nachgezahlt wird.

3. solange sich der berechtigte Ausländer freiwillig gewöhnlich im Ausland aufhält,
4. solange der berechtigte Ausländer wegen Verurteilung in einem Strafverfahren aus dem Reichsgebiet ausgewiesen ist. Das gleiche gilt für einen berechtigten Ausländer, der aus Anlaß der Verurteilung in einem Strafverfahren aus dem Gebiet eines Landes ausgewiesen ist, solange er sich nicht in einem anderen Land aufhält.

3. Invalidenversicherung.

Im Inlande geleistete Arbeit untersteht der Invalidensicherung ganz gleich, ob der Arbeitnehmer oder Arbeitgeber In- oder Ausländer ist.

a) **Versicherungsfreiheit bei vorübergehendem Inlandaufenthalt.**

§ 1233 RVO. v. 15. 12. 1924 (RGBl. I, S. 779).

1. Die Reichsregierung kann[1]) bestimmen, daß Ausländer versicherungsfrei sind, denen die Behörde den Aufenthalt im Inland nur für eine bestimmte Dauer gestattet hat.

2. Die Arbeitgeber zahlen dann nach Anordnung des Reichsversicherungsamtes so viel an die Versicherungs-

---

[1]) Die Reichsregierung hat durch Verfügung vom 7. 3. 1901 (Zentralblatt 1901, 78 und Amtliche Nachrichten Abt. f. Invaliden- und Altersvers. 1902, 380, in Zusammenhang mit Artikel 104 Einführungsges. zur RVO. v. 19. Juli 1911) bestimmt, „daß polnische Arbeiter russischer oder österreichischer Staatsangehörigkeit, welchen der Aufenthalt im Inlande nur für eine bestimmte Dauer behördlich gestattet ist, und welche nach Ablauf dieser Zeit in das Ausland zurückkehren müssen, der Versicherungspflicht nach dem Invalidenversicherungsges. nicht unterliegen sollen, sofern die Arbeiter in inländischen land- oder forstwirtschaftlichen Betrieben oder in deren Nebenbetrieben beschäftigt werden".

anstalt, wie sie sonst aus eigenen Mitteln zahlen müßten [1]).

b) Ruhen der Rente bei Ausländern.

§ 1314. Die Rente ruht

1. solange sich der berechtigte Ausländer freiwillig gewöhnlich im Ausland aufhält,
2. solange der berechtigte Ausländer wegen der Verurteilung in einem Strafverfahren aus dem Reichsgebiet ausgewiesen ist. Das gleiche gilt für einen berechtigten Ausländer, der aus Anlaß der Verurteilung in einem Strafverfahren aus dem Gebiet eines deutschen Landes ausgewiesen ist, solange er sich nicht in einem anderen deutschen Land aufhält.

c) Abfindung bei Ausländern.

§ 1317. Die Versicherungsanstalt kann einen berechtigten Ausländer, der sich gewöhnlich im Ausland aufhält, mit dem Kapitalwerte seiner Bezüge abfinden. Der Reichsarbeitsminister bestimmt das Nähere [2]).

---

[1]) Bei Nichterfüllung dieser Pflicht sieht der § 1488 Ordnungsstrafen in Geld vor.

[2]) Bei der Abfindung ist die Zustimmung des Ausländers nicht erforderlich. Am 6. 3. 1924 ist folgende Ausführungsverordnung ergangen (Reichsminist. Bl. Nr. 15 v. 14. 3. 1924):

§ 1. Der Berechnung der Abfindungssumme wird das Lebensjahr zugrunde gelegt, das der Berechtigte in dem auf den Tag der Abfindung folgenden Jahre vollendet. Der Anspruch auf die Bezüge, an deren Stelle die Abfindung tritt, erlischt mit dem ersten Tage des Monats, der auf die Auszahlung der Abfindungssumme folgt.

§ 2. Als Abfindungssumme für Invaliden und Witwenrenten wird unter Berücksichtigung des Lebensalters das aus der nachstehenden Aufstellung ersichtliche Vielfache der Jahresrente ohne Reichszuschuß gezahlt, und zwar für das Alter von

4. Wählbarkeit zu den Organen der Versicherungsträger.

RVO. § 12, Abs. 1.

Wählbar zu den Organen der Versicherungsträger sind nur volljährige Deutsche.

VI. Fürsorgerechtliche Bestimmungen.

1. Fürsorgepflicht[1]) für Ausländer.

(Verordnung über die Fürsorgepflicht v. 13. 2. 1924, RGBl. I S. 100 § 13.)

Ein Ausländer[2]) muß vorläufig von dem Bezirksfürsorgeverband unterstützt[3]) werden, in dessen Bezirk er sich bei Eintritt der Hilfsbedürftigkeit befindet. Das Land, dem der Bezirksfürsorgeverband angehört, hat ihm die Kosten zu ersetzen, es sei denn, daß ein Landesgesetz etwas anderes bestimmt.

20	bis	unter	25	Jahren	das	$2^1/_2$ fache
25	„	„	30	„	„	3 „
30	„	„	35	„	„	$3^3/_4$ „
35	„	„	40	„	„	$4^1/_2$ „
40	„	„	45	„	„	$5^1/_2$ „
45	„	„	70	„	„	6 „

Berechtigte mit einem Lebensalter von 70 und mehr Jahren dürfen nicht abgefunden werden.

[1]) Seit dem Inkrafttreten der Verordnung über die Fürsorgepflicht fällt die entsprechende frühere Regelung der Ausländer-Armenfürsorge durch das RWG. v. 30. 5. 1908 (RGBl. 1908 S. 373) weg. Die Fürsorgepflichtverordnung regelt nunmehr die Fürsorge für alle Fürsorgebedürftigen, Inländer und Ausländer gleichermaßen.

[2]) Ausländer sind alle Personen, die nicht die deutsche Reichsangehörigkeit besitzen. Staatenlose gelten als Ausländer.

[3]) Ausländer erhalten nur die allgemeine Fürsorge, (Abschnitt A der RGrdſ.) d. h. unentbehrlichen Lebensunterhalt, insbesondere Obdach, Nahrung, Kleidung, Pflege sowie Krankenhilfe; nötigenfalls angemessenes Begräbnis. Weitergehende

2. Erwerbslosenfürsorge für Ausländer.

(Verordnung über die Erwerbslosenfürsorge vom 16. 1. 1924, RGBl. I S. 127 § 6.)

1. Ausländern[1]) wird die Erwerbslosenfürsorge gewährt, wenn ihr Heimatstaat deutschen Erwerbs-

---

Fürsorge kann nur gewährt werden, soweit es die Reichsregierung mit Zustimmung des Reichsrates oder ein Staatsvertrag bestimmt (§ 34 der RGrds.). Solche Staatsverträge bestehen mit Belgien (RGBl. 1920 S. 1397), mit Dänemark (RZBl. 1898 S. 149), mit England über die Heimschaffung Geisteskranker, mit Italien RGBl. 1920 S. 1577 (erweitert 1923), mit den Niederlanden 1906 (RGBl. 1879), mit der Schweiz 1911 (RGBl. 887), mit der Türkei 1918 (RGBl. S. 300), mit Österreich 1875 (RZBl. S. 475) und Vertrag zwischen dem Deutschen Reiche und der Republik Österreich v. 17. 8. 1921 (vgl. Gesetz v. 8. 3. 1922 RGBl. S. 233) wegen der sozialen Fürsorge für österr. Kriegsbeschädigte und Kriegshinterbliebene. Mit einer ganzen Reihe anderer Staaten schweben Verhandlungen, die aber bis jetzt zu einem Abschluß nicht geführt haben. Bei dauernder Hilfsbedürftigkeit (dauernder Arbeitsunfähigkeit, Geisteskrankheit usw.) kann vom FV. bei der zuständigen Polizeibehörde Antrag auf Ausweisung des Ausländers gestellt werden. Vorübergehende Bedürftigkeit (z. B. in Perioden großer Arbeitslosigkeit) dürfte kein Grund zur Ausweisung sein (vgl. Gögler, Handwörterbuch der Fürsorgepflicht 1925; Wölz, Ruppert, Richter, Die Fürsorgepflicht 1925 und P. A. Baath, Fürsorgepflicht 1926). Für Preußen ist die Ausweisungsmöglichkeit Hilfsbedürftiger dahingehend geregelt, daß die Ausweisung erst erfolgen kann, wenn der Heimatsstaat die Übernahme zugestanden hat (Vf. d. MdJ. v. 12. 2. 1925 MBliV. 1925 S. 207). Eine im Deutschen Reiche aufenthaltsame Person unbekannter Herkunft hat so lange als Deutsche zu gelten, bis die Ausländereigenschaft genügend festgestellt ist oder überwiegende Gründe dafür sprechen (Bayr. VGH. v. 16. 10. 1916, Reger 37, 38 zitiert nach Baath S. 119).

[1]) D. s. alle, die nicht die deutsche Reichsangehörigkeit besitzen.

losen nachweislich eine gleichwertige Fürsorge[1]) gewährt.

---

[1]) Art 3 der Ausführungsvorschriften zur Verordnung über Erwerbslosenfürsorge v. 2. 5. 1925 (RGBl. 63) behält dem Reichsarbeitsminister vor „zu bestimmen, in welchen Ländern die Gegenseitigkeit als verbürgt anzusehen ist". Die zur Erteilung der Erwerbslosenfürsorge berufenen Stellen sind deshalb unbedingt an die in dieser Hinsicht erlassenen Bestimmungen gebunden; Ausnahmen sieht die Verordnung nicht vor.

Folgende Staatsbürger sind in bezug auf die Erwerbslosenfürsorge den deutschen gleichgestellt: Danzig (RABl. 1921, S. 442) Italien (RABl. 1920 S. 242), Luxemburg (RABl. 1921 S. 370), Österreich (RABl. 1920 S. 51), Schweden (RABl. 1923 S. 250), Schweiz (RABl. 1923 S. 250), Tschechoslowakei (RABl. 1920 S. 51); Dänen nur, wenn sie seit dem 1. Juli 1819 in Deutschland wohnen (RABl. 1922 S. 426).

Für andere Ausländer kommt die Gleichstellung und damit die Gewährung der Erwerbslosenfürsorge nicht in Frage. Dies gilt insbesondere für Polen (RABl. 1920 S. 442), Bürger der Vereinigten Staaten von Amerika (RABl. 1920 S. 1030), Lettländer (RABl. 1922 S. 175), Jugoslaven (RABl. 1923 S. 582) und Norweger (RABl. 1924 S. 159).

Für die Oberschlesier, die in dem an Polen abgetretenen Gebiet verblieben sind, für Deutschland nicht optiert haben und demgemäß polnische Staatsangehörige geworden sind, gelten 15 Jahre lang die gleichen Bestimmungen, wie für deutsche Staatsangehörige (Art. 1 § 1 des deutsch-polnischen Abkommens vom 15. Mai 1922 (RGBl. 238)). Insbesondere gilt dies für jene Bestimmungen, die sich auf das Arbeitsrecht und demgemäß auf die Erwerbslosenfürsorge beziehen. Wer im Besitz einer Verkehrskarte zum Grenzübertritt ist (Artikel 260), ist als Oberschlesier polnischer Staatsangehörigkeit genügend legitimiert. „Die Gleichbehandlung mit den Reichsangehörigen bleibt auf Oberschlesien beschränkt, so daß in den übrigen Teilen Deutschlands ein Oberschlesier, der für Polen optiert hat, wie ein anderer polnischer Staatsangehöriger zu behandeln ist" (RABl. 1925 I, S. 165). Krankenversicherungspflichtige Ausländer sind selbst dann zur Beitragsleistung zur Erwf. verpflichtet, wenn ihnen nach § 6 die

Unterstützung deshalb versagt wird, weil ihr Heimatsstaat deutschen Erwerbslosen keine gleichwertige Fürsorge gewährt (Versicherungsamt München vom 3. 11. 1925. Nr. 25534 XI K.). Wichtig ist in diesem Zusammenhang eine Entschließung des Reichsarbeitsministers vom 11. 4. 1925 Nr. IV 2957: „Das Auswärtige Amt hält es nicht für angezeigt, daß den Angehörigen fremder Staaten, in denen die Gegenseitigkeit im Sinne des § 6 der REV. nicht sichergestellt ist, Erwerbslosenunterstützung gewährt wird, ehe eine Entscheidung gegenüber Polen getroffen ist. Es hält keine vertretbaren Gründe für gegeben, die ein besonderes Verhalten gegenüber Polen rechtfertigen könnten. Ich stimme dieser Auffassung zu. Nach einem Bericht der deutschen Gesandtschaft in Warschau an das Auswärtige Amt vom 9. 1. dieses Jahres haben bisher keine Fälle ermittelt werden können, in denen deutsche Reichsangehörige die polnische Arbeitslosenunterstützung erhalten hätten. Es bedarf deshalb noch weiterer Verhandlungen, um die Gegenseitigkeit zu verbürgen. Bis zu deren Abschluß ist somit auch die Möglichkeit ausgeschlossen, Arbeitnehmern deutscher Nationalität, die infolge des Friedensvertrags französische Staatsangehörige geworden sind, die deutsche Erwf. zu gewähren. Die Tatsache, daß sie vor ihrer Arbeitslosigkeit beitragspflichtig zur Erwf. gewesen sind, kann nicht zu einer andersartigen Beurteilung der Sachlage führen. Die Verbindung zwischen Beitragspflicht und Unterstützungsanspruch ist bekanntlich in der Erwf. noch nicht hergestellt. Auch deutsche Arbeitnehmer können unter dem geltenden Fürsorgerecht in die gleiche Lage kommen, daß sie zwar regelmäßig Beiträge geleistet haben, aber dennoch nicht unterstützungsberechtigt sind. Dagegen wird in dem Entwurf einer Arbeitslosenversicherung, die den Unterstützungsanspruch auf die beitragspflichtige Beschäftigung gründet, dieser auch folgerichtig dem ausländischen Arbeitnehmer in gleicher Weise wie dem deutschen Arbeitnehmer eingeräumt" (veröffentlicht in „Der öffentliche Arbeitsnachweis" J. 2 Nr. 5). Die größte Härte bringt der augenblickliche Stand der Gesetzgebung den Staatenlosen. Während für alle anderen Ausländer die Möglichkeit wenigstens besteht, daß sie auf Grund von Gegenseitigkeitsverträgen in den Genuß der Erwerbslosenunterstützung kommen, ist dies bei Staatenlosen ausgeschlossen, obwohl sie während ihrer Beschäftigungsdauer beitragspflichtig sind.

2. Der Reichsarbeitsminister kann mit Zustimmung des Reichsrats anordnen[1]), daß Ausländern die Fürsorge auch ohne diese Voraussetzung gewährt wird.
3. Die Reichsregierung kann anordnen, daß gegen Angehörige eines ausländischen Staates ein Vergeltungsrecht angewendet wird[1]).
4. Der Reichsarbeitsminister kann bestimmen, daß die Zugehörigkeit zu einer Versicherung gegen Arbeitslosigkeit, die im Ausland auf Grund einer ausländischen Gesetzgebung eingeführt ist, einer Beschäftigung im Sinne des § 4 Abs. 1 gleichzustellen ist[2]).

VII. Einbürgerung von Ausländern.

1. Reichs- und Staatsangehörigkeitsgesetz vom 22. Juli 1913.

(RGBl. S. 583. An die Stelle des G. über die Erwerbung und den Verlust der Bundes- und Staatsangehörigkeit vom 1. 6. 1870 BGBl. S. 87 getreten, abgeändert durch G. v. 5. 11. 1923 RGBl. I. S. 1077.)

§ 3. Die Staatsangehörigkeit in einem Bundesstaate wird erworben:

5. für einen Ausländer durch Einbürgerung (§§ 8 bis 16).

---

1) Derartige Anordnungen sind bisher nicht ergangen.

2) Kommt bisher nur in Frage für deutsche Reichsangehörige, die in Österreich einer Beschäftigung nachgingen, die sie in Deutschland zur Beitragszahlung zur Erwerbslosenfürsorge verpflichten würde. Vgl. deutsch-österreichisches Abkommen v. 18. 2. 1924 (RGBl. II S. 89). (S. im übrigen Lehfeldt, Erwerbslosenfürsorge Berlin 1925.)

§ 8. Ein Ausländer, der sich im Inlande niederlassen hat, kann von dem Bundesstaat, in dessen Gebiet die Niederlassung erfolgt ist, auf seinen Antrag eingebürgert werden, wenn er

1. nach den Gesetzen seiner bisherigen Heimat unbeschränkt geschäftsfähig ist oder nach den deutschen Gesetzen unbeschränkt geschäftsfähig sein würde oder der Antrag in entsprechender Anwendung des § 7 Abs. 2 Satz 2 von seinem gesetzlichen Vertreter oder mit dessen Zustimmung gestellt wird,
2. einen unbescholtenen Lebenswandel geführt hat,
3. an dem Orte seiner Niederlassung eine eigene Wohnung oder ein Unterkommen gefunden hat und
4. an diesem Orte sich und seine Angehörigen zu ernähren imstande ist.

Vor der Einbürgerung ist über die Erfordernisse unter Nr. 2 bis 4 die Gemeinde des Niederlassungsorts und, sofern diese keinen selbständigen Armenverband bildet, auch der Armenverband zu hören.

§ 9. Die Einbürgerung in einen Bundesstaat darf erst erfolgen, nachdem durch den Reichsminister des Innern festgestellt worden ist, daß keiner der übrigen Bundesstaaten Bedenken dagegen erhoben hat; erhebt ein Bundesstaat Bedenken, so entscheidet der Reichsrat. Die Bedenken können nur auf Tatsachen gestützt werden, welche die Besorgnis rechtfertigen, daß die Einbürgerung des Antragstellers das Wohl des Reichs oder eines Bundesstaats gefährden würde.

Die Vorschriften des Abs. 1 finden keine Anwendung

1. auf ehemalige Angehörige des Bundesstaates, bei dem der Antrag gestellt wird, auf deren Kinder oder

Enkel sowie auf Personen, die von einem Angehörigen des Staates an Kindes statt angenommen sind, es sei denn, daß der Antragsteller einem ausländischen Staate angehört,

2. auf Ausländer, die im Deutschen Reiche geboren sind, wenn sie sich in dem Bundesstaate, bei dem der Antrag gestellt wird, bis zur Vollendung des 21. Lebensjahrs dauernd aufgehalten haben und die Einbürgerung innerhalb zweier Jahre nach diesem Zeitpunkt beantragen.

§ 10. Die Witwe oder geschiedene Ehefrau eines Ausländers, die zur Zeit ihrer Eheschließung eine Deutsche war, muß auf ihren Antrag von dem Bundesstaat, in dessen Gebiete sie sich niedergelassen hat, eingebürgert werden, wenn sie den Erfordernissen des § 8 Abs. 1 Nr. 1, 2 entspricht. Über das Erfordernis unter Nr. 2 ist vor der Einbürgerung die Gemeinde des Niederlassungsorts zu hören.

§ 11. Ein ehemaliger Deutscher, der als Minderjähriger die Reichsangehörigkeit durch Entlassung verloren hat, muß auf seinen Antrag von dem Bundesstaat, in dessen Gebiet er sich niedergelassen hat, eingebürgert werden, wenn er den Erfordernissen des § 8 Abs. 1 entspricht und den Antrag innerhalb zweier Jahre nach der Volljährigkeit stellt. Die Vorschrift des § 8 Abs. 2 findet Anwendung.

§ 12. Ein Ausländer, der mindestens ein Jahr wie ein Deutscher im Heere oder in der Marine aktiv gedient hat, muß auf seinen Antrag von dem Bundesstaat, in dessen Gebiet er sich niedergelassen hat, eingebürgert werden, wenn er den Erfordernissen des § 8 Abs. 1 entspricht und die Einbürgerung nicht das Wohl des Reiches oder eines Bundesstaates gefährden würde. Die Vorschriften des § 8 Abs. 2 und des § 9 Abs. 1 finden Anwendung.

§ 13. Ein ehemaliger Deutscher, der sich nicht im Inlande niedergelassen hat, kann von dem Bundesstaate, dem er früher angehört hat, auf seinen Antrag eingebürgert werden, wenn er den Erfordernissen des § 8 Abs. 1 Nr. 1, 2 entspricht; dem ehemaligen Deutschen steht gleich, wer von einem solchen abstammt oder an Kindes statt angenommen ist. Vor der Einbürgerung ist dem Reichsminister des Innern Mitteilung zu machen; die Einbürgerung unterbleibt, wenn der Reichsminister des Innern Bedenken erhebt.

§ 14. Die von der Regierung oder der Zentral- oder höheren Verwaltungsbehörde eines Bundesstaates vollzogene oder bestätigte Anstellung im unmittelbaren oder mittelbaren Staatsdienst, im Dienste einer Gemeinde oder eines Gemeindeverbandes, im öffentlichen Schuldienst oder im Dienste einer von dem Bundesstaat anerkannten Religionsgesellschaft gilt für einen Deutschen als Aufnahme, für einen Ausländer als Einbürgerung, sofern nicht in der Anstellungs- oder Bestätigungsurkunde ein Vorbehalt gemacht wird.

§ 15. Die im Reichsdienst erfolgte Anstellung eines Ausländers, der seinen dienstlichen Wohnsitz in einem Bundesstaat hat, gilt als Einbürgerung in diesen Bundesstaat, sofern nicht in der Anstellungsurkunde ein Vorbehalt gemacht wird.

Hat der Angestellte seinen dienstlichen Wohnsitz im Ausland, und bezieht er ein Diensteinkommen aus der

Reichskasse, so muß er von dem Bundesstaate, bei dem er den Antrag stellt, eingebürgert werden; bezieht er kein Diensteinkommen aus der Reichskasse, so kann er mit Zustimmung des Reichsministers des Innern eingebürgert werden.

§ 16. Die Aufnahme oder Einbürgerung wird wirksam mit der Aushändigung der von der höheren Verwaltungsbehörde hierüber ausgefertigten Urkunde oder der Urkunde über die unter den Voraussetzungen des § 14 oder des § 15 Abs. 1 erfolgte Anstellung.

Die Aufnahme oder Einbürgerung erstreckt sich, insofern nicht in der Urkunde ein Vorbehalt gemacht wird, zugleich auf die Ehefrau und auf diejenigen Kinder, deren gesetzliche Vertretung dem Aufgenommenen oder Eingebürgerten kraft elterlicher Gewalt zusteht. Ausgenommen sind Töchter, die verheiratet sind oder verheiratet gewesen sind.

2. Pr. Verwaltungsgebührenordnung für Staatsangehörigkeitssachen vom 23. 1. 1924 (MBliV. S. 105) in der Fassung der Verordnung vom 3. 7. 1924 (MBliV. S. 719) und RdErl. d. MdJ vom 8. 1. 1925. (MBliV. S. 63).

Auf Grund des § 4 Abs. 1 des Gesetzes über staatliche Verwaltungsgebühren v. 29. 9. 1923 (GS. S. 455) wird im Einverständnis mit dem Finanzminister folgendes verordnet:

Vom 10. 7. 1924 ab sind in Staatsangehörigkeitssachen folgende Verwaltungsgebühren zu erheben:

1. für Einbürgerungsurkunden (abgesehen von solchen in den im Abs. 3 der Ziff. 1 erwähnten Fällen) 500 Reichsmark. Dieser Betrag kann im Falle nachge-

wiesener oder offenkundiger Bedürftigkeit auf Antrag durch die einbürgernde Behörde bis auf 10 Reichsmark ermäßigt werden. Eine weitere Ermäßigung oder eine solche aus Billigkeitsgründen darf nur mit Zustimmung des Ministers des Innern erfolgen; ebenso ein gänzlicher Erlaß der Gebühr.

Für Einbürgerungsurkunden in den Fällen der §§ 10, 11, 12, des § 15 Abs. 2 erster Halbs. und des § 31 des Reichs- und Staatsangehörigkeitsges. beträgt die Gebühr entsprechend der Vd. v. 27. 6. 1924 (RGBl. I S. 659) . . . . 20 Reichsmark.

Bei nachgewiesener oder offenkundiger Bedürftigkeit oder aus Billigkeitsgründen kann die ausfertigende Behörde die Gebühr auf Antrag bis auf 5 RM. ermäßigen oder ganz erlassen.

2. für Aufnahmeurkunden (§ 7 des Reichs- und Staatsangehörigkeitsgesetzes) entsprechend der Vd. v. 27. 6. 1924 (RGBl. I S. 659) . . . . . 10 Reichsmark.

Bei nachgewiesener oder offenkundiger Bedürftigkeit oder aus Billigkeitsgründen ist auf Antrag Ermäßigung bis auf 3 RM. oder gänzlicher Erlaß durch die ausfertigende Behörde zulässig.

3. für Entlassungsurkunden entsprechend der Vd. v. 27. 6. 1924 (RGBl. I S. 659):

a) im Falle des § 21 des Reichs- und Staatsangehörigkeitsgesetzes . . . . 10 Reichsmark.
Ermäßigung oder Erlaß wie bei Ziff. 2.

b) in den übrigen Fällen der Entlassung
50 Reichsmark.

Ermäßigung oder Erlaß ist nur mit Zustimmung des Ministers des Innern zulässig. Dagegen sind die auf

Grund des RdErl. v. 8. 1. 1925 — Sta. 1415 II (nicht veröffentl.) erteilten Entlassungsurkunden gebührenfrei.

4. für Heimatscheine . . . . . 10 Reichsmark.
Bei nachgewiesener oder offenkundiger Bedürftigkeit oder aus Billigkeitsgründen ist auf Antrag Ermäßigung bis auf 3 Reichsmark oder gänzlicher Erlaß durch die ausfertigende Behörde zulässig.

5. für Staatsangehörigkeitsausweise 5 Reichsmark. Bei nachgewiesener oder offenkundiger Bedürftigkeit oder aus Billigkeitsgründen ist auf Antrag Ermäßigung bis auf 0,50 Reichsmark oder gänzlicher Erlaß durch die ausfertigende Behörde zulässig.

6. für Genehmigungen zur Beibehaltung der Staatsangehörigkeit (§ 25 Abs. 2 des Reichs- und Staatsangehörigkeitsgesetzes vom 22. 7. 1913, RGBl. S. 583) . . . . 100 Reichsmark;
Ermäßigung oder Erlaß wie bei Ziff. 2.

7. für Genehmigungen zum Eintritt in ausländische Staatsdienste (§ 28 Abs. 1 des Reichs- und Staatsangehörigkeitsgesetzes) . . . 100 Reichsmark.
Ermäßigung oder Erlaß wie bei Ziff. 2.

8. für Bescheinigungen über eingetretenen Verlust oder Nichtbesitz der Staatsangehörigkeit . . . . 100 Reichsmark;
Ermäßigung oder Erlaß wie bei Ziff. 2.

9. für sonstige gebührenpflichtige Amtshandlungen in Staatsangehörigkeitssachen gelten die im allgemeinen Gebührentarif vom 29. 12. 1923 (PrBesBl. S. 248) vorgesehenen Sätze.

10. Gebührenfrei sind:

a) Einbürgerungsurkunden für frühere Deutsche, die infolge des Vertrages von Versailles die Reichsangehörigkeit verloren und inzwischen keine andere als die ihnen durch jenen Vertrag aufgezwungene fremde Staatsangehörigkeit erworben haben (vgl. Erl. v. 13. 3. 1922, MBliV. S. 491; v. 21. 5. 1922, MBliV. S. 511; v. 14. 6. 1923, MBliV. S. 686), sowie Einbürgerungsurkunden für frühere Deutsche, die auf Grund des RdErl. v. 8. 1. 1925 — Sta. II (nicht veröffentl.) eingebürgert werden.

b) Einbürgerungsurkunden für staatlose Kriegsteilnehmer und ihre Angehörigen oder Hinterbliebenen, die zwecks Erlangung einer Rente oder sonstiger Versorgungsgebührnisse ihre Einbürgerung beantragt haben (vgl. Erl. v. 16. 8. 1921, MBliV. S. 281; v. 21. 5. 1922, MBliV. S. 511),

c) Bescheide und Urkunden, die auf Grund des Vertrages von Versailles oder der zu seiner Ausführung ergangenenen oder noch ergehenden Bestimmungen im Optionsverfahren erteilt werden,

d) der in den Erl. v. 21. 4. 1920 — IV c 1359 (nicht veröffentl.), v. 17. 6. 1921 — IV c 2120 (nicht veröffentl.), v. 28. 1. 1922 (MBliV. S. 143) u. v. 30. 3. 1922 (MBliV. S. 367) vorgesehene Behördenschriftwechsel,

e) Zwischenbescheide in den unter Ziff. 1 bis 8 erwähnten Angelegenheiten.

11. Für die Ablehnung eines Einbürgerungsantrages in den gebührenpflichtigen Fällen durch die Regierungspräsidenten oder den Polizeipräsidenten von Ber-

lin ist die Hälfte derjenigen Gebühr zu entrichten, die im Falle der Genehmigung des Antrages für die Einbürgerungsurkunde erhoben werden würde. Für den im Beschwerdewege ergehenden ablehnenden Bescheid des Ministers des Innern wird mindestens die gleiche Gebühr wie für den ablehnenden Bescheid des Regierungspräsidenten usw., höchstens aber die Hälfte der Höchstgebühr für Einbürgerungsurkunden erhoben. Bei Aufhebung des ablehnenden Bescheides des Regierungspräsidenten usw. durch den Minister des Innern ist nur die Gebühr für die Einbürgerungsurkunde fällig. Auf diese Gebühr ist der für den ablehnenden Bescheid des Regierungspräsidenten usw. erhobene Gebührenbetrag anzurechnen.

12. Wird in gebührenpflichtigen Fällen ein Einbürgerungsantrag oder die Beschwerde über dessen Ablehnung zurückgenommen, so ist je nach der schon erfolgten sachlichen Bearbeitung der Angelegenheit ein Zehntel bis zum Viertel der im Falle der Genehmigung des Antrages für die Einbürgerungsurkunde fälligen Gebühr zu entrichten.

13. Für die Ablehnung von Anträgen oder Beschwerden in den oben unter Ziff. 10a bis e angeführten Fällen gelten die im allgemeinen Gebührentarif vom 29. 12. 1923 (PrBesBl. S. 248) vorgesehenen Sätze. Bei der Zurücknahme derartiger Anträge und Beschwerden wird eine Gebühr nicht erhoben.

14. Im Falle der Ablehnung oder Zurücknahme von Anträgen auf Erteilung oder von Beschwerden wegen Versagung einer der unter Ziff. 2 bis 8 erwähnten Urkunden gilt das unter Ziff. 11 und 12 Gesagte entsprechend.

15. Für die Ablehnung oder die Zurücknahme von Anträgen, Anfragen und Beschwerden in den unter Ziff. 9 angeführten Staatsangehörigkeitssachen gelten die Vorschriften der allgemeinen Verwaltungsgebührenordnung vom 29. 12. 1923 (PrGesBl. S. 247).

16. Neben den oben festgesetzten Gebühren ist ein Stempel nicht zu erheben; auch nicht nach den Tarifstellen 10, 43 und 77 des Stempelsteuergesetzes. Stempelfrei sind ferner die gebührenfrei zu erteilenden Bescheide und Urkunden.

3. Ausführungsanweisung zur Verwaltungsgebührenordnung für Staatsangehörigkeitssachen v. 23. Januar 1924 in abgeänderter Fassung (MBliV. S. 749).

1. Zu Ziff. 1: Die Höhe der Gebühr für Einbürgerungsurkunden ist mit Rücksicht auf die längere Dauer des Einbürgerungsverfahrens wie bisher erst bei Ausfertigung der Einbürgerungsurkunde festzusetzen, und zwar nachdem auf Grund der gesamten wirtschaftlichen und sonstigen Verhältnisse des Einzubürgernden sorgfältig geprüft worden ist, welchen Betrag er wirklich zahlen kann. Würde es dem Antragsteller besonders schwer fallen, den Höchstbetrag der Gebühr, den er an sich wohl zahlen könnte, auf einmal zu entrichten, so können Ratenzahlungen bewilligt werden. Solche können auch bei Festsetzung einer ermäßigten Gebühr gewährt werden. Die Einbürgerungsurkunden dürfen jedoch erst ausgehändigt werden, nachdem der festgesetzte Gebührenbetrag ganz entrichtet ist. Weigert sich der Gesuchsteller diesen Betrag zu zahlen, so ist der Einbürgerungsantrag abzulehnen, da der Antragsteller dann nicht als ein erwünschter Bevölkerungszuwachs angesehen werden kann. Auch in den im Abs. 3 der Ziff. 1 erwähnten Fällen darf die Aushändigung der Einbürgerungsurkunde erst nach Entrichtung der festgesetzten Gebühr erfolgen.

2. Zu Ziff. 2 bis 8: Von der vorgesehenen Befugnis, die Gebühr gänzlich zu erlassen, darf die ausfertigende Behörde nur in besonderen Ausnahmefällen Gebrauch machen.

3. Zu Ziff. 10e: Die Erteilung von Einbürgerungszusicherungen in Fällen, in denen die Einbürgerung erst nach Entlassung des Antragstellers aus seiner bisherigen Staatsangehörigkeit erfolgen darf, stellt sich als eine der erstrebten Amtshandlung (der Einbürgerung) vorhergehende amtliche Tätigkeit dar, für die nach § 1 der allgemeinen Verwaltungsgebührenordnung vom 29. 12. 1923 und Ziff. 1 der Ausführungsanweisung vom gleichen Tage (PrBesBl. S. 247 u. 249) eine Gebühr nicht erhoben werden darf.

4. Zu Ziff. 11: Die Regierungspräsidenten und der Polizeipräsident von Berlin haben künftig die abschlägigen Bescheide auf Einbürgerungsanträge unmittelbar an die Gesuchsteller zu richten und nicht, wie es mitunter geschieht, die Unterbehörden mit der Bescheidung zu beauftragen.

In einem Falle z. B., in dem bei Genehmigung des Antrages die Gebühr für die Einbürgerungsurkunde 300 Reichsmark betragen haben würde, wären für den ablehnenden Bescheid des Regierungspräsidenten usw. 150 Reichsmark zu zahlen, während für den ablehnenden Bescheid des Ministers mindestens 150, höchstens 250 Reichsmark erhoben werden würden.

5. Zu Ziff. 12: In dem bei Ziff. 4 angeführten Falle würde die Gebühr 30—75 Reichsmark betragen. Bei der Zurücknahme eines lediglich registrierten Antrages usw. ist eine Gebühr nicht zu erheben.

6. Zu Ziff. 16: Die einkommenden Gebühren und etwaige überschießende Beträge (vgl. Erl. v. 14. 6. 1923, MBliV. S. 686) sind vom 1. 4. 1924 ab bei Kap. 31 Tit. 1 b des Haushalts von der Verwaltung des Innern zu verrechnen.

7. Im übrigen gelten für die Gebührenerhebung in Staatsangehörigkeitssachen — soweit nicht in der Verwaltungsgebührenordnung für diese vom 23. 1. 1924 Abweichendes bestimmt worden ist — die Vorschriften der allgemeinen Verwaltungsgebührenordnung und deren Ausführungsanweisung vom 29. 12. 1923 (PrBesBl. S. 247).

8. Eine Nachprüfung der Gebührenerhebung an Ort und Stelle bleibt auch weiterhin vorbehalten.

VIII. Polnische Staatsangehörige in Deutsch-Oberschlesien.

(Deutsch-Polnisches Abkommen[1]) vom 15. Mai 1922, RGBl. II S. 237.)

Das deutsch-polnische Abkommen regelt in umfangreicher Weise das Recht der polnischen Staatsangehörigen in Deutsch-Oberschlesien (naturgemäß auch das Recht der Deutschen in Polnisch-Oberschlesien). Die vielfachen Erleichterungs- und Sicherungsbestimmungen für polnische Staatsangehörige beziehen sich auf einen Zeitraum von fünfzehn Jahren und nur auf Deutsch-Oberschlesien.

Wohnrecht.

Art. 41[1]) 1. Polen deutscher Reichsangehörigkeit, die zur Zeit des Überganges der Staatshoheit ihren Wohn-

[1]) Für die Durchführung des Genfer Abkommens sind von ganz besonderer Wichtigkeit die Vereinbarungen, die mit der polnischen Regierung Anfang 1926 getroffen wurden. Sie beziehen sich sowohl auf das Aufenthaltsrecht, als auch auf die eingeführten Verkehrskarten, die als gültiger Paßersatz anerkannt werden. Hierzu Erlaß des Regierungspräsidenten von Oppeln I f. 4 P. Nr. 3091:

Zwischen den deutschen und polnischen Behörden sind im Interesse der gleichmäßigen Handhabung in beiden Teilen des ehemaligen Abstimmungsgebietes über die Auslegung einiger Bestimmungen des Genfer Abkommens in Kattowitz am 10. 12. 1925 folgende Vereinbarungen getroffen worden:

1. Es herrscht Einvernehmen darüber, daß Inhaber der Verkehrskarten von der persönlichen Meldepflicht befreit, aber verpflichtet sind, innerhalb 48 Stunden eine schriftliche Meldung bei der zuständigen Ortspolizeibehörde einzureichen. Die Forderung einer Abmeldung vorzulegen, darf nicht gestellt werden.

Die deutschen Vertreter regen an, den Artikel 271 des Genfer Abkommens dem Sinne nach dahin festzulegen, daß die Verkehrskarte dem Inhaber das Recht gibt, ohne besondere Aufenthaltsgenehmigung sich bis zu 2 Monaten in dem anderen

Teile des Abstimmungsgebietes aufzuhalten. Sie schlagen ferner vor, falls eine Einigung über diesen Punkt nicht zustandekommen sollte, die Frage der Auslegung des Artikels 271 dem Herrn Präsidenten der gemischten Kommission zur Entscheidung vorzulegen.

Auf diesen Antrag erklärten die polnischen Degierten, daß das Wojewodschaftsamt Katowice eine schriftliche Antwort in den nächsten Tagen der Regierung in Oppeln zukommen lassen werde.

2. Es herrscht Einvernehmen darüber, daß die Personen, die auf Grund des Artikels 40 und 41 des Genfer Abkommens das Aufenthaltsrecht besitzen, weder einer besonderen Aufenthaltsgenehmigung bedürfen, noch verpflichtet sind, sich einen Paß ihres Heimatstaates zum Aufenthalt zu beschaffen. Auch unterliegen sie keiner periodischen Meldepflicht.

3. Gegen Personen, die nicht im Besitze gültiger Ausweispapiere ihres Heimatstaates sind, darf mit Straf- und Ausweisungsmaßregeln nicht vorgegangen werden, wenn sie im Besitze einer Bescheinigung der zuständigen Konsulatsbehörde sind, daß in ihrer Angelegenheit Schritte unternommen wurden. Den betreffenden Personen muß eine angemessene Frist zur Beibringung der erforderlichen Ausweispapiere gelassen werden.

Die Vereinbarungen zu Punkt 2 werden hierdurch nicht berührt.

Fälle von Ausweisungen, die entgegen den vorstehenden Vereinbarungen vorgenommen sind, sollen behufs Rücknahme der Ausweisungsverfügung wohlwollend geprüft werden.

Die Stellungnahme des Wojewoden in Kattowitz zu dem Deutschen Vorschlage zu Punkt 1 Abs. 2 hinsichtlich der Auslegung des Art. 271, nach dem Verkehrskarteninhaber ohne besondere Aufenthaltsgenehmigung in dem anderen Teil des Abstimmungsgebietes sich aufzuhalten das Recht haben, steht noch aus. Wenn auch die Zustimmung des Wojewoden in Kattowitz zu diesem Punkte noch fehlt, halte ich es doch schon jetzt für angezeigt, vorläufig hiernach zu verfahren. Sobald mir die Antwort des Wojewoden vorliegt, gebe ich hierüber weitere Nachricht.

Meine Rundverfügung vom 12. 12. 1924 — I f. 4 Nr. 14058 — wird hierdurch entsprechend abgeändert.

sitz im deutschen Teil des Abstimmungsgebiets haben und die für Polen optiert haben, ohne ihren Wohnungssitz nach Polen zu verlegen, sind berechtigt, ihren Wohnsitz im deutschen Teile des Abstimmungsgebietes während eines Zeitraumes von fünfzehn Jahren vom Übergange der Staatshoheit ab zu behalten.

2. Das gleiche gilt für Personen, die ihr Recht, für Polen zu optieren, nicht ausgeübt, jedoch innerhalb der Optionsfrist auf andere Weise die polnische Staatsangehörigkeit unter Verlust der deutschen Reichsangehörigkeit erworben und ihren Wohnsitz im deutschen Teile des Abstimmungsgebietes behalten haben.

3. Die Bestimmung des Abs. 1 bezieht sich auch auf alle anderen polnischen Staatsangehörigen, die zur Zeit des Überganges der Staatshoheit ihren Wohnsitz im deutschen Teil des Abstimmungsgebietes haben und spätestens seit dem 1. Januar 1922 hatten.

Art. 43. § 1. 1. Vorbehaltlich der besonderen Bestimmungen dieses Abkommens unterliegen die Wohnberechtigten bei der redlichen Ausübung des Berufes oder der Erwerbstätigkeit, denen sie beim Übergange der Staatshoheit nachgingen, nur den gesetzlichen Beschränkungen, die nach den zur Zeit des Überganges der Staatshoheit im Abstimmungsgebiete geltenden Gesetzen auf Auslän-

---

Aus Anlaß einiger Anfragen mache ich noch besonders auf den § 95 der Bekanntmachung zur Ausführung der Paßverordnung vom 4. 6. 1924 (RGBl. Teil I S. 613) aufmerksam, nach dem auf Grund des Artikels 271 des Genfer Abkommens für den Verkehr innerhalb des oberschlesischen Abstimmungsgebietes die Verkehrskarte ohne Paß und ohne Sichtvermerk genügt. Die Verkehrskarte bildet danach innerhalb des Abstimmungsgebietes sowohl einen Paß- wie einen Sichtvermerksersatz.

der Anwendung finden. Im übrigen sind sie nur den gesetzlichen Bestimmungen unterworfen, die für die eigenen Staatsangehörigen gelten. Ist der Beruf oder die Erwerbstätigkeit mit einem Betriebe verbunden, so hindert die redliche Erweiterung des Betriebs nicht die Anwendung dieser Bestimmung.

Art. 44. Das Wohnrecht schließt das Recht der vertragschließenden Teile nicht aus, den Wohnberechtigten aus Gründen der inneren oder äußeren Sicherheit des Staates oder aus anderen polizeilichen Gründen, insbesondere aus Gründen der Gesundheits-, Sitten- oder Armenpolizei, den Aufenthalt in ihrem Gebiete zu versagen.

Bürgerliche und staatsbürgerliche Rechte	Artikel	75— 83
Religion	„	84— 96
Unterricht	„	97—133
Sprache	„	134—146
Soziale Angelegenheiten . . .	„	159—215
(Die beiderseitigen Staatsangehörigen sind für 15 Jahre den Inländern in sozial-politischer Hinsicht gleichgestellt.)		
Zollwesen	„	216—258
Verkehrskarten	„	259—305

Art. 259. Um den Verkehr innerhalb des Abstimmungsgebietes zu erleichtern, kommen die vertragschließenden Teile dahin überein, für einen Zeitraum von 15 Jahren, vom Tage des Überganges der Staatshoheit ab gerechnet, als besondere Ausweise „Verkehrskarten“[1]) einzuführen.

---

[1]) Vgl. S. 356 Anm. 1.

Art. 260. § 1. Eine Verkehrskarte erhalten alle Personen, die seit spätestens dem 1. Januar 1921 ununterbrochen

a) im Abstimmungsgebiete wohnen und dort den Mittelpunkt ihrer persönlichen Beziehungen haben oder

b) in dem einen Teil des Abstimmungsgebiets wohnen und in dem anderen Teile eine Recht und guten Sitten nicht zuwiderlaufende regelmäßige oder berufliche Tätigkeit ausüben oder eine solche vor dem 1. Januar 1927 aufnehmen.

Als Unterbrechung des Wohnens gilt nicht eine Verlegung der Wohnung aus dem einen in den anderen Teil des Abstimmungsgebiets.

Geldwesen, Kohle, Wasser, Elektrizität, Postverkehr, Eisenbahnen . . . . Artikel 306—561

Die Gemischte Kommission und das Schiedsgericht für Oberschlesien . . . . „ 562—665

IX. Öffentlichrechtliche Bestimmungen.

1. Reichswahlgesetz[1]) vom 6. 3. 1924.

(RGBl. I S. 159.)

§ 4.

Wählbar ist jeder Wahlberechtigte, der am Wahltag 25 Jahre alt und seit mindestens einem Jahre Reichsangehöriger ist.

---

[1]) Betr. Reichstagswahlen.

§ 2 Abs. 1 der Verordnung über Reichswahlen und -abstimmungen[1]) vom 14. 3. 1924.

(RGBl. I S. 173.)

Stimmberechtigt ist, wer am Abstimmungstage Reichsangehöriger und 20 Jahre alt ist.

2. Reichsvereinsgesetz vom 19. 4. 1908.

(RGBl. S. 151.)

§ 1.

Alle Reichsangehörigen[2]) haben das Recht, zu Zwecken, die den Strafgesetzen nicht zuwiderlaufen, Vereine zu bilden und sich zu versammeln.

3. Flaggenrecht der Kauffahrteischiffe. Gesetz vom 22. 6. 1899.

(RGBl. S. 319.)

§ 2.

Zur Führung der Reichsflagge sind die Kauffahrteischiffe nur dann berechtigt, wenn sie im ausschließlichen Eigentume von Reichsangehörigen stehen.

Den Reichsangehörigen werden gleichgeachtet offene Handelsgesellschaften und Kommanditgesellschaften, wenn die persönlich haftenden Gesellschafter sämtlich Reichsangehörige sind; andere Handelsgesellschaften, eingetragene Genossenschaften und juristische Personen, wenn sie im Inland ihren Sitz haben, Kommanditgesellschaften auf Aktien jedoch nur dann, wenn die persönlich haftenden Gesellschafter sämtlich Reichsangehörige sind.

---

[1]) Betr. Reichstags-, Reichspräsidentenwahlen, Volksentscheide und Volksbegehren, Abstimmungen nach Gesetz zur Ausführung des Art. 18 RV. (RGBl. 1922 I S. 545.).

[2]) Nicht Ausländer, die auf freie Vereinsbildung jedenfalls keinen ausdrücklich zugestandenen Anspruch haben, vgl. Reichsverfassung Art. 124.

Sachregister.

Die Zahlen bezeichnen die Seiten. Die Abkürzung A bedeutet: Anmerkung.

A.

D.

E.

F.

H.

J.

J.

M.

N.

R.

S.

T.

W.

Guttentagsche Sammlung

Deutscher Reichs- und Preußischer Gesetze

einschließlich

de Gruytersche Sammlung Deutscher Gesetze

(Handkommentare)

Systematisches Verzeichnis

Bürgerliches Recht

- Bürgerliches Gesetzbuch
- Schuldverhältnisse insbesondere
- Sachenrecht insbesondere
- Familien- und Erbrecht
- Handelsrecht
- Versicherungsrecht
- Gewerberecht
- Arbeitsrecht
- Sozialpolitische Gesetze
- Geistig-gewerbl. Rechtsschutz

Zivilprozeß

- Freiwillige Gerichtsbarkeit
- Konkursordnung u. Zwangsvollstreckung

Strafrecht u. Strafprozeß

Öffentliches Recht

- Staatsrecht
- Verwaltungsrecht
- Reichsrecht / Landesrecht
- Steuerrecht

Novbr. 1927

Walter de Gruyter & Co., Berlin W 10 und Leipzig

Bürgerliches Recht

Bürgerliches Gesetzbuch

Band

Reichsgesetze:

38/39. **Bürgerliches Gesetzbuch nebst Einführungsgesetz.** Von A. Achilles. In Verbindung mit F. André, O. Meyer, O. Strecker, K. v. Unzner herausgegeben von M. Greiff. 12. Auflage. — 1926. 24.—

84. **Sammlung kleinerer privatrechtlicher Reichsgesetze.** Von G. Müller. — 1903. 5.50

129. **Zivilrechtkriegsgesetze.** Von Fischer. — 1918. 1.50

116. **Kriegs-Zivil- und Finanzgesetze.** 3. Auflage. — 1915. 1.50

116 a. Desgl. Zweite Folge: Jahr 1915. — 1916. 1.20

Preußische Gesetze:

23. **Ausführungsgesetze zum Bürgerlichen Gesetzbuche.** Von P. Siméon. 3. Auflage. — 1914. 2.20

Textausgaben:

Bürgerliches Gesetzbuch. 14. Auflage. — 1925. 5.—

Schuldverhältnisse insbesondere

Reichsgesetze:

34. **Die Abzahlungsgeschäfte.** 3. Auflage von E. Wilke. — 1910. 1.20

93. **Sicherung der Bauforderungen.** Von E. Harnier. 3. Auflage. — 1912. 1.50

55. **Beschlagnahme von Lohn- und Gehaltsforderungen.** Von G. Meyer. 6. Auflage. — 1927. 4.50

70. **Das Reichshaftpflichtgesetz.** Von G. Eger. — 1903. Vergriffen.
Als Ersatz: Seligsohn, **Haftpflichtgesetz.** — 1920. (Außerhalb der Sammlung.) 8.—, geb. 9.50

94. **Die Beamtenhaftpflichtgesetze des Reiches und der Länder.** Von H. Delius. 3. Auflage. — 1921. 3.20

52. **Rechte der Besitzer von Schuldverschreibungen.** Von H. Göppert. 2. Auflage von E. Trendelenburg. — 1915. 1.50

50. **Der Viehkauf (Viehgewährschaft).** Von H. Stölzle. 6. Auflage. — 1926. 15.—

Band

90\. **Das Internationale Privatrecht.** Die Haager Abkommen über. Von G. Bogeng. — 1908. 2.—

98\. **Sechs Haager Abkommen über Internationales Privatrecht.** H. Dungs. — 1910. 1.50

Preußische Gesetze:

37\. **Enteignung von Grundeigentum.** Von O. Meyer. 3. Auflage. — 1927. 5.50

Sachenrecht insbesondere

de Gruyter'sche Sammlung Deutscher Gesetze (Handkommentare):

Aufwertungsrecht von Michaelis. — 1926. Mit Nachtrag 1927. 16.—

Nachtrag einzeln —.30

Reichsgesetze:

135\. **Erbbaurecht.** Von H. Günther. — 1919. 2.—

42\. **Grundbuchordnung.** Von O. Fischer und R. Fischer. 9. Auflage. — 1927. 5.—

156\. **Mietrecht und Wohnungsmangelgesetz.** Von Krieg. 3. Auflage. — 1925. Mit Nachtrag 1927. 7.—

Nachtrag einzeln 1.50

Textausgaben:

Aufwertungsgesetze mit Einleitung. Von Michaelis. — 1925. Mit Nachtrag 1927. 1.50

Reichsmietengesetz. — 1922. —.50

Familienrecht und Erbrecht

Reichsgesetze:

45\. **Entmündigungsrecht.** Von P. Koll. — 1900. 1.20

58\. **Recht der unehelichen Kinder.** Von H. Jastrow. — 1901. Mit Nachtrag 1925. 1.60

47\. **Deutsches Vormundschaftsrecht.** Von M. Schultzenstein und P. Köhne. 2. Auflage. — 1901. Vergriffen.

124\. **Todeserklärung Kriegsverschollener.** Von J. Partsch. — 1917. 2.—

59\. **Beurkundung des Personenstandes und die Eheschließung.** Von F. Fidler. 2. Auflage. — 1912. 2.30

Preußische Gesetze:

3\. **Nottestamente.** Von E. Kurtz. — 1904. 1.50

Handelsrecht

Band **Reichsgesetze:**

4. **Handelsgesetzbuch** ohne Seerecht. Von Litthauer und Mosse. 17. Auflage. Von E. Heymann. — 1926. 14.—
162. **Handelsrechtliche Nebengesetze.** Von Schreiber. — 1926. 14.—
169. **Bank- und Börsengesetze.** Von Arthur Nußbaum. — 1927. 11.—
41. **Börsengesetz.** Von Th. Hemptenmacher. 3. Auflage von O. Meyer. — 1915. 3.50
26. **Münz- und Notenbankwesen.** Von R. Koch. 7. Auflage von Schacht. — 1925. 14.—
117. **Darlehnskassengesetz.** Von H. Salomon und K. Bud. — 1915. 1.80
40. Gesetz, betr. die **Pflichten der Kaufleute bei Aufbewahrung fremder Wertpapiere (Depotgesetz).** Von F. Lusensky. 3. Auflage. — 1916. Mit Nachtrag 1924. 1.—
24. **Aktiengesellschaft und Kommanditgesellschaften auf Aktien.** Von H. Keyßner und H. Veit Simon. 7. Auflage. In Bearbeitung.
32. **Gesellschaften mit beschränkter Haftung.** Von L. Parisius und H. Crüger. 17. Auflage. — 1926. 3.50
29. **Erwerbs- und Wirtschaftsgenossenschaften.** Von L. Parisius und H. Crüger. 18. Auflage. — 1925. 4.—
51. **Hypothekenbankgesetz.** Von H. Göppert. 2. Auflage von Seibel. — 1911. Mit Nachtrag 1926. 2.20
100. **Kaligesetz.** Von B. Voelkel. — 1910. 2.40
167. **Verordnung gegen Mißbrauch wirtschaftlicher Machtstellungen** (Kartellgesetz). Von Staffel. — 1927. 3.50
115. **Das vertragliche Wettbewerbsverbot (Konkurrenzklausel).** Von G. Baum. — 1914. 3.—
113. **Postscheckgesetz.** Von J. Weiland. — 1914. Mit Nachtrag 1918. Vergriffen.
113 a. **Postscheckordnung.** Von J. Weiland. — 1914. Mit Nachtrag 1918. 1.50
85. **Scheckgesetz.** Von M. Apt. Vergriffen. Neue Auflage von W. Schmidt. In Bearbeitung.
    Kommentar von Michaelis. — 1927. (Außerhalb der Sammlung.) 16.—, geb. 18.—
5. **Wechselordnung.** Von J. Stranz und M. Stranz. 12. Auflage. — 1923. Mit Nachtrag 1926, enthaltend **Wechselstempelgesetz und Scheckgesetz.** 3.50
    Nachtrag einzeln —.60

Band

36. **Privatrechtliche Verhältnisse der Binnenschiffahrt und Flößerei.** Von E. Löwe. 6. Auflage. — 1923. 4.—

19. **Die Seegesetzgebung.** Von W. E. Knitschky. 5. Auflage von O. Rudorff. — 1913. 8.—

Preußische Gesetze:

54. **Anlegung von Sparkassenbeständen in Inhaberpapieren.** Von H. Döhring. — 1914. 2.80

21. **Handelskammern.** Von F. Lusensky. 2. Aufl. — 1909. 3.—

Textausgaben:

Handelsgesetzbuch mit **Seerecht.** 11. Auflage. — 1924. 2.60

Wechselordnung. — 1908. Mit Anhang: Wechselprozeß und Ausführungsanweisung. — 1920. —.50

Versicherungsrecht

Reichsgesetze:

62. **Private Versicherungsunternehmungen.** Von H. Koenige. 3. Auflage von Koenige und Petersen. — 1927. 20.—

83. **Versicherungsvertrag.** Von P. Hager und E. Bruck. 5. Auflage. — 1926. 14.—

164. **Aufwertung von Versicherungsansprüchen.** Teil I: **Lebensversicherungen.** Von Berliner und Pfaffenberger. — 1926. 6.50

164 a. Desgl. Teil II: **Sach-** (Feuer-, Glas-, Wasser- usw.) **und Transportversicherung, Unfall- und Haftpflichtversicherung.** — 1926. Mit Nachtrag 1927. 3.50

Nachtrag einzeln —.30

Gewerberecht

Reichsgesetze:

6. **Reichsgewerbeordnung** nebst Ausführungsbestimmungen. Von Fr. Hiller und H. Luppe. 20. Auflage. — 1921. Mit Nachtrag, enthaltend alle Änderungen und Neuerungen bis Ende 1924. 6.—

Nachtrag einzeln 1.50

64. **Handel mit Drogen und Giften,** Gesetzsammlung, betr. den. Von H. Sonnenfeld. 3. Auflage. — 1926. 12.—

Band

48. **Drogen-, Gift- und Farbenhandel außerhalb der Apotheken,** Gesetze, betr. den. Von J. Broh. — 1899. 1.20

130. **Ersatzlebensmittelverordnung.** Von H. E. Wendel. — 1918. 1.50

54. **Nahrungsmittelgesetze** mit Erläuterungen. Von Georg Lebbin. 2. Auflage in zwei Bänden.
   a) I. **Nahrungsmittelgesetzgebung.** Im Druck.
   b) II. **Getränkegesetze und Getränkesteuergesetze** (Wein, Bier, Branntwein, Mineralwasser). Unter Mitarbeit von Kniebe. — 1926. 10.—

65. **Weingesetz.** Von G. Lebbin. 2. Auflage. — 1909. Vergriffen.

71. **Kinderarbeit in gewerblichen Betrieben.** Von H. Spangenberg. 2. Auflage. — 1904. 1.20

Preußische Gesetze:

16. **Konzessionierung gewerblicher Anlagen.** Von W. v. Rüdiger. 2. Auflage. — 1901. Vergriffen.

Textausgaben:

Gewerbeordnung, Preußische Ausführungsanweisung zur. — 1904. 1.—

Arbeitsrecht

Reichsgesetze:

138 a. **Arbeiterschutz und Arbeitsrecht.** Von A. Günther. 2. Auflage. Teil I: **Arbeitszeitschutz.** Von Günther und Schneider. — 1927. 7.50

138 b. **Betriebsrätegesetz.** Von A. Günther. — 1920. Vergriffen.

168. **Arbeitsgerichtsgesetz.** Von Depène. — 1927. 3.60

74. **Die Kaufmannsgerichte.** Von M. Apt. 3. Auflage. — 1904. Vergriffen.

112. **Kaufmannsgerichtsgesetz.** Von H. Depène. — 1914. 2.60

112 a. **Kaufmanns- und Gewerbegerichtsgesetz nebst Schlichtungsordnung.** (Ergänzungsband zu Bd. 112.) Von H. Depène. 1924. 3.50
   Die Bde. 112 und 112 a enthalten zusammen den vollständigen Text des Gewerbegerichtsgesetzes.

Preußische Gesetze:

58. **Arbeitsnachweis.** Von P. Wölbling. — 1920. 1.—

Sozialpolitische Gesetze

Band **Reichsgesetze:**

106—109. **Reichsversicherungsordnung.** Von F. Caspar und A. Spielhagen. 1913—1922. 4 Bände. Komplett. 18.—

161. **Reichsversicherungsordnung.** Von Lippmann. — 1925. 11.—

161 a. Desgl. **Ergänzungsband,** enthaltend die neue Fassung des **Unfallversicherungsgesetzes** sowie die Änderungen der übrigen Bücher der RVO. Von Lippmann. — 1926. 4.—

161 b. Desgl. **Zweiter Ergänzungsband,** enthaltend die im ersten Halbjahr 1926 ergangenen Änderungen der RVO. — 1926. —.80

155. **Reichsknappschaftsgesetz.** Von Max Reuß und Fritz Hense. 2. Auflage. — 1926. Mit Nachtrag 1927. 12.—

152. **Wohlfahrtsgesetze.** Von Behrend und Stranz-Hurwitz. Teil I. — 1923. 5.—

152 a. Desgl. Teil II. — 1925. 9.—

152 und 152 a zusammen bezogen 12.—

165. **Handbuch der Erwerbslosenfürsorge.** Von Schmeißer. 2. Auflage. — 1926. Mit Nachtrag 1927. 13.—

Nachtrag einzeln 2.50

160. **Fürsorgepflicht.** Von Sandré. — 1925. 6.—

154. **Jugendwohlfahrtsgesetz und Jugendgerichtsgesetz.** Von Drewes und Sandré. — 1923. Mit Nachtrag, enthaltend die Ergänzungen bis April 1924. 6.—

Textausgaben:

Versicherungsgesetz für Angestellte. 2. Auflage. — 1927. 2.50

Geistig-gewerblicher Rechtsschutz

Reichsgesetze:

81. **Urheberrecht an Werken der bildenden Künste und der Photographie.** Von L. Fuld. 2. Auflage. — 1926. 6.—

60. **Das Urheberrecht an Werken der Literatur und der Tonkunst.** Von O. Lindemann. 4. Auflage. — 1921. 1.80

102. **Urheberrecht an Mustern und Modellen** und Schutz von **Gebrauchsmustern.** Von F. Neuberg. — 1911. 2.40

95. Die Berner Übereinkunft über **Internationales Urheberrecht.** Von H. Dungs. — 1910. 1.—

61. **Verlagsrecht.** Von B. Marwitz. 3. Auflage. — 1922. 1.60

22. **Patentgesetz.** Von R. Lutter. 8. Auflage. — 1920. Mit Nachtrag 1927. 4.—

Nachtrag einzeln 1.—

Band

87 a. **Das deutsche Warenzeichenrecht.** Von Freund und Magnus. 6. Auflage von Jüngel und Magnus.
Teil I: **Die internationalen Verträge.** — 1924. 9.—
Teil II: In Bearbeitung.

37. **Unlauterer Wettbewerb.** Von A. Pinner und A. Elster. 8. Auflage. — 1927. 5.—

Zivilprozeß

de Gruytersche Sammlung Deutscher Gesetze (Handkommentare):

Zivilprozeßordnung. Von Sydow-Busch-Krantz. 19. Auflage. — 1926. 25.—

Reichsgesetze:

14. **Gerichtsverfassungsgesetz.** Von R. Sydow. Fortgeführt von L. Busch. 10. Auflage. — 1925. 6.—

15. **Das deutsche Gerichtskostengesetz.** Von R. Sydow. Fortgeführt von L. Busch, F. Koehler und Krieg. 11. Auflage. In Bearbeitung.

17. **Gebührenordnung für Rechtsanwälte usw.** Von R. Sydow. Fortgeführt von L. Busch und O. Krieg. 13. Auflage. In Bearbeitung.

16. **Rechtsanwaltsordnung.** Von R. Sydow. 5. Auflage von M. Jacobsohn. — 1907. Mit Nachtrag 1910. Vergriffen.

80. **Gerichtliche Registerführung.** Von O. Lindemann. — 1906. 2.40

Preußische Gesetze:

17. **Preußisches Gerichtskostengesetz.** Von P. Siméon. 8. Auflage. In Vorbereitung.

35. **Geschäftsordnung für Gerichtsvollzieher.** Von E. Exner. — 1904. 3.—

Textausgaben:

Zivilprozeßordnung mit **Gerichtsverfassungsgesetz** und **Einführungsgesetzen.** — 1924. 3.50

Freiwillige Gerichtsbarkeit

Band

Reichsgesetze:

46. **Freiwillige Gerichtsbarkeit.** Von H. Jastrow. 6. Auflage von Herm. Günther. — 1921. 4.50

76. **Die Rechtshilfe im Verkehr mit den ordentlichen Gerichten.** Von A. Friedländer. — 1906. 1.50

163. **Notariatsrecht.** Von Szkolny und L. Kober. — 1925. 8.50

Preußische Gesetze:

4. **Gebührenordnung für Notare** vom 28. Oktober 1922. Von Rausnitz. 6. Auflage. — 1925. 7.—

29. **Ärztliche Ehrengerichte, das Umlagerecht und die Kassen der Ärztekammern.** Von F. Fidler. — 1901. 1.50

Textausgaben:

Freiwillige Gerichtsbarkeit. — 1920. 1.—

Konkursordnung und Zwangsvollstreckung

Reichsgesetze:

13. **Konkursordnung und Anfechtungsgesetz.** Von R. Sydow. Fortgeführt von L. Busch und O. Krieg. 14. Auflage. — 1926. Mit Nachtrag 1927, enthaltend die **Vergleichsordnung.** 10.—
Nachtrag einzeln —.80

127. **Geschäftsaufsicht zur Abwendung des Konkurses.** Von G. Klien und Ernst Jaeger. — 1917. Durch Nachträge ergänzt. 3.—

43. **Zwangsvollstreckung.** Von J. Krech und O. Fischer. 9. Auflage von O. Fischer. — 1922. 3.50

Textausgaben:

Konkursordnung. 2. Auflage. — 1915. Mit Nachtrag 1925. 1.—

Strafrecht

nd **Reichsgesetze:**

2. **Strafgesetzbuch.** Von Fr. v. Liszt und E. Delaquis. 27. Auflage von E. Kohlrausch. — 1927. 8.—
9. **Sammlung kleinerer strafrechtlicher Reichsgesetze.** Von R. H. Kriegsmann. 3. Auflage. — 1910. 4.—
53. **Reichspreßgesetz.** Von A. Born. 3. Auflage. — 1924. 4.—
133. **Reichswuchergesetzgebung.** Von Ad. Lobe. — 1918. 2.80
67. **Militärstrafgesetzbuch.** Von A. Romen und E. Rissom. 3. Auflage. — 1918. Vergriffen.

Preußische Gesetze:

34. Sammlung der wichtigsten **preußischen Strafgesetze.** Von Lindemann. 2. Auflage. — 1912. 3.50
36. **Polizeiverordnungen in Preußen.** Von O. Lindemann. 2. Auflage. — 1912. 2.50

Textausgaben:

Strafgesetzbuch. — 1925. 3.—

Strafprozeß

de Gruyterſche Sammlung Deutscher Gesetze (Handkommentare):

Strafprozeßordnung von Feisenberger. — 1926. Mit Nachtrag 1927. 17.—
Nachtrag einzeln —.80

Reichsgesetze:

12. **Strafprozeßordnung und Gerichtsverfassungsgesetz.** Von E. Kohlrausch. 21. Auflage. — 1927. 7.50
158. **Strafprozeßordnung.** Alte und neue Fassung synoptisch gegenübergestellt. Von Feisenberger. — 1924. Mit Nachtrag 1927. 4.50
3. **Militärstrafgerichtsordnung.** Von A. Romen und E. Rissom. 2. Auflage. — 1918. 5.—
128. **Verhaftung und Aufenthaltsbeschränkung.** Von A. Romen. — 1917. 1.20
73. **Entschädigung für unschuldig erlittene Verhaftung und Bestrafung.** Von A. Romen. — 1904. 1.70

Textausgaben:

Strafprozeßordnung. 5. Auflage. — 1924. Mit Nachtrag 1927. 2.50

Öffentliches Recht

Staatsrecht

Band **Reichsgesetze:**

137. **Reichsverfassung.** Von Arndt. 3. Auflage. — 1927. 8.—
166. **Das deutsche Ausländerrecht.** Von Fraustädter und Kreutzberger. — 1927. 9.—
86. **Die Auslieferungsverträge des Deutschen Reiches.** Von A. Cohn. — 1908. 4.—
44. **Auswanderungswesen.** Von F. Stoerk. — 1899. 2.—
134. **Der Ostfrieden.** Von Karl Strupp. — 1918. 3.—
111. **Reichs- und Staatsangehörigkeitsgesetz.** Von A. Romen. 2. Auflage. In Bearbeitung.
141. **Sozialisierungsgesetze.** Von Reier. — 1920. 2.20
99. **Die Abkommen der Haager Friedenskonferenz.** Vergriffen. Jetzt: Wehberg, **Völkerbundakte.** — 1919. (Außerhalb der Sammlung.) 4.—

Preußische Gesetze:

1. **Die Verfassung des Freistaats Preußen.*** Von A. Arndt. — 1921. 2.—
Ausführlicher Kommentar von Stier-Somlo. — 1921. (Außerhalb der Sammlung.) 3.—

Textausgaben:

Verfassung des Freistaates Preußen. — 1921. —.60

Verwaltungsrecht

a) Reichsrecht

Reichsgesetze:

82. **Reichsbeamtengesetz.** Von A. Arndt. 3. Auflage. — 1923. Mit Nachtrag, enthaltend die Änderungen bis 1924. 3.50
122. **Belagerungszustand.** Von H. Pürschel. — 1916. 3.50
35. **Die Reichs-Eisenbahngesetzgebung.** Von W. Coermann. — 1895. Vergriffen.
66. **Die Eisenbahngesetzgebung.** Von W. Pietsch. 2. Auflage. — 1913. Vergriffen.
91. **Eisenbahn-Verkehrsordnung.** Von E. Blume. 3. Auflage von Weirauch. — 1926. 12.—

Band

147. **Filmzensur.** Von Szczesny. — 1920. 1.50
68. **Fleischbeschaugesetz.** Von G. Lebbin und G. Baum. — 1903. 2.80
27. **Gesundheitswesen im Deutschen Reich.** Von E. Goesch und J. Karsten. — 1888. Vergriffen.
56. **Bekämpfung gemeingefährlicher Krankheiten.** Von B. Burkhardt. — 1900. 1.20
63. **Gesetzestafel des deutschen Reichsrechts.** Von H. Bruhns. 2. Auflage. — 1913. 3.—
49. **Deutsche Kolonialgesetzgebung.** Von Ph. Zorn. 2. Auflage von Sassen. — 1913. 5.—
21. **Die Konsulargesetzgebung.** Von Ph. Zorn. 8. Auflage von K. Zorn. — 1911. 4.50
75. **Konsulargerichtsbarkeit.** Von A. F. Vorwerk. 2. Ausgabe, mit den Schutzgebietsgesetzen. — 1908. 1.60
92. **Verkehr mit Kraftfahrzeugen.** Von R. Kirchner. 3. Auflage. — 1915. Mit Nachtrag 1926. 5.—
Nachtrag einzeln 1.50
119. **Kriegsleistungsgesetz.** Vergriffen.
118. **Militärhinterbliebenengesetz.** Von Rey. — 1915. 2.20
79. **Die Militärpensionsgesetze.** Von A. Romen.
a) I. Teil: **Offizierpensionsgesetz.** — 1907. Vergriffen.
b) II. Teil: **Mannschaftsversorgungsgesetz.** Mit **Kapitalabfindungsgesetz.** — 1908. Vergriffen.
136. **Militärversorgungsgesetz.** Von H. Günther. — 1919. 2.30
7. **Post- und Telegraphen-Gesetzgebung.** Von M. König. 6. Auflage. Vergriffen.
120. **Telegraphenwegegesetz.** Von Wolf. — 1916. 1.—
148. **Reichsausgleichsgesetz.** Von Decke. — 1920. 1.50
150. **Reichsschädengesetze.** Von Adolf Hohenstein und Wenzel Goldbaum. — 1922. 4.—
97. **Schutzgebietsgesetz.** Von J. Gerstmeyer. — 1910. 2.50
105. **Das Geldwesen in den deutschen Schutzgebieten.** Von W. Hintze. — 1912. 1.80
140. **Die Siedelungsgesetzgebung im Reich und in Preußen.** Von W. Holzapfel. — 1920. 3.—
125. **Vaterländischer Hilfsdienst.** 3. Auflage. — 1917. 1.—
88. **Vereinsgesetz.** Von A. Romen. 5. Auflage. In Bearbeitung.
33. **Vereins- und Versammlungsrecht.** Von E. Ball. 2. Auflage von F. Friedenthal. — 1907. 2.—
103. **Reichs-Viehseuchengesetz.** Von W. v. Hippel. 2. Auflage. — 1913. 4.—
89. **Vogelschutzgesetz.** Von L. v. Boxberger. — 1909. 1.—

Band

69. Reichsgesetz über die **Naturalleistungen der bewaffneten Macht im Frieden.** Von W. v. Hippel. — 1903. 1.—
114. **Waffengebrauch und Festnahmerecht des Militärs.** Von A. Romen und C. Rissom. — 1914. 1.80
142. **Wirtschaftliche Demobilmachung.** Von Gg. Fischbach. — 1920. 1.—

Preußische Gesetze:

48. **Zweckverbandsgesetz für Groß-Berlin.** Von L. Brühl, K. Gordan und W. Ledermann. — 1912. 4.—

b) Landesrecht

Preußische Gesetze:

50. **Gesetz, betr. die Anlegung und Veränderung von Straßen und Plätzen in Städten und ländlichen Ortschaften.** Von O. Meyer. — 1913. 3.—
46. **Austritt aus der Landeskirche.** Von H. Caro. — 1911. 2.40
2. **Preußische Beamtengesetzgebung.** Von K. Pfafferoth. 5. Auflage. — 1916. 2.40
51. **Das preußische Disziplinargesetz für die nichtrichterlichen Beamten.** Von E. v. Dultzig. — 1914. 4.20
25. **Preußische Kommunalbeamtengesetzgebung.** Von F. Kremski. — 1901. 3.—
22. **Anstellung und Versorgung der Kommunalbeamten.** Von W. Ledermann. 2. Auflage von L. Brühl. — 1914. 2.—
26. **Diensteinkommen der Lehrer und Lehrerinnen.** Von E. Cremer. — 1900. 2.20
12. **Allgemeines Berggesetz.** Von Schlüter und Hense. 4. Auflage. In Vorbereitung.
47. **Feuerbestattung.** Von W. Lohmann. — 1912. 1.50
28. **Die Fürsorgeerziehung Minderjähriger.** Von P. F. Aschrott. 3. Auflage. — 1917. 2.80
31. **Die preußischen Gesindeordnungen.** Zwei Bände. Von St. Gerhard.
    - 31 a. Altpreußische Provinzen und Rheinland. 2. Auflage. — 1914. 3.—
    - 31 b. Hannover, Schleswig-Holstein, Hessen-Nassau und Hohenzollern. — 1902. 2.50
24. **Die Hinterlegungsordnung (1879).** Von G. Bartels. 2. Auflage. — 1908. 2.—
53. **Hinterlegungsordnung** von 1913. Von Hagemann. — 1914. 2.20

Band

41. **Die preußischen Jagdpolizeigesetze.** Von F. Kunze und R. Kühnemann. 2. Auflage. — 1907. Vergriffen.
19. **Jagdscheingesetz.** Von F. Kunze. 2. Auflage. — 1899. 2.—
45. **Rechtsverhältnisse der Juden in Preußen.** Von M. Kollenscher. — 1910. 2.40
15. **Die Kreisordnungen.** Von O. Kolisch. — 1894. Vergriffen.
57. **Landeskulturbehörden,** Gesetz über. Von W. Holzapfel. — 1919. 2.—
42. **Allgemeine Landesverwaltung** und **Zuständigkeit der Verwaltungs- und Verwaltungsgerichtsbehörden.** Von K. Friedrichs. 3. Auflage. — 1927. 5.—
44. **Quellenschutzgesetz.** Von C. Voelkel. — 1909. 1.—
33. **Rentenguts- und Anerbenrechtsgesetzgebung.** Von M. Peltasohn und B. Peltasohn. — 1903. Vergriffen.
30. **Preußisches Staatsschuldbuch** und **Reichsschuldbuch.** Von J. Mücke. — 1902. 2.—
59. **Bildung der neuen Stadtgemeinde Berlin.** Von P. Wölbling. 2. Auflage. — 1920. 1.40
32. **Städteordnung.** Von W. Ledermann und L. Brühl. 2. Auflage. — 1913. 6.—
56. **Das preußische Tumultschadengesetz.** Von Bruno Friedländer. — 1919. —.80
60. **Umlegungsordnung.** Von W. Holzapfel. — 1921. 1.80
43. **Verschuldungsgrenze** für land- und forstwirtschaftlich benutzte Grundstücke. Von R. Leweck. — 1908. 2.40
49. **Gesetze gegen die Verunstaltung landschaftlich hervorragender Gegenden.** Von O. Goldschmidt. — 1912. 2.40
40. **Verwaltungsstrafverfahren.** Von R. Katzenstein. — 1907. 3.50
39. **Unterhaltung der öffentlichen Volksschulen.** Von A. Marcks. — 1906. 1.80
52. **Preußisches Wassergesetz.** Von G. Wulff und F. Herold. — 1913. 4.50
55. **Preußisches Wohnungsgesetz.** Von B. Schmittmann. — 1918. 2.60

Steuerrecht

Reichsgesetze:

143. **Reichsabgabenordnung.** Von Nieberl. 2. Auflage. — 1927. 12.—
126. **Besitzsteuergesetz.** Von A. Mrozek. Vergriffen.

Band

151. **Einkommensteuer und Körperschaftsteuer.** Von Hollaender. — 1926. 24.—

77. **Das Erbschaftssteuergesetz.** Von B. Henckel. 1920. Vergriffen. Neue Fassung von H. Schachian. 4. Auflage. — 1926. (Außerhalb der Sammlung.) 2.50

54 b. **Nahrungsmittelgesetze** mit Erläuterungen. Von Georg Lebbin. 2. Auflage in zwei Bänden. II. **Getränkegesetze und Getränkesteuergesetze** (Wein, Bier, Branntwein, Mineralwasser). Unter Mitwirkung von Kniebe. — 1926. 10.—

139. **Grunderwerbsteuergesetz.** Von Otto Lindemann. 2. Auflage. — 1926. Mit Nachtrag 1927. 4.—
Nachtrag einzeln —.30

159. **Industriebelastungsgesetz.** Von Höpker. — 1925. 4.—

121. **Direkte Kriegssteuer.** Von A. Mrozek. — 1916. 3.50

131 a. **Reichsfinanzgesetzgebung 1918.** Bd. I: **Getränkesteuern.** Von G. Mayer. — 1918. 2.50

131 b. **Reichsfinanzgesetzgebung 1918.** Bd. II: **Einkommen, Umsatz** usw. Von G. Mayer. — 1919. 1.50

149. **Reichsnotopfergesetz.** Von Friedmann und Wrzeszinsky. — 1921. 4.—

18. **Reichsstempelgesetz.** Von P. Loeck. Vergriffen. Wird durch Kapitalverkehrssteuergesetz ersetzt. Erläuterte Ausgabe in Bearbeitung.

145. **Steuer- und Kapitalflucht.** Von E. H. Meyer. 2. Auflage. — 1921. 1.60

157. **Dritte Steuernotverordnung vom 14. Februar 1924** mit den Vorschriften über **Aufwertung.** 2. Auflage unter dem Titel: **Aufwertungsgesetze.** Von Michaelis. — 1925. 16.—

132. **Umsatzsteuergesetz.** Von Otto Lindemann. 4. Auflage. — 1926. 10.—

110. **Wehrbeitragsgesetz.** Von A. Fernow. 2. Auflage. — 1913. 1.60

146. **Tabaksteuergesetz.** Von Wündisch. — 1920. Mit Nachtrag 1925. 4.—
Nachtrag einzeln 1.50

78. **Zigarettensteuergesetz.** Von Cuno. Vergriffen.

101. **Zuwachssteuergesetz.** Von W. Cuno. Vergriffen.

153. **Zwangsanleihegesetz.** Von Simon und Beutner. — 1923. 8.—

Preußische Gesetze:

20. **Die preußischen Erbschaftssteuergesetze.** Von U. Hoffmann. — 1905. 3.—

13. **Ergänzungssteuergesetz.** Von A. Fernow. 5. Auflage. 1914. 3.—

Band

11. **Gewerbesteuergesetz.** Von A. F e r n o w. Vergriffen.

14. **Kommunalabgabengesetz.** Von F. A d i c k e s. 6. Auflage von F a l k. — 1922. 3.50

38. **Kreis- und Provinzialabgabengesetz.** Von F. S c h m i d t. — 1906. 1.20

18. **Preußisches Stempelsteuergesetz.** Von P. L o e c k und W. S e y f f a r t h. 10. Auflage von E i f f l e r. In Bearbeitung.

61. **Preußische Verwaltungsgebührenordnung.** Von K. E i f f l e r. — 1925. Mit Nachtrag 1925. 6.—

27. **Warenhaussteuer.** Von G. S t r u t z. — 1900. 1.20

Textausgaben:

Erbschaftsteuergesetz. Neue Fassung von H. S c h a c h i a n. 4. Auflage. — 1926. 2.50

Reichssteuergesetze 1925 (Steuerüberleitungsgesetz mit Durchführungsbestimmungen — Einkommensteuer, Körperschaftssteuer, Reichsbewertungsgesetz, Vermögensteuer, Erbschaftsteuer). — 1925. 4.—

Wehrbeitrag und **Besitzsteuer.** — 1913. —.50

Zuwachssteuergesetz. — 1911. —.50

—, **Ausführungsbestimmungen.** — 1911. —.40

XL. 27. Druck von Otto Walter, Berlin S 14

FSC
www.fsc.org
MIX
Papier | Fördert
gute Waldnutzung
FSC® C083411

Kolibri 360 GmbH
Ferdinand-Jühlke-Straße 7
99095 Erfurt, Deutschland
produktsicherheit@kolibri360.de